HOMO BIOLOGICUS

PIER VINCENZO PIAZZA

HOMO BIOLOGICUS

COMO A BIOLOGIA EXPLICA A NATUREZA HUMANA

tradução de
IVONE BENEDETTI

revisão técnica
PEDRO M. FEIO DE LEMOS

1ª edição

RIO DE JANEIRO | 2021

EDITORA-EXECUTIVA
Renata Pettengill

SUBGERENTE EDITORIAL
Marcelo Vieira

ASSISTENTE EDITORIAL
Samuel Lima

ESTAGIÁRIA
Georgia Kallenbach

REVISÃO
Renato Carvalho

CAPA
Leonardo Iaccarino

IMAGENS DE CAPA
Taa22 / Istock

PROJETO GRÁFICO
Beatriz Carvalho

DIAGRAMAÇÃO
Futura

CIP-BRASIL. CATALOGAÇÃO NA PUBLICAÇÃO
SINDICATO NACIONAL DOS EDITORES DE LIVROS,RJ

P647h Piazza, Pier Vincenzo
Homo biologicus: como a biologia explica a natureza humana / Pier Vincenzo Piazza; tradução de Ivone Benedetti; revisão técnica de Pedro M. Feio de Lemos. - 1. ed. - Rio de Janeiro: Bertrand Brasil, 2021.

Tradução de: *Homo biologicus*
Inclui bibliografia
ISBN 978-85-2862-472-4

1. Biologia - Filosofia. 2. Evolução humana. I. Benedetti, Ivone. II. Lemos, Pedro M. Feio de. III. Título.

21-68882 CDD: 576.801
CDU: 573.01

Meri Gleice Rodrigues de Souza - Bibliotecária - CRB-7/6439
25/01/2021 25/01/2021

Título original: *Homo biologicus*

Texto revisado segundo o novo Acordo Ortográfico da Língua Portuguesa.

2021
Impresso no Brasil
Printed in Brazil

Direitos exclusivos de publicação em língua
portuguesa somente para o Brasil adquiridos pela:
EDITORA BERTRAND BRASIL LTDA.
Rua Argentina, 171 — 3º andar — São Cristóvão
20921-380 — Rio de Janeiro — RJ
Tel.: (21) 2585-2000 — Fax: (21) 2585-2084,
que se reserva a propriedade desta tradução.

Este livro é dedicado aos que fizeram minha biologia:
os Piazza: Chantal (mulher), Yasmin e Lucia (filhas),
Stefano e Ugo (irmãos), Esmeralda, Vinci e Pietro (primos),
Nicky e Alessandra (os rebentos), e, claro, Nicoló e Silvana (pais).
Meu bando de ontem e de hoje:
Andrea, Annelise, Chicco, Cyrille, Karine e Patrick.
Meus mestres: Michel, Jane e Ian.
Sem esquecer os inúmeros malvados e bondosos que ficaram
gravados para todo o sempre nos meandros de meus neurônios.

“É preciso que tudo mude para que nada mude”,
Giuseppe Tomasi di Lampedusa, *Il Ghepardo*.
Maldição siciliana que dura milênios.

Sumário

II. ASPIRAÇÕES

III. OS EXCESSOS

Homo biologicus

Como a biologia explica a natureza humana

Prólogo

Tudo mudou, mas nada é realmente diferente

Eis que estamos no século XXI, no limiar do terceiro milênio, num universo que parece sem limites. Um turbilhão de ciência e tecnologia deu-nos, do mundo físico, uma compreensão sem equiparação com a do século anterior. Mas não é só isso. Os progressos mais espetaculares dizem respeito à nossa capacidade de agir sobre nosso ambiente, próximo ou distante, no mínimo com os meios de transporte e comunicação, com computadores e internet, com a medicina e a cirurgia, a eletrônica, a engenharia e a genética, sem esquecer, infelizmente, as armas. Todas essas inovações criaram uma civilização simplesmente inimaginável há cem anos.

Uma única coisa perturba essa era em que se permitem todas as esperanças. O elo fraco — convenhamos — somos nós, os humanos. Há milênios a concepção de humano não evolui. Quase todos nós ainda acreditamos que o homem é feito de duas essências. Seríamos a única forma de vida composta de uma parte material, o corpo, e uma parte imaterial, o espírito, a alma ou a mente. Ninguém jamais conseguiu provar essa ideia, mas essa lenda tem vida duradoura. Por quê?

A resposta é bastante simples: uma essência imaterial é a melhor ideia, a única convincente, que encontramos para explicar a percepção que temos de nós mesmos. Sim, as religiões contribuíram muito para alimentar essa crença, e as ciências humanas e sociais não ficaram atrás. Mas, no fundo, no fundo, é justamente uma questão de bom senso. Todos sentimos, vocês como eu, que somos seres inapreensíveis, sempre mutáveis, capazes de tudo, forjados pelas experiências e movidos por mil aspirações contraditórias, na maioria das vezes fúteis. Esse funcionamento é muito diferente do funcionamento do mundo físico que nos cerca, regido por leis precisas, que o tornam previsível. Como precisávamos de outra coisa, que não a matéria, para explicar o que somos, inventamos uma não matéria: uma essência imaterial, uma alma.

Paradoxalmente, a descoberta do funcionamento do corpo e do cérebro no século XX não abalou a lenda da essência imaterial, mas, ao contrário, reforçou-a. A ciência do século passado propõe uma biologia imóvel, determinista, produzida por genes imutáveis, herdados de nossos pais. Esse modo de funcionamento é absolutamente incompatível com nossa sensação daquilo que somos e torna ainda mais necessária e convincente a ideia de uma essência imaterial. Mas eis que chegam o século XXI e o novo milênio e, com eles, descobertas das mais revolucionárias dos tempos modernos: as das verdadeiras regras que regem a biologia do nosso corpo e do nosso cérebro. Esses conhecimentos desenham uma biologia que, finalmente, se parece conosco e possibilita descobrir o que somos de fato, sem necessidade de recorrer a uma alma, um espírito, uma essência imaterial.

Evidentemente, posso avaliar o ceticismo do leitor. Ninguém — ou quase ninguém — ouviu falar desse avanço extraordinário, que modifica o rosto da biologia e nos liberta da necessidade de uma essência imaterial. Ouço o pensamento do leitor: "Se fosse verdade, todos ficariam sabendo." A explicação desse desconhecimento é simples. Não se trata de um ou mesmo de dois ou três achados importantes, como a matéria escura, a relatividade ou os antibióticos. Não, trata-se de centenas de descobertas que, tomadas isoladamente, não chamam muita atenção e não vão para a primeira página dos jornais. Seu alcance revolucionário só aparece quando são reunidas.

A biologia agora possibilita explicar facilmente nossa natureza sempre mutável, nossas aspirações às vezes fúteis, nossos excessos cada vez mais patentes. Ela chega a nos revelar os segredos das duas correntes que dividem e dilaceram nossa sociedade há milênios: o espiritualismo conservador, de um lado, e o progressismo materialista, do outro. Para compreender de fato o que somos hoje — e essa é uma das coisas mais surpreendentes —, é preciso remontar ao que éramos na pré-história. Nossa biologia é quase a mesma, pois, para ela, 15.000 anos equivalem a um piscar de olhos. Vivemos com um cérebro que não mudou em milênios, e isso faz toda a diferença. Mas, tranquilize-se, este livro não é a enésima tentativa de negar a alma ou a imaterialidade do homem para glorificar mais uma vez o onibiológico. Seria um exercício pretensioso e estéril. Reduzir alma a matéria não dá certo. O reducionismo só fez aumentar a clivagem entre nosso corpo e aquilo que sentimos ser a imaterialidade do homem. Ao contrário, este livro mostra que os novos conhecimentos da biologia possibilitam elevá-la à nossa concepção de essência imaterial do homem e, portanto, encarná-la, e não renunciar a ela. Precisamente torná-la real. Logo, não é a alma, mas a sua imaterialidade que se torna inútil e obsoleta, pois já não precisamos dela para explicar o que sentimos.

Este livro veio para mostrar que a materialização da essência imaterial do homem poderia ser um dos atos mais revolucionários e mais úteis já realizados por nossa espécie.

I.

A matéria

1.

A lenda de um humano imaterial

Dirão que exagero... há assuntos sobre os quais os humanos estão de acordo, como, por exemplo, que os genocídios, a tortura ou o racismo devem ser banidos. No entanto, na escala de nossa espécie, e não apenas na de uma civilização ou de uma nação, essa impressão é falsa, infelizmente; genocídios, tortura e racismo continuam atuais.

Praticamente só em torno das evidências do mundo físico o acordo é quase unânime; há um consenso de 90% ao se dizer que, "quando o tempo é bom, o céu é azul", ou que "quem pula de um prédio de dez andares se esborracha ao chegar ao chão". Em todo o restante, sobretudo no que se refere às ideias abstratas, as opiniões são múltiplas.

Contudo, existe uma ideia abstrata que parece ser consenso na população humana: a crença de que, para fazer um homem, não basta uma só matéria, mas é preciso que haja pelo menos duas. É o humanocentrismo dualista, que vê o *Homo sapiens* como único ser vivo constituído por um corpo biológico e uma essência imaterial, não biológica. Não se trata simplesmente de achar que o homem é superior às outras espécies viventes, mas também que ele é qualitativamente diferente. É o único organismo multidimensional constituído por uma parte física e outra não física, ao passo que o restante dos seres vivos é monodimensional, feito exclusivamente de matéria.

Encontram-se três tipos fundamentais de humanocentrismo dualista. O primeiro é o dos religiosos, que, guiados pelo clero, constroem sua existência em torno das necessidades de uma alma imortal, que eles preparam para uma longa vida numa dimensão espiritual. O segundo é o de certas ciências humanas e sociais correntes, um dualismo com algum cunho negacionista: ele não fala de alma etérea, mas da existência de uma mente que não é biológica. Por fim, tem-se o dualismo laico comum, com que todos nós comungamos: guiado pelo senso comum, considera inverossímil o fato de nossas experiências cotidianas poderem ser explicadas apenas pela biologia.

Somemos todos esses humanocentrismos e constataremos que todo mundo — ou quase — adere a essa concepção completamente abstrata. Mesmo a ideia de Deus, que tende a ser considerada universal, fica atrás, pois os não crentes laicos são, na maioria das vezes, humanocentristas dualistas. No entanto, essa concepção dualista do homem não é menos abstrata que a ideia de Deus, pois ninguém jamais conseguiu provar que viu essa metade imaterial que se considera habitar nosso corpo.

Pensando bem, essa lenda do homem superior aos outros seres vivos em virtude de sua composição em duas essências — uma material e outra imaterial — é um verdadeiro mistério. É a única ideia sem nenhum fundamento objetivo que foi capaz de unificar nossa espécie, suscitando um consenso tão amplo quanto as evidências materiais. Como chegamos a esse ponto? As razões são múltiplas e diversas, mas, fundamentalmente, podem ser reduzidas a três: é uma questão de fé, de má-fé e de senso comum.

A fé na alma

Naquilo que chamamos mundo ocidental, as origens culturais do humanocentrismo dualista encontram-se nas religiões do Livro, a saber, por ordem de surgimento: o judaísmo (escritura da Torá, por volta de 800 anos antes de Cristo), o cristianismo (ano zero, nascimento de Jesus Cristo) e a religião muçulmana (nascimento de Maomé, por volta de 570 anos depois de Cristo). Entre as sete religiões que nosso planeta abriga, essas três exercem influência cultural sobre quatro bilhões de pessoas.

As religiões do Livro não só separam um corpo material e mortal de uma alma imaterial e imortal, como também os opõem. A alma, com sua vontade, precisa manter o corpo no bom caminho e fazê-lo respeitar as normas ditadas por Deus. Seguir essa via predefinida é a única maneira de a alma ter acesso, após a morte, a outra realidade bem mais agradável do que a vivida na Terra: o Paraíso, onde é esperada pela bem-aventurança sem fim ao lado de Deus. Em compensação, se a alma se desgarrar, cedendo às tentações do corpo, a punição é o infinito sofrimento do inferno.

Essa separação entre corpo e alma, bem como a visão da existência terrena como passagem durante a qual nosso comportamento vai determinar o destino de nossa alma após a morte, é também explicitamente enunciada nas religiões dármicas (em terceiro lugar no mundo, com um bilhão e meio de fiéis) — hinduísmo e budismo. Segundo elas, após a morte, a alma pode reencarnar em outro corpo, se o indivíduo não tiver acabado seu percurso iniciático na Terra.

A alma das religiões, ou a Ferrari para todos

As religiões separam de maneira bem clara corpo e alma. Estabelecem também uma hierarquia entre os dois, conferindo posição dominante a nossa essência imaterial. O corpo e a realidade física são apenas uma passagem, um curto parêntese a preceder a realidade imaterial que vai acolher a alma por um período infinito.

Se você tem dois carros, um belo modelo esportivo para lhe dar satisfação e um comum, para o dia a dia, a alma é o primeiro, ao qual você dá muita atenção, enquanto o corpo é o utilitário terreno. Este último veículo pode estar um pouco amassado, não faz mal. Desde que rode, tudo bem. O que faríamos se só tivéssemos um carro? Nós lhe dispensaríamos mais cuidados? Em outras palavras, infligiríamos tantas devastações a nosso planeta, à sua flora, à sua fauna e aos outros humanos, se nos considerássemos apenas uma matéria entre tantas outras?

A ideia de que somos uma alma etérea imortal, apenas de passagem, priva-nos de um verdadeiro sentimento de pertencimento à natureza e a nosso planeta. Pois, afinal de contas, para que respeitar e proteger uma realidade à qual não pertencemos? O dualismo humanocentrista poderia ser uma das razões de os movimentos ambientalistas terem tanta dificuldade para se fazer ouvir e, portanto, de continuarmos a destruir, inexorável e estupidamente, o mundo que nos cerca.

Está claro que é difícil contradizer racionalmente os fundamentos do dualismo humanocentrista das doutrinas religiosas, porque não são baseados em observações, mas em crenças. Estas últimas não seguem um processo racional de verificação. Apoiam-se num sentimento de "verdade" que só o crente pode sentir. Trata-se de uma espécie de iluminação que em geral se chama "ato de fé". Por conseguinte, não produz efeito algum dizer a um crente que ninguém jamais pôde mostrar que a alma, Deus, o Paraíso ou o inferno existem. Ele vê aquilo que o descrente ignora por não ser tocado pela graça divina. Portanto, é bem difícil discutir com um crente sobre a existência ou a inexistência de uma alma imaterial. O homem de fé acha normal que o ateu não creia na alma, pois o considera mais ou menos um daltônico insensato que, apesar de sua cegueira para as cores, tenta convencer os outros de que o vermelho não existe.

A alma da impaciência

O ato de fé, portanto, é a arma inelutável da metafísica religiosa que divide os homens em duas categorias com capacidades diferentes.

Um primeiro tipo de *Homo sapiens* possui um sexto sentido que lhe possibilita ver e sentir coisas imateriais completamente inacessíveis ao segundo tipo de ser humano, que só tem os cinco sentidos clássicos. O problema é que esse sexto sentido tem a especificidade de não ser comunicável aos que não o possuem. Numerosos elementos de nosso ambiente não podem ser percebidos por nossos sentidos: raios ultravioletas, infravermelhos, ondas de rádio, ultrassons, campos magnéticos. Mas todos esses fenômenos são detectáveis por instrumentos capazes de traduzi-los em sinais perceptíveis por nós. É o caso do aparelho de rádio ou mesmo dos óculos de infravermelho, que nos possibilitam enxergar à noite.

Infelizmente, ninguém ainda conseguiu construir uma máquina que possibilite ao *H. sapiens* de cinco sentidos ter acesso a essa realidade metafísica da alma. Estamos diante de um daqueles casos clássicos de realidade não demonstrável, portanto, não refutável por meios científicos. Os humanos dotados de seis sentidos afirmam perceber coisas que eles não podem demonstrar aos outros, àqueles que só possuem cinco. Estes últimos, em compensação, são incapazes de demonstrar que esse sexto sentido e a realidade imaterial à qual ele supostamente dá acesso não existem.

O que fazer? É impossível resolver um desacordo desse tipo abordando-o de frente e, aliás, ninguém jamais conseguiu. Mas podemos formular a questão de outra maneira. Tenho cinco sentidos, meu amigo diz que tem seis. Se seu sexto sentido não existe, por que ele está convencido, com toda boa-fé, de que o tem? A única explicação é que precisa dele. Por quê? Simplesmente para explicar certo número de coisas que não são possíveis de compreender de outra maneira. Visto assim, o homem de seis sentidos poderia apenas ser alguém que sente medo ou ansiedade diante da ignorância. Consequentemente, quando não conhece, ele inventa.

Não estaríamos diante, então, de humanos de cinco ou de seis sentidos, mas, sim, de humanos apressados, enquanto outros são pacientes. Os que têm pressa preenchem suas lacunas com os frutos da imaginação. Os que são pacientes suportam bem a própria ignorância e são capazes de guardar incertezas, enquanto esperam verdadeiros conhecimentos devidamente comprovados.

Minha intenção, portanto, não é negar a fé ou Deus, mas tentar responder às questões e às incertezas que geraram a lenda da alma. Os humanos de cinco sentidos, os pacientes, provavelmente encontrarão aqui respostas para suas indagações em espera. Os que têm seis sentidos, os apressados, respostas realistas para indagações que haviam respondido talvez um pouco depressa demais.

Sem fé nem alma

O humanocentrismo dualista não é resultado apenas de crenças religiosas. Também é promovido por certas correntes de nosso dispositivo cultural laico, por certas escolas daquilo que chamamos ciências humanas e sociais, que comportam a filosofia, o direito, a sociologia e os principais ramos da psicologia. Essas ciências estudam aspectos do comportamento humano que, conforme se alega, não dependem da biologia ou não são explicáveis por ela. A diferença fundamental entre esse tipo de dualismo humanocentrista laico e o dualismo religioso é que, na ideologia deste, a parte espiritual do ser humano é assumida, descrita e glorificada. Em compensação, a posição de certas correntes das ciências humanas define-se mais pela negação do onibiológico do que pela afirmação clara da existência de uma essência imaterial. Essas disciplinas raramente falam da alma, mas afirmam com força que a psicologia, o pensamento e os comportamentos sociais não podem ser explicados pela biologia. Portanto, recorrem de maneira implícita a uma entidade não material.

Por que acreditar na alma e não em extraterrestres?

Essa posição de certas correntes das ciências humanas, que rejeitam o onibiológico, acarreta uma estruturação extremamente original do debate que a torna dificilmente atacável. Numa discussão estruturada normalmente, se eu afirmar que existe uma essência imaterial, meu interlocutor deverá me pedir de imediato que o demonstre. Coisa que eu teria dificuldade para fazer. É muito difícil provar a existência de algo que não se pode perceber, pois, por definição, esse algo pertence a uma dimensão diferente da nossa. Por essa razão, mesmo as teologias mais elaboradas acabam por recorrer ao ato de fé, pois ele possibilita crer sem ver.

Está claro que as ciências humanas e sociais não podem adotar o expediente do ato de fé, pois a crença é uma forma de conhecimento diametralmente oposta à da atitude científica. Elas realizam, portanto, um pequeno passe de mágica, invertendo os papéis. Pois se, em vez de afirmar a existência de uma essência imaterial, eu disser que o pensamento, a psicologia e as dinâmicas sociais do homem não são explicadas pela biologia, estarei pondo meu interlocutor na posição de demonstrar que a biologia, sozinha, pode explicar o humano. A tarefa é bem mais árdua, pois será preciso então descrever os mecanismos biológicos de cada processo psíquico, de cada dinâmica social. Um trabalho enciclopédico desses está longe de ser realizado. O mais importante, porém, é que essa estruturação do debate tem outra vantagem para aqueles que rejeitam o onibiológico: ela mascara o absurdo da posição deles. Porque, então, estarei provando a veracidade de uma coisa, a essência imaterial, cuja existência não cheguei a demonstrar, pondo em discussão as características de outra coisa, a biologia, que, ao contrário, existe sem dúvida.

Para entender bem até que ponto esse tipo de raciocínio é absurdo, basta transferi-lo para a vida cotidiana. Imaginemos que um de seus amigos lhe garanta que há extraterrestres escondidos na Terra. Sua reação normal é pedir que ele prove. Mas, se aplicarmos a essa discussão a mesma dinâmica utilizada por certas correntes das ciências humanas e sociais, não caberá a ele pôr em evidência a presença, na Terra, de "criaturas vindas de outras galáxias", mas, sim, a você demonstrar que elas não estão aqui. E isso vai ser difícil. Mesmo que, até hoje, não tenha vindo a público nenhuma prova de sua presença em nosso planeta, garantir que elas nunca vieram nos visitar não tem nada de evidente. É até praticamente impossível.

Imagine, agora, que essa maneira de raciocinar valha para tudo, que seja preciso, sistematicamente, provar a inexistência das coisas, em vez de sua existência. Ainda estaríamos tentando demonstrar que os asnos não voam ou que não existe monstro no lago Ness. Viveríamos num mundo onde tudo existe, mesmo o que é o mais absurdo, até que se prove o contrário. Tal como nossa misteriosa essência imaterial.

Não creio que o progresso social ou cultural seja favorecido por esse modo de proceder, nem que ele possa ser facilmente imposto para resolver os problemas de nossa sociedade. No entanto, é fundamentalmente assim que se apresenta o debate laico sobre a dicotomia entre corpo e alma.

Mas por que, no século XXI, ainda se aceita essa maneira aberrante de raciocinar?

Uma das razões é histórica: a crença de que o homem é constituído por um corpo material e uma essência imaterial conta 2.500 anos e foi o único modo de raciocinar durante os 1.200 anos de total dominação cultural do cristianismo no Ocidente. Portanto, podemos considerar que nossa sociedade está tão impregnada dessa crença que a vemos como uma verdade. É a magia do efeito de repetição.

Em compensação, os conhecimentos que nos possibilitam ter uma visão unitária do homem têm menos de meio século. Logo, é normal que os ocupantes do castelo da imaterialidade do homem o defendam, e que os recém-chegados desempenhem o papel dos bárbaros dos quais se exige a prova de suas heresias biológicas. Em outras palavras, a posição inversa do debate, só encontrada no humanocentrismo dualista, pode ser justificada pelo fato de que a crença na multidimensionalidade do homem esteve ancorada durante tanto tempo em nossa cultura, que acabamos por considerá-la um fato. Daí a necessidade de pedir aos oponentes que demonstrem a validade da hipótese biológica contra a "verdade", ou melhor, a pós-verdade dualista.

Outra razão para a persistência desse debate inverso é que certos profissionais das ciências humanas fazem questão de preservar a importância de seu trabalho, o que é lógico, mas implica uma posição protecionista que, por definição, é tendenciosa. É verdade que a explosão das descobertas científicas dos últimos cem anos teve como consequência a menor atenção dada por nossas sociedades e nossos políticos às ciências humanas. Esse declínio é acompanhado pelo interesse crescente pelas ciências concretas: física, química, biologia, vistas hoje como o único meio de responder aos grandes desafios de nossa civilização.

Todos estão bem conscientes de que a ciência e a tecnologia possibilitaram aumentar nossa expectativa de vida em mais de trinta anos num século e tratar grande número de doenças antes incuráveis. Sem falar dos desafios energéticos e do aquecimento climático, que preocupam a maioria de nós e cuja solução só pode advir do progresso científico. Por fim, só aqueles que, como eu, começaram a frequentar a universidade antes dos computadores pessoais e da internet podem de fato perceber as possibilidades absolutamente extraordinárias que essas ferramentas propiciaram.

Eu poderia continuar, a lista é longa, mas acho que esses exemplos bastam para se compreender por que vivemos numa época que enxerga as ciências do mundo físico como a verdadeira fonte de progresso e salvação para a humanidade. Portanto, é compreensível que certos profissionais das ciências humanas se sintam um pouco ameaçados, especialmente pela biologia, que, como eles, atém-se aos segredos do ser vivo.

A datação da mente

Talvez seja esse protecionismo que leva certos especialistas das ciências humanas a muitas vezes formular de modo um tanto negligente o debate corpo/mente e a ignorar completamente uma dificuldade importante implicada na concepção de essência imaterial, não biológica: sua incongruência com nossos conhecimentos sobre a evolução das espécies em geral e do homem em particular.

Com efeito, podemos datar com bastante precisão o aparecimento, no *Homo sapiens*, das características comportamentais atribuídas por certas ciências humanas a uma essência imaterial não biológica. O primeiro exemplo do gênero *Homo* ao qual pertencemos data de cerca de três milhões de anos atrás. O *Homo sapiens*, cujo corpo é anatomicamente equivalente ao do homem contemporâneo, tem pelo menos 150.000 anos. As primeiras manifestações da unicidade humana que atribuímos a uma essência imaterial observaram-se há 50.000 anos, com o aparecimento do pensamento simbólico, da arte, da capacidade de planejamento, do enterro dos mortos ou mesmo da padronização das ferramentas. Como o corpo de nossa espécie começou a ter suas características definitivas bem antes, há uma defasagem de pelo menos 100.000 anos entre a evolução de nosso corpo e o aparecimento de sua essência imaterial.

Se admitirmos que a mente é produzida pelo cérebro, é fácil explicar essa enorme defasagem. Esse órgão continuou a evoluir por mutações sucessivas, assumindo a forma moderna há 50.000 anos. Sua transformação nos possibilitou produzir os comportamentos complexos que caracterizam nossa espécie e, em seguida, por meio do pensamento simbólico, conceber a existência de uma essência imaterial. Se, em contrapartida, a mente não for biológica, portanto, não for produzida pelo cérebro, cumpre admitir que essa entidade imaterial decidiu colonizar nosso corpo há 50.000 anos. Essa é a única hipótese que possibilita manter num âmbito científico o dualismo entre corpo e mente, das ciências humanas.

O fato de organismos diferentes se associarem para criar uma entidade mais eficiente não tem nada de espantoso em si. Trata-se de um fenômeno chamado simbiose, muito disseminado na natureza, do qual conhecemos grande número de exemplos. A simbiose pode assumir a forma de coexistência entre duas espécies, que continuam independentes, ou chegar à fusão de dois organismos para formar um único, no fim. Essas duas formas de simbiose são encontradas em muitas situações, especialmente no interior de nosso corpo.

Um exemplo de coexistência é dado pela flora intestinal (hoje se fala de microbiota), constituída por bactérias, organismos unicelulares que vivem em nosso intestino e nos ajudam a digerir os alimentos. Um exemplo de fusão simbiótica é dado pelas mitocôndrias, que na origem também eram bactérias. As mitocôndrias, que se encontram no interior de todas as nossas células, produzem a energia de que estas precisam para viver. Tal como as bactérias de que são originárias, as mitocôndrias têm seu próprio DNA e continuam a multiplicar-se, dividindo-se em duas, independentemente da duplicação da célula em que se encontram.

A simbiose entre o corpo e essa entidade imaterial, que, em teoria, ocorreu há 50.000 anos, parece dificilmente explicável por fusão, pois isso implicaria a criação de um único organismo a partir de dois. Embora tal processo não apresente nenhum problema para dois organismos pertencentes à mesma dimensão, é mais difícil concebê-lo para duas entidades como o corpo e seu simbionte imaterial, que provêm de dimensões diferentes. Com efeito, uma simbiose por fusão entre o corpo e uma entidade imaterial exige que um dos dois abandone sua dimensão original para entrar plenamente na do outro. No caso de uma fusão por simbiose, a entidade antes imaterial deveria ter-se tornado material, portanto, biológica, há muitíssimo tempo.

A única hipótese que possibilita admitir a existência de uma essência imaterial que tenha permanecido não biológica é a da simbiose por coexistência, pois, nesse caso, as duas entidades continuam separadas e independentes, tal como as bactérias de nosso intestino e nós. A hipótese de uma simbiose por coexistência admite, é claro, que possuímos hoje uma essência imaterial, mas nos leva a fazer certo número de indagações às quais é bem difícil responder.

A primeira é se o simbionte imaterial é uma só entidade que se dividiu ou duplicou há 50.000 anos, mais ou menos como as bactérias, para se instalar em todos os humanos da época. Essa hipótese não parece digna de consideração, pois implica que todas as essências imateriais dos homens são idênticas. Há hoje no mundo cerca de sete bilhões de *Homo sapiens* que, segundo certas correntes das ciências humanas, têm todos uma essência imaterial não biológica. Esses sete bilhões de essências imateriais certamente têm características comuns, mas também têm uma individualidade que as diferencia umas das outras, exatamente como as particularidades físicas de cada indivíduo da mesma espécie. Consequentemente, somos obrigados a admitir que há 50.000 anos vários simbiontes imateriais diferentes decidiram entrar em simbiose com os seres humanos da época ou tiveram a possibilidade de fazê-lo. Todavia, a espécie *Homo sapiens* era então representada por apenas alguns milhares de indivíduos. De onde vêm esses bilhões de essências imateriais a mais que temos hoje?

Uma possibilidade seria a reprodução dos simbiontes imateriais simultaneamente à dos corpos com que estão em simbiose. Se os seres humanos se multiplicassem como as bactérias, por duplicação, isso não apresentaria muitos problemas. No entanto, o modo de reprodução do

Homo sapiens torna a coisa bastante complicada. Entre nós, um novo indivíduo não é idêntico a nenhum de seus dois genitores; ele resulta da fusão dos patrimônios genéticos do pai e da mãe. Esse processo redunda num novo patrimônio genético e num novo organismo, diferente do organismo dos pais. Portanto, seria possível imaginar que, exatamente da mesma maneira, o simbionte do pai e o simbionte da mãe fornecem cada um dos elementos que se mesclam para criar um novo. Essa hipótese, que afinal parece bastante simples, apresenta, porém, o problema da temporalidade dessa mescla. Essa fusão dos simbiontes parentais poderia ocorrer durante o ato sexual. Mas, nos humanos, o ato sexual não é simultâneo à fecundação, que se dá várias horas depois do fim da relação e não é sistemática, muito pelo contrário. Para resolver essa discrepância temporal, seria possível pensar que uma parte do simbionte imaterial do pai é veiculado por seus espermatozoides, o que lhe possibilitaria fundir-se com a parte do simbionte da mãe contido no ovócito no momento em que o espermatozoide o fecunda. Mas essa hipótese nos leva a admitir que mesmo organismos desprovidos de cérebro, como os espermatozoides, podem ostentar uma essência imaterial. Se isso puder ocorrer a um espermatozoide, será muito difícil sustentar que o único organismo vivo provido de essência imaterial é o *Homo sapiens*. Um espermatozoide, sim; e um gato, não? Não é de fato facilmente defensável.

Seríamos então levados a considerar que, durante o ato sexual, uma parte do simbionte imaterial do pai se solta e espera, no corpo da mãe, que a fecundação ocorra, para fundir-se com uma parte do simbionte da mãe e criar uma nova essência imaterial, que em seguida vai entrar em simbiose com o ovócito fecundado.

Infelizmente, esse mecanismo também apresenta alguns problemas. Primeiro, o destino da parte do simbionte imaterial do pai, caso a fecundação não ocorra. Ele se funde de novo com o simbionte do pai ou é eliminado e se dispersa? O segundo problema é que um ovócito fecundado teria uma essência imaterial a partir da concepção, ao passo que, segundo a visão laica e científica, o feto ainda não é um ser humano, portanto, não tem mente. Essa ideia é amplamente aceita, pelo menos de modo implícito, pelas ciências humanas e sociais, porque, como todos os movimentos laicos, elas em geral são favoráveis ao aborto. A interrupção da gravidez é defendida não só em nome da justiça social, que dá à mulher o poder de dispor de seu corpo, como também, e sobretudo, porque um feto ainda não é um ser humano e, consequentemente, aborto não é homicídio.

A ideia de que o feto não é um ser humano e de que aborto não é homicídio obriga-nos a admitir que a essência imaterial toma posse do corpo bem depois da fecundação e talvez até depois do nascimento, quando as capacidades de pensamento se manifestam na criança. Seja qual for a data exata do início da simbiose, o fato de ela não ocorrer simultaneamente à fecundação implica que a reprodução de nossos simbiontes imateriais acontece de modo independente da reprodução do corpo. Mas onde podem se reproduzir os simbiontes imateriais? É claro que não tenho a resposta. Seja qual for o lugar, precisamos imaginar que existe, ainda hoje, uma dimensão imaterial onde nossas essências imateriais se reproduzem e ficam esperando um corpo de *Homo sapiens* atingir um nível de maturidade suficiente para poder entrar em simbiose com ele.

A última interrogação vem da observação de que, segundo todas as evidências, nossas essências imateriais precisam aprender. Depois de ser colonizado por essa espécie de simbionte imaterial há 50.000 anos, o *Homo sapiens* precisou de cerca de 35.000 anos para abandonar o modo de vida dos caçadores-coletores e aprender, há mais ou menos 15.000 anos, a se tornar criador-agricultor. Depois, precisou de mais 12.000 anos para inventar a escrita e cerca de 5.000 anos adicionais para criar — com altos e baixos — a civilização de altíssima tecnologia na qual vivemos hoje. Não só esse percurso é longo e laborioso, como também cada nova entidade imaterial que entra em simbiose com um corpo de *sapiens* parece recomeçar praticamente do zero. Somos obrigados a ensinar-lhe tudo, mandando-a à escola durante uns vinte anos, com — diga-se de passagem — um custo nada desprezível. Consequentemente, somos forçados a admitir que nossos simbiontes imateriais, depois de entrar em simbiose com um corpo, já não podem se comunicar com aqueles que estão à espera no éter original, nem durante a vida nem após a morte. Isso implica que ou nossa essência imaterial morre com o corpo, ou migra para um novo éter diferente do originário, que ela habitava antes de se fundir com o corpo.

Ao tentarmos conciliar a evolução das espécies com a ideia de que temos uma essência imaterial não biológica, vemo-nos, paradoxalmente, a construir, etapa por etapa, um sistema explicativo quase idêntico à metafísica proposta pelas principais religiões. Também não temos nenhuma prova de que tudo isso exista. E, pior, não podemos nem sequer recorrer ao ato de fé que possibilita aos religiosos crer sem ver. Por essa razão, num contexto laico, parece realmente difícil defender a ideia de que existe uma essência imaterial não biológica, a não ser que neguemos a teoria da evolução das espécies, que nos oponhamos ferozmente ao aborto e acabemos por abandonar o termo "ciências" antes de "humanas e sociais".

A questão é saber se a água e o gelo estão na mesma dimensão

Depois de lermos o exposto acima, temos o direito de perguntar se, fora das religiões, a separação corpo/mente está realmente em debate, ou se não passa de um eco residual de um problema há muito tempo resolvido. Esse debate continua existindo, mas, na realidade, bem diferente daquilo que grande parcela dos sociólogos, psicólogos e filósofos faz crer.

Todos os que estudam seriamente, hoje em dia, as relações corpo/mente admitem que o cérebro produz o pensamento e a mente. As provas nesse sentido são absolutamente irrefutáveis, como veremos. A questão está mais em saber se a mente produzida pelo sistema nervoso se separa de seu criador, tornando-se uma entidade diferente. O debate já não consiste em determinar se o cérebro material e a mente imaterial são independentes, mas se são idênticos. Não é a mesma coisa.

Para compreender a verdadeira natureza da questão da identidade — ou não — entre corpo e mente, basta remeter-se aos exemplos clássicos dos manuais de filosofia, a saber: "Poderemos dizer que um copo cheio de água em estado líquido é idêntico ao mesmo copo cheio da mesma água, porém congelada?" Evidentemente, não ocorreria a ninguém a ideia de afirmar que os dois copos habitam dimensões diferentes. Em compensação, dizer que os dois objetos são idênticos é bem mais complicado, pois há diferenças visíveis entre a forma congelada e a forma líquida da água. Na qualidade de filósofo neófito e cientista profissional, tenho dificuldade para entender que esse problema filosófico continue sem solução. Para mim, é um caso evidente de subavaliação dimensional. Isto porque, num espaço de três dimensões, os dois copos de água são visivelmente diferentes, ainda que constituídos pelos mesmos elementos. Mas basta acrescentar o tempo como quarta dimensão para perceber que os dois copos nada mais são que dois cortes tridimensionais de um mesmo objeto cuja quarta dimensão é o tempo.

Seja qual for nossa posição sobre o tema filosófico da identidade, a questão das relações entre corpo e mente nada mais é que um caso particular do problema da identidade entre produtor (o cérebro) e produto (a mente). Enquadrado nesses termos o dualismo laico, continuar acreditando que a mente é imaterial teria consequências bem cômicas.

Se o cérebro produz a mente, a imaterialidade deveria ser gerada pela matéria. Como o criador em geral é superior à sua criatura, teria sido completamente invertida a relação entre corpo e mente ou entre corpo e alma, promovida pelas religiões, dando-se primazia à matéria sobre a alma. Mesmo aceitando essa inversão, ainda estaríamos diante de uma questão bastante espinhosa, a da transmutação. De fato, o problema da identidade nunca implica a transmutação de uma dimensão em outra. Ninguém acredita que o copo de água líquida está numa dimensão física, enquanto o copo de água congelada estaria em outra dimensão paralela. Do mesmo modo, se remetermos o debate corpo/mente ao da identidade entre os dois, será difícil imaginar e entender como uma entidade do universo material (A), o corpo, pode criar uma entidade do universo imaterial (B), a mente. A não ser que recorramos de novo ao ato de fé das religiões, que nos possibilita crer sem compreender nem ver. Seríamos então obrigados a transformar mais uma vez certas correntes das ciências humanas numa doutrina religiosa que, ao contrário do cristianismo, veria um Deus mortal, o corpo, criar uma entidade imaterial e imortal, a mente. Isso nos deixaria com outro problema nada desprezível para resolver: o destino da criatura imortal que, desta vez, não pode unir-se a seu criador, pois ele está morto. Pode-se, sem dúvida, conceber soluções para este último problema, mas não tenho certeza de que essa corrente religiosa conseguiria ter muito sucesso diante da metafísica cristã, que, afinal de contas, é muito mais bem alinhavada.

Por fim, uma análise atenta do dualismo laico mostra que, a menos que se recorra ao ato de fé e, portanto, se transformem certas posições das ciências humanas e sociais em corrente religiosa, não há nenhuma prova racional da existência de uma essência imaterial. Os defensores laicos da visão dualista do homem não parecem perceber que o fato de admitir uma origem biológica para nossas funções complexas não retira nada de seus campos de estudos. De fato, ninguém acha que admitir que o homem é unitário implica que só a biologia possibilita conhecê-lo ou modificá-lo. Todo ato de conhecimento se dá por duas vias, do produtor para o produto e do produto para o produtor. Logo, o homem unitário pode ser conhecido subindo da biologia à palavra ou descendo da palavra à biologia. Ciências humanas e neurobiologia não são abordagens alternativas, mas, sim, complementares. Podem ficar tranquilos, haverá trabalho para todos durante muito tempo ainda.

A alma do senso comum

Os dualistas religiosos e certos especialistas das ciências humanas e sociais professam um humanocentrismo dualista consciente, uma atitude militante, às vezes dogmática. Já os humanocentristas laicos comuns, em geral, não formulam realmente a questão da existência de uma dimensão imaterial do homem. Se os interrogarmos diretamente sobre a existência da alma, é provável que respondam negativamente. Ao mesmo tempo, em seu modo de raciocinar, parece evidente que a biologia não explica tudo do homem, e que é necessária uma parte não biológica. Assim que abordamos os afetos, a psicologia, a transmissão da experiência por meio do discurso ou da terapia pela palavra, a maioria de nós considera tratar-se de dimensões que dizem respeito à nossa alma, à nossa mente, e não à matéria.

Trata-se, portanto, de um dualismo quase inconsciente, mas bem presente quando ligeiramente provocado. Há um exemplo que reaparece com frequência nas conversas com meus amigos, em razão de minha especialidade profissional: as dependências. A conversa então desemboca quase de maneira obrigatória em duas delas: a dependência física, que é claramente ligada à biologia, e a psicológica, que, por oposição, não é. Para meus interlocutores, a dependência física, característica das drogas pesadas, seria mais grave que a dependência psicológica, reservada às drogas leves. Eu tenderia mais a pensar o inverso, ou seja, que uma afecção de nossa essência imaterial é mais grave que uma patologia da matéria. No entanto, meus amigos consideram, de modo implícito, que apenas a dependência física é doença, um estado que escapa à nossa vontade, ao passo que a dependência psicológica deveria poder ser combatida com um pouco de vontade, que é uma das faculdades infalivelmente atribuídas à nossa essência imaterial. Em outros termos, quem não sabe resistir a uma droga que não provoque dependência física é apenas uma pessoa fraca, que carece de vontade.

Essas discussões são tão frequentes que logo entendi que a melhor maneira de abordá-las é entrar no assunto sem rodeios, perguntando diretamente à pessoa com quem converso se a dependência psicológica — por definição, não física — é do âmbito da alma. A conversa que se segue então é sempre a mesma ou quase:

— Alma? Por que está dizendo isso? A alma não tem nada a ver.

— Como assim, não tem nada a ver? Se a dependência psicológica não é física, portanto, não é biológica, só pode ser do campo do imaterial. E, se não é a alma, o que é então?

Essa pequena frase em geral desencadeia o pânico. Meus amigos não são muito religiosos, não têm a menor vontade de dizer o que é alma, isso é coisa de católico, mas não sabem o que responder. Biológico parece redutor, mas daí a falar em alma... É então que sempre lanço a tábua de salvação que deixa todo mundo aliviado: as últimas descobertas da ciência.

— Essa separação entre dependência física e psicológica hoje está completamente ultrapassada, pois se conhecem as bases biológicas precisas das duas formas de dependência...

Meus amigos ficam então bem contentes por terem encontrado uma saída para a dependência da alma. Em se tratando de dependência de drogas, a coisa passa, mas basta lançar uma afirmação mais geral, do tipo "Não é preciso recorrer a uma essência imaterial para explicar o comportamento humano, a biologia é amplamente suficiente", para a coisa emperrar de novo.

Esse ceticismo em relação ao onibiológico não é resultado de uma posição ideológica, é apenas uma questão de senso comum. Pois, se estabelecermos uma relação entre o que aprendemos na escola sobre a biologia e nossas experiências cotidianas ao longo da vida, logo rejeitaremos — e com razão — a biologia como única explicação do ser humano. Ensinaram-nos que, em nosso organismo, um gene produz uma proteína que gera de maneira direta um comportamento e, eventualmente, uma de suas patologias. Essa visão determinista de uma relação linear entre causa (a biologia) e efeito (o comportamento) é não só pouco crível como também raia o ridículo, se utilizada para explicar o que chamamos de nossa essência imaterial. Como todas as nossas ações poderiam ser predeterminadas por genes ou proteínas, se a vida nos mostra o tempo todo que tudo pode acontecer, que não paramos de mudar, às vezes sem razão aparente, e que a cada instante somos capazes de tudo ou quase tudo?

A vontade de reduzir a natureza humana a uma biologia determinista mostra-se, portanto, como um postulado dogmático, que funciona bem num universo matemático em que 2 + 2 sempre são 4, faça chuva ou faça sol, estejamos felizes ou não. Ora, nossas reações, nossos comportamentos não se ajustam a essas regras imutáveis. Mais uma vez, é uma questão de senso comum. É o mesmo senso comum que, em minha opinião, faz com que os crentes aceitem tão facilmente a alma ou com que os psicólogos acreditem cuidar de uma parte imaterial do ser humano, enquanto tanto estes quanto aqueles se mostram relutantes a crer em outras coisas invisíveis, como as fadas.

A percepção que temos de nós mesmos não combina com a ideia que temos da matéria e da biologia. Daí o sucesso e a perenidade da lenda da essência imaterial, da alma. Enquanto persistir essa defasagem, receio que a ideia de que o homem é feito de uma única matéria continuará sendo um construto teórico.

Da biologia sem alma à alma da biologia

Durante o século XX, grande número de descobertas sobre o funcionamento de nosso cérebro poderia ter feito a visão espiritualista do homem oscilar a favor da visão biológica. Na realidade, o que ocorreu foi o inverso. Os avanços espetaculares que possibilitaram começar a compreender o funcionamento do corpo forjaram uma visão muito determinista da biologia. Nos séculos anteriores, a ausência de conhecimentos deixara as coisas indefinidas: como se poderia excluir a possibilidade de o corpo explicar a natureza humana se não se sabia como o corpo funciona? Em compensação, a descrição da biologia pela ciência do século XX não deixou espaço à dúvida: o determinismo biológico não poderia explicar nossa sensação da natureza humana. Essa opinião, aliás, não era exclusiva das religiões e das ciências humanas e sociais, mas era comungada pela grande maioria dos cientistas, inclusive por aqueles que estudam a biologia do cérebro.

Com efeito, até o século XX, ao contrário do que se poderia crer, não havia oposição entre, de um lado, religiões e ciências humanas e, de outro, neurobiologia. As ciências humanas e mesmo as religiões sempre admitiram que há comportamentos explicados pela biologia. Desde o início (com Santo Agostinho, no ano 388 de nossa era), os dualistas estabeleceram uma diferença precisa entre os comportamentos "simples" — que temos em comum com os animais e pertencem ao reino do corpo — e os comportamentos exclusivamente humanos, que são uma manifestação da alma ou da mente, em função das crenças. Sempre se considerou que eram geradas pelo corpo ações como comer porque se tem fome, deslocar-se de um ponto a outro para abrigar-se ou pular para evitar um perigo. Em compensação, a razão, a vontade, a capacidade de escolher livremente eram consideradas propriedades da alma, dadas ao homem por Deus, para elevá-lo acima dos animais. Admitir, como fizeram as ciências humanas e as religiões no século

XX, que certos comportamentos básicos — motricidade ou fome — são produzidos pelo cérebro e poderiam ser explicados por proteínas não foi uma revolução cultural. Isso apenas possibilitou usar a palavra "neurobiológico" para descrever mecanismos que, desde o início, eram atribuídos ao corpo. Compreender a mecânica do veículo, o cérebro, não pôs em xeque absolutamente a natureza do condutor, a alma.

As pesquisas em neurobiologia, porém, desembocaram progressivamente em descobertas que começaram a despertar dúvidas sobre a exatidão dessa lenda da essência imaterial, da alma. Uma das primeiras, nos anos 1950, foi a psicofarmacologia, que levava a suspeitar que as doenças mentais — por definição, psicológicas — são na realidade biológicas. Caso contrário, como explicar a possibilidade de cuidar de certas afecções psiquiátricas, antes incuráveis, com moléculas químicas? A biologia psiquiátrica, no entanto, permaneceu muito tempo como corrente minoritária e denegrida, sobretudo na França, onde, até os anos 1980-1990, a psicanálise lacaniana controlava quase todos os departamentos psiquiátricos das universidades. Isso é mais paradoxal porque a psicofarmacologia praticamente nasceu nesse país, com a descoberta dos primeiros medicamentos contra a esquizofrenia por Pierre Deniker e Henri Laborit, que, aliás, receberam o prestigioso prêmio Lasker por seus trabalhos. Mas Lacan também era francês! A França, portanto, precisou escolher entre duas descobertas nacionais. Como terra do Iluminismo, logicamente preferiu o esplendor do espírito às agruras reducionistas da biologia.

Durante a segunda metade do século XX, os neurobiólogos continuaram mostrando que comportamentos cada vez mais complexos, antes território da essência imaterial, dependiam do cérebro. As coisas foram sendo feitas sem ruído, a começar pela descoberta das bases biológicas do prazer, do medo e da agressividade. Trata-se de emoções primárias, equiparáveis a instintos, que ainda poderiam ser consideradas no limite entre corpo e essência imaterial. No entanto, aos poucos, o campo de investigação neurobiológica ampliou-se para domínios puramente psicológicos, como as relações com a mãe, os efeitos das estruturas sociais ou a confiança nos outros. Com o tempo, a abordagem dessas pesquisas tornou-se cada vez mais estritamente reducionista, em virtude da atribuição deste ou daquele comportamento complexo primeiro a uma estrutura cerebral, depois a um pequeno grupo de neurônios e, por fim, a um gene ou a uma proteína específica. Essas descobertas sem dúvida irritaram certos especialistas das ciências humanas, mas de fato não puseram em xeque a existência de uma essência imaterial não biológica. Apenas deslocaram a fronteira de dezesseis séculos entre os campos da alma e do cérebro. O fato de que um número cada vez maior de comportamentos específicos era explicável de modo determinista pela atividade do cérebro ou de uma de suas proteínas não diminuía em absoluto a necessidade fundamental de dispor de uma essência imaterial para compreender a natureza humana. Continuávamos precisando dela para compreender certos aspectos da natureza humana, seu lado mutável e imprevisível, o fato de este depender de nossas experiências e de nossa cultura. Características que não eram explicadas por uma biologia cada vez mais determinista. Paradoxalmente, quanto mais a neurobiologia progredia, mais aumentava a relutância a admitir o onibiológico.

Essa rejeição generalizada não se baseava apenas numa análise lógica, mas também tinha — e continua tendo — razões afetivas. Pois, afinal, é bem triste que nossa mente, nossa alma, inapreensível e imprevisível, possa ser reduzida a uma coisa determinista como a biologia. Quando discuto com meus amigos — que, apesar de tudo, não são grandes espiritualistas —, percebo que eles veem a possibilidade da mente ou da alma biológica como uma perda que os torna um pouco infelizes. A redução da alma humana a uma matéria previsível e predeterminada é sentida como uma amputação. Uma mente, uma alma biológica é forçosamente menos atraente que uma essência imaterial. E, se nossa natureza é menos bela, nós também o somos. Não é fácil aceitar.

É no século XXI que tudo muda, embora a maioria, entre nós, ainda não saiba disso. Porque nos últimos trinta anos descobriu-se — para grande surpresa dos biólogos, em primeiro lugar — que "a biologia, a verdadeira, não é determinista", ou pelo menos não realmente determinista. Sabe-se agora que não há estrita relação de causa e efeito entre os elementos que nos constituem e suas funções. Em outras palavras, a biologia é probabilista: um gene dá de fato uma proteína, mas sua função pode ser muito diferente segundo... um número enorme de coisas e, sobretudo, em função do contexto presente e das experiências passadas. Nossa estrutura física muda sem parar, mais ou menos como nosso humor e nosso comportamento variam de acordo com a previsão do tempo. Em outras palavras, a biologia, do modo como é entendida hoje, não está absolutamente em oposição à nossa ideia de mente: ela a inclui.

Essa nova compreensão do funcionamento de nosso corpo e de nosso cérebro sugere que a concepção que temos de nós mesmos, de nossa natureza, nada mais é que uma forma de presciência inconsciente de nossos mecanismos biológicos. A ideia de essência imaterial não é uma fantasia, mas uma reação justificada àquilo que somos de fato. Graças às descobertas do século XXI, já não temos necessidade de recorrer a uma entidade imaterial para explicar nossa humanidade. Ao contrário, as regras que regem a matéria de que é feito nosso corpo nos oferecem uma mente, uma alma, encarnada, que é tão bela, inapreensível e forjada pelas experiências quanto sua homóloga imaterial, mas com a vantagem de ser real.

A biologia do século XXI reconcilia, portanto, mente e matéria. Não nega a mente ou a alma, mas simplesmente as materializa. É verdade que se opõe à visão dualista, meio física, meio etérea, do ser humano, mas não às características da natureza humana estudadas pela filosofia, pela sociologia e pela psicologia. Não se opõe tampouco aos métodos das ciências humanas e da psicologia. Em nossa nova compreensão das dinâmicas biológicas, a palavra ou o contexto social são capazes de modificar a biologia do homem tanto quanto um medicamento. Ciências humanas, psicologia, psicofarmacologia, engenharia genética nada mais são que abordagens complementares para se ter acesso à matéria do homem e, por conseguinte, à sua humanidade.

Para começar a descobrir essa nova visão da biologia, vamos partir das duas sensações que nos fazem acreditar numa essência imaterial.

A primeira é o caráter volátil, inapreensível, da natureza humana. Temos a impressão de estar sempre mudando, de não sermos os mesmos não só em situações diferentes, mas também em momentos diferentes de situações idênticas. Esse sentimento contrasta fortemente com a ideia de identidade biológica fixa, que determinaria características imutáveis como nossas impressões digitais ou a cor de nossos olhos e de nossos cabelos.

A segunda diz respeito ao alimento da mente. Sentimos que o que somos é determinado sobretudo por nossas experiências de vida, pelas relações com nossos pais, com nossos amigos, por nossas leituras, nossos amores e, claro, pelo contexto social no qual circulamos. Todas essas são coisas que nos forjam, nos esculpem, fazem de nós o que somos, coisas que acreditamos não ter vínculo com a biologia, que, por sua vez, é determinada pelo patrimônio genético herdado de nossos pais.

Veremos que, ao contrário do que se pode pensar, tanto quanto a mente imaterial, a biologia é extremamente mutável, alimenta-se do ambiente e é moldada pelas experiências de vida.

2.

A biologia, tal como a natureza humana, é extremamente volátil

Uma mente inapreensível

Segunda-feira. Como todas as segundas, desço a escada para ir trabalhar. No térreo, Bernard, o porteiro, me espera, como sempre, sem arredar pé. Algumas coisas imutáveis ritmam nossa vida, e isso é tranquilizador. "E aí, Bernard, como está hoje? E as costas? Sempre igual... Mas o que seu médico diz? Ah, ele trocou o anti-inflamatório. Bom, vou lhe dar de novo o endereço de minha acupunturista, Véronique, mas desta vez não deixe de ir, juro que ela faz milagres."

Terça-feira. Mesmo ritual. Bernard espreita a hora em que vou passar, pronto para soltar o seu "Tudo bem?", como se esperasse realmente informações sobre minha saúde. Nessa manhã, só terá de mim um "Tudo bem, tudo bem..." supersônico: qualquer um diria que tenho um encontro da maior importância.

Quarta-feira. Paro no primeiro andar, esperando que Dupont, do terceiro, abra a porta da rua. Ele se detém todos os dias para discutir com Bernard. Fazendo de conta que estou procurando qualquer coisa na mochila, espero que ele passe e me esgueiro atrás dele para sair do prédio sem falar com ninguém.

Quinta-feira. Estou que não caibo em mim, minha filha Yasmin tirou excelente nota em política internacional. Felizmente, Bernard está em seu posto, não posso deixar de dizer isso a alguém. Trocar algumas palavras com ele de manhã é bem agradável. Se os porteiros não existissem, precisariam ser inventados.

Não é necessário ir mais longe para demonstrar o absurdo que há em querer explicar por um jogo de genes e proteínas esse turbilhão imprevisível de modos de ser. O prédio, a escada e Bernard são sempre os mesmos. Só uma coisa muda sem parar: nós. Explicar pelo determinismo biológico essa infinita variedade de comportamentos parece mais que risível.

Para obter outro exemplo do caráter inapreensível dos seres, basta perguntar a uma pessoa próxima quem ela é de fato, quais são as características de sua natureza. Infalivelmente, ela vai começar com um silêncio pensativo. A descrição que porventura vier depois será, na melhor das hipóteses, uma enumeração de características um pouco confusas e bastante contraditórias: "Sou atencioso, mas gosto de minha independência" ou "Sou muito aberto para os outros, mas é bom não vir me procurar" etc. Alguns interlocutores se recusam categoricamente a responder, dizendo que é impossível. De fato, desde que não minta, é muito difícil alguém descrever suas características de um modo que pareça exaustivo. Não é a grande complexidade de cada ser humano que torna inacessível esse conhecimento, mas a extrema volatilidade de nosso ser. Sim, conscientemente ou não, mudamos o tempo todo. Nosso humor, nosso modo de sentir as coisas, de falar com os outros, não são idênticos pela manhã, à tarde ou à noite. Na mesma hora e no mesmo lugar, nossas sensações e ações variam consideravelmente ao longo dos dias. Assumimos o tempo todo tantas configurações diferentes e às vezes opostas, que é arriscado pretender descrever o que somos de fato.

Praticamente em oposição à volatilidade do ser, consideramos que nossa biologia é estável, quase imutável. Nossos cabelos, nossos olhos têm sempre a mesma cor, nossas impressões digitais persistem a vida toda, a forma de nossos órgãos é definitiva, e nossa altura não varia de uma semana para outra. Daí extraímos uma conclusão que tem uma lógica implacável: nossa índole — esta, sim, extremamente mutável — não pode ser biológica.

É racional, é crível, porém completamente falso. Não é na volatilidade de nosso ser que há equívoco: é a presumida rigidez de nossa biologia que não corresponde à realidade. Pois, se uma parte de nós quase não muda ao longo da vida, com outra parte ocorre o exato inverso. Nosso cérebro, em particular, modifica-se sem parar. O sentimento de que nossa natureza é volátil corresponde, portanto, perfeitamente às variações desse órgão, que produz nosso pensamento.

O genoma é um instrumento musical polivalente

Minha afirmação de que o biológico é inapreensível sem dúvida deixa cético o leitor. Sobretudo porque todo mundo sabe que a biologia é fruto do patrimônio genético, e que este não muda. É o único patrimônio que indubitavelmente herdamos de nossos pais. Essas duas afirmações são de todo verdadeiras, mas o que está errado é a concepção de patrimônio genético. Nós o vemos como uma gravação que sempre produz a mesma música. Na realidade, nosso genoma não é uma gravação, mas, sim, um instrumento musical capaz de gerar um número infinito de melodias. Além disso, nosso patrimônio genético é o único instrumento do mundo que emite notas polifônicas, cujo som pode variar em função do lugar em que são tocadas. Por conseguinte, se um músico pode conceber um milhão de melodias, nossa biologia, sob o comando do genoma, pode tocar pelo menos um bilhão. A biologia, portanto, é mais inapreensível que a visão que temos de nossa essência imaterial. Seria até possível dizer que a sensação de volatilidade de nossa natureza é apenas a parte visível do iceberg de uma biologia ainda mais mutável.

Para compreender essa volatilidade, a primeira etapa é definir melhor o que compõe nossa biologia. Um organismo vivo é feito de muitas coisas: água, gorduras, açúcares, minerais e, principalmente, proteínas. Estas não são o constituinte mais abundante — esse privilégio cabe à água —, mas por certo o mais importante. Essas moléculas determinam a estrutura de nosso corpo e suas funcionalidades. Nós somos nossas proteínas, todo o restante não passa de roupagem.

E o genoma em tudo isso? O genoma é composto por outro tipo de molécula, o DNA, bem conhecido, que também desempenha papel primordial, pois contém as informações para produzir as proteínas. Cada porção de DNA específico, chamado gene, pode responder pela produção de uma ou mais proteínas. Os humanos têm cerca de 25.000 genes.

Em geral, quando pensamos em nosso genoma, imaginamos a parte que contém a informação para produzir as proteínas. Na realidade, esta parte, que se chama sequência codificadora, compõe apenas 3% do DNA dos genes. Para que servem então os 97% do genoma nos quais nunca se pensa? Essa parte, chamada de sequência reguladora, serve para determinar que proteínas são produzidas, quando e em que quantidade.

Julgar a importância das coisas pelo tamanho muitas vezes induz em erro, mas não nesse caso. A parte mais importante de nosso genoma, que esquecemos com frequência, é constituída pelos 97% do DNA de um gene, por sua sequência reguladora.

Para nos convencermos disso, tomemos como exemplo um homem e um camundongo, dois mamíferos muito dessemelhantes. Apesar disso, as sequências codificadoras de seus genes são quase idênticas, em 99%. Parece impossível que 1% de diferença genética possa gerar organismos que têm tão pouco a ver uns com os outros. De onde vêm então essas diferenças colossais? Elas resultam do trabalho das sequências reguladoras, aqueles misteriosos 97%, que determinam quantas e quais proteínas de homem ou de camundongo são produzidas. A diferença entre as duas espécies então é enorme. Se as proteínas — os ingredientes disponíveis — são quase as mesmas, escolhendo quais são utilizadas e em que quantidade, as sequências reguladoras — o mestre-cuca — podem obter facilmente dois seres tão diferentes quanto um homem e um camundongo.

Tomemos agora um segundo exemplo, mais impressionante que o anterior, pois diz respeito a entidades biológicas ainda mais diferentes que o homem e o camundongo, embora tenham 100% do genoma absolutamente idêntico. Isso lhe parece impossível? No entanto, a prova está todos os dias diante de seus olhos: é você mesmo. Basta olhar-se no espelho para ver que suas gengivas, sua língua, a pele de seu rosto, seus olhos não têm nada a ver uns com os outros! As diferenças entre as partes do corpo tornam-se ainda mais espetaculares quando se abre um livro de anatomia para descobrir o que acontece dentro de nosso organismo. O pulmão, o coração, o rim, o fígado, o cérebro são mais dessemelhantes entre si que um homem e um camundongo. Estes dois mamíferos têm em comum pelo menos quatro membros, uma coluna vertebral, uma cabeça com dois olhos, um nariz e uma boca com dentes. A única coisa que aproxima um coração de um pulmão é o fato de termos os dois. Caso contrário, seria possível acreditar que têm origem em galáxias bem distantes. Se descermos ao nível microscópico, as diferenças entre uma célula muscular, uma célula do fígado, uma célula do sistema imunitário ou um neurônio não são menos impressionantes. No entanto, todos os órgãos e todas as células de nosso corpo dispõem exatamente dos mesmos genes. Essas diferenças também são resultado do trabalho das partes reguladoras dos genes que, provocando a produção de proteínas distintas, geram órgãos e células que não se parecem.

Para visualizar melhor o modo como um gene é constituído, imaginemos que o genoma seja um piano. As teclas e o mecanismo dependente delas são comparáveis às partes reguladoras de um gene. Eles ativam os martelos que, percutindo as cordas (as sequências codificadoras dos genes), produzem os sons (as proteínas). Mas nosso "piano biológico" é capaz de gerar 25.000 notas e dispõe praticamente de um teclado por nota, o que lhe confere a possibilidade de tocar um número quase incalculável de melodias. Em outras palavras, o genoma, como um instrumento musical, determina as potencialidades daquilo que podemos ser, mas não o que somos.

Na realidade, as capacidades de um genoma são bem maiores que as de um instrumento musical com as mesmas características. Isto porque, com uma única sequência codificadora, por um mecanismo de copiar/colar, um gene pode produzir várias proteínas diferentes.

Isso equivaleria à possibilidade de uma mesma corda de um piano gerar várias notas.

Nosso genoma, portanto, está bem longe de se parecer com um disco que tenha uma única música gravada. É mais comparável a um instrumento, a um piano dotado de 25.000 cordas (as sequências codificadoras), cada uma capaz de produzir várias notas (as proteínas). O teclado desse piano, que possibilita tocar tão finamente 25.000 cordas, evidentemente é imenso. A tal ponto que, se imaginarmos um prédio em que as cordas ocupassem um andar, precisaríamos de mais 32 andares para acomodar o teclado e seu mecanismo.

As proteínas são notas polifônicas

O caráter volátil da biologia não se limita ao fato de que múltiplas melodias podem ser tocadas a partir do mesmo genoma. Ele tem, além disso, um nível de complexidade que nenhum instrumento musical pode atingir. Com um instrumento, podemos interpretar uma quantidade inumerável de partituras. O resultado não será perfeitamente idêntico, a depender do músico e da acústica da sala. Mas em todos os lugares do mundo, na praia ou nas montanhas, um *dó*, um *ré*, um *fá* ou um *sol* é sempre o mesmo som. Isso não ocorre com as notas biológicas, as proteínas, que podem mudar completamente de sonoridade, ou seja, de função, segundo o lugar onde são emitidas.

Você deve estar se perguntando como isso é possível! Essa propriedade prodigiosa se chama "emergência": é a capacidade que um objeto tem de possuir características diferentes em função do contexto no qual se encontra. Em geral, tendemos a considerar que os atributos de um objeto lhe são inerentes. Propriedades que ele conserva sempre e em todos os lugares. No entanto, além disso, ele tem características emergentes que se manifestam, ou não, em função do ambiente. Os objetos do mundo físico, portanto, parecem-se conosco bem mais do que se pensa.

Tomemos o exemplo da água: ela é constituída de dois átomos de hidrogênio e um átomo de oxigênio. A composição atômica da água, H_2O, é sua propriedade inerente. Por outro lado, as características da água que percebemos são propriedades emergentes. Estamos acostumados a pensar no H_2O como um líquido, e o nome corrente "água", que usamos para designar essa molécula, corresponde de fato à sua forma líquida. Mas basta modificar o contexto, baixar a temperatura, por exemplo, para que ela deixe de ser a água em que se pode nadar e se transforme em gelo, sólido sobre o qual se pode andar. Inversamente, se a temperatura aumenta, a água evapora e transforma-se numa nuvem que só podemos observar. Portanto, nem todas as manifestações do ser de uma coisa — neste caso, o H_2O — são inerentes, e sim, sobretudo, emergentes e dependem do contexto.

Essa discussão nos leva claramente ao problema da identidade entre o copo de água e o estado líquido e o estado congelado de que tratamos antes, valendo-nos da dimensão do tempo. Também seria possível abordá-lo usando o conceito de propriedade emergente. Poderíamos dizer que os dois estados, sólido e líquido, são a manifestação de duas propriedades emergentes do mesmo elemento, H_2O. Temos agora não só uma, mas duas novas soluções para o problema filosófico da identidade. Paradoxalmente, essas duas soluções provêm da compreensão do funcionamento real do mundo físico. É como se a matéria pudesse nos ajudar a resolver os enigmas da natureza humana. Estranho, dirá o leitor. Nem um pouco, pois, na realidade, o funcionamento da matéria é responsável pelas características que atribuímos à nossa misteriosa essência imaterial.

A emergência está em toda parte ao nosso redor. Pouquíssimas características às quais costumamos nos referir para representar os objetos do cotidiano são propriedades fixas e imutáveis. Muitas delas são características emergentes que podem mudar. Só que não pensamos nisso.

A descoberta de que a função das proteínas varia de acordo com o contexto foi uma pequena revolução na biologia e, ainda hoje, grande número de cientistas tem dificuldade para integrá-la completamente a seu raciocínio. As pessoas da minha geração cresceram com a ideia de que a função é uma propriedade inerente de um gene e de sua proteína. Essa concepção é de fato a pedra angular do determinismo biológico: se eu conhecer seus genes, também conhecerei as proteínas que você vai produzir e, portanto, posso prever suas características pessoais, bem como as doenças que poderá vir a ter. Essas noções guiaram a constituição do consórcio internacional que possibilitou a decifração do genoma humano (terminada em 2003) e impulsionou numerosos estudos para detectar os genes das afecções do corpo e do comportamento.

Paradoxalmente, a primeira descoberta que suscitou sérias dúvidas quanto à relação direta e inerente entre gene, proteína e função está justamente ligada a essa decifração. Pois, antes de se conhecerem o número de genes e a sequência exata de seus nucleotídeos (A, T, G, C), supunha-se, com base nas funções desempenhadas por nosso organismo, que possuiríamos cerca de 300.000 genes. Na realidade, só há 25.000, ou seja, doze vezes menos. Essa constatação nos pôs diante de um mistério: como o organismo pode fazer doze vezes mais coisas do que se poderia esperar com base no número de seus genes?

A segunda descoberta perturbadora foi o sucesso relativo dos estudos genéticos. Pois, com exceção de raríssimas doenças, a presença ou a ausência de determinado tipo de gene não permite dizer se a pessoa vai ou não desenvolver determinada patologia. Ela indica apenas a probabilidade de seu aparecimento. Além disso, essa probabilidade em geral é bem pequena. Por exemplo, imaginemos que a presença do gene X multiplique por três o risco de desenvolver uma esquizofrenia, o que parece significativo. Mas o risco médio de sofrer dessa doença é de 1%. Com a presença do gene X, ele passa a 3%. Em outros termos, sempre haverá 97% de chances de escapar dela. Um gene específico e, por conseguinte, a proteína que ele produz não causam uma doença, mas determinam a probabilidade de que ela se manifeste. Intui-se aí uma prova do lado probabilístico, e não determinista, da biologia.

Essas observações permitiram que os cientistas fossem abrindo os olhos e considerassem a hipótese de que os genes e suas proteínas não têm funções inerentes, imutáveis, que lhes são próprias, mas, sim, funções emergentes, que podem mudar em função do lugar onde a proteína se encontra. Se um gene produz proteínas que dispõem de várias funções que se manifestam segundo o contexto, é normal podermos fazer doze vezes mais coisas do que deveria permitir o número de nossos genes. Por outro lado, se uma proteína pode desempenhar às vezes um papel e às vezes outro, também é lógico que o gene que a produz não esteja sempre associado a determinada doença.

Para voltar a nosso paralelo com o instrumento musical, as proteínas são notas que soam de maneira diferente em função do lugar onde são tocadas. Acho realmente fascinante essa propriedade, a emergência, pois a nota é sempre a mesma, mas, ao ser emitida, sua sonoridade se transforma de acordo com o ambiente. Isso parece prodigioso, tão inumeráveis se tornam as possibilidades.

Como visualizar essas proteínas polivalentes ou essas notas polifônicas? Como uma entidade atua para continuar a mesma e ser ao mesmo tempo tão mutável? Pensando bem, as proteínas se parecem conosco. Nós também mudamos constantemente, permanecendo, em alguma parte, sempre os mesmos. As proteínas, como nós, têm uma parte fixa inerente — a parte estrutural —, que poderia ser comparada à cor de nossos olhos ou a nossas impressões digitais. Essa parte estrutural confere a cada proteína uma forma básica que lhe possibilita ser identificada pelas outras proteínas e interagir com seu ambiente. No entanto, na periferia dessa parte estrutural, há outra, capaz de se modificar em função do contexto, a saber, as outras proteínas que vão transformá-la, acrescentando-lhe, por exemplo, açúcares, átomos de fósforo ou sulfatos. Modificações que parecem mínimas, mas podem mudar completamente a função de uma proteína.

Portanto, pode-se imaginar a nota polifônica produzida pela máquina de proteínas de nossas células como uma árvore de Natal. Todos compramos o mesmo tipo de árvore, mas a decoramos de tal maneira que, no fim, ela não se parece com a de outra família. No organismo, as proteínas que cercam a recém-chegada também vão lhe conferir um aspecto bem particular, acrescentando outras moléculas. Diferentemente das decorações da árvore de Natal, as das proteínas não têm virtudes estéticas, mas modificam profundamente suas funções.

Outro elemento contribui para a multifuncionalidade das proteínas: seus efeitos dependem de sua capacidade de atuar sobre as moléculas químicas que as cercam. Em geral, elas modificam outras proteínas ou outras moléculas, como lipídios ou açúcares, cortando-os em pedaços menores ou alongando-os por acréscimo de novos elementos.

Naturalmente, o efeito de uma proteína vai mudar em função desses encontros, e as possibilidades são múltiplas. Está claro que não é igual o contato das mesmas moléculas num neurônio ou numa célula muscular, ou ainda no núcleo e na superfície da membrana de uma célula.

O que determina a polifonia das proteínas

Muitos contextos provocam mudanças na função de uma proteína. Se formos enumerá-los, partindo de dentro para fora, encontraremos primeiro o compartimento da célula no qual ela está localizada. Depois, o órgão — por exemplo, o cérebro, o coração ou o fígado — que contém a célula que expressa a proteína. A seguir, os indivíduos portadores desse órgão e, para terminar, o ambiente externo.

Para compreendermos melhor o ambiente das proteínas, comecemos por alguns números: um francês tem em média 1,75 m de altura, o diâmetro de seu coração é de cerca de 10 cm, o de suas células é dez mil vezes menor que um metro, e o de suas proteinazinhas, aproximadamente um milionésimo de milímetro. Ao lermos esses números, é claro que percebemos que uma proteína é bem menor que uma célula, que é menor que um órgão, cujo tamanho é bem inferior ao de um ser humano. Mas essa abordagem não permite imaginar com facilidade o que essas diferentes dimensões representam de fato, do ponto de vista da proteína. Tomemos então uma proteína imaginária que tenha o tamanho médio de uma criança de 4 anos (1 m) e mantenhamos as mesmas proporções. A célula que encerrasse tal proteína teria um diâmetro de 100 km, ou seja, mais de cinco vezes a distância que separa o lado leste do oeste de Paris (18 km) ou um pouco mais que a distância entre a capital e Chartres (85 km). O coração que contivesse essa célula teria um volume comparável ao de Saturno (7 vezes maior que a Terra). O dono desse coração teria uma altura correspondente a cinco vezes a distância entre a Terra e a Lua (aproximadamente 380 mil quilômetros). Por fim, a França que contivesse esse indivíduo transplanetário teria um diâmetro maior que o do sistema solar (20 bilhões de quilômetros).

Uma proteína, portanto, atua num ambiente que, em relação a seu tamanho, é muito maior que o ambiente em que vivemos. Se nos parece normal que um jovem que cresceu na 7ª circunscrição de Paris seja diferente de outro da região de Seine-Saint-Denis, não devemos nos surpreender ao saber que uma proteína pode ter características diferentes segundo sua localização no interior da célula ou pelo fato de estar presente no coração ou no cérebro. Depois de situarmos as coisas de novo na ordem certa de grandeza, veremos que o contrário é que seria surpreendente.

Células do tamanho de metrópoles

Temos a tendência de imaginar uma célula como um dos componentes elementares de nosso organismo. Contudo, acabamos de ver que, para uma proteína, a célula tem o tamanho de uma cidade imensa. À semelhança de uma aglomeração de bairros às vezes muito diferentes, a célula é composta por vários compartimentos que não se parecem muito entre si. A membrana que separa a célula de seu ambiente externo é feita sobretudo de lipídios, nos quais se movimentam proteínas. O citoplasma, que fica no interior da membrana, é essencialmente composto de água, na qual flutua grande número de pequenos órgãos — chamados de organelas — que possibilitam o funcionamento da célula. Alguns deles, como as mitocôndrias, servem para produzir a energia de que a célula precisa; outros, para fabricar as proteínas; e outros, ainda, para transportá-las de um lugar para outro. Por fim, não podemos esquecer o núcleo, verdadeiro coração celular, que contém o DNA.

Na visão clássica — portanto, determinista — da biologia, cada proteína tem seu compartimento específico, em cujo interior ela exerce uma função precisa. Aliás, uma das classificações mais usadas de proteínas as organiza em função de seu compartimento celular: proteínas de membrana, nucleares, mitocondriais etc.

Na realidade, nos últimos quinze anos, descobriu-se que a mesma proteína pode se localizar em diferentes pontos da célula e, em cada um deles, desempenhar papéis que não são idênticos em absoluto.

Tomemos como exemplo uma família de proteínas fundamentais para o funcionamento do cérebro: os receptores neuronais. Essas proteínas se chamam receptores porque são capazes de reconhecer os neurotransmissores e ligar-se a eles; neurotransmissor é uma pequena molécula química liberada por outros neurônios. Essa ligação ativa os receptores, possibilitando-lhes modificar o funcionamento do neurônio que os contém. Segundo a visão clássica, o receptor para os neurotransmissores fica localizado na membrana celular dos neurônios e só funciona nessa posição, sendo inativo em qualquer outra posição. Ora, sabemos hoje que não é nada disso. Tomemos o exemplo do receptor de tipo I para os endocanabinoides, o CB1. Todo mundo o conhece, mesmo sem saber, porque os efeitos da cânabis são decorrentes de sua ativação pelo princípio ativo dessa planta, o THC. Quando está na membrana celular, o CB1 é capaz, como os outros receptores para neurotransmissores, de modificar a atividade dos neurônios. Mas esse receptor também se localiza em grande quantidade dentro da célula, onde, ao contrário do que se acreditava, não fica inativo, mas interage com outras proteínas, modificando grande número de processos celulares, inclusive a produção de novas proteínas pelo DNA. Por fim, descobriu-se recentemente que o CB1 está também presente na mitocôndria, onde age como regulador da produção de energia, que ele tende a tornar mais lenta. A mesma proteína, o CB1, pode, portanto, ter três tipos de função completamente diferentes — modificar a atividade dos neurônios, desencadear a produção de outras proteínas ou produzir energia —, segundo o compartimento celular no qual esteja.

Órgãos do tamanho de planetas

Anteriormente comparamos os diferentes compartimentos celulares aos bairros de uma cidade grande. Se prosseguíssemos com a comparação, respeitando as mesmas proporções, deveríamos considerar que, para uma proteína, os órgãos do corpo são maiores que um planeta. Se achamos normal que duas pessoas oriundas de bairros diferentes não sejam iguais, é de esperar que indivíduos provenientes de planetas diferentes não tenham praticamente nada em comum. Não é de surpreender que a mesma proteína não faça a mesma coisa no coração e no pulmão.

Continuando com exemplos práticos, acompanhemos o receptor CB1, desta vez não de um compartimento celular a outro, mas de um órgão a outro. Com efeito, os receptores CB1 não estão presentes apenas nos neurônios, mas também em outros lugares de nosso corpo: fígado, tecido adiposo e músculos. A cada vez, o CB1 tem funções extremamente diferentes. Por exemplo, ele estimula a produção de lipídios pelo fígado; opõe-se aos efeitos da insulina, inibindo a entrada do açúcar nas células musculares. Por fim, facilita a entrada e o armazenamento dos lipídios nas células do tecido adiposo.

A situação é ainda mais variada no cérebro. O CB1 pode induzir um estado de relaxamento e sensação de felicidade ou dar vontade de comer. Também pode provocar perda de memória ou deixar sem a menor vontade de fazer nada. Como explicar? Porque, ao contrário dos outros órgãos, que são homogêneos, o cérebro é heterogêneo. Suas diferentes estruturas contêm neurônios específicos e têm um papel especial. O receptor CB1, por ser expresso em um grande número de células nervosas e em quase todo o cérebro, tem, como é natural, efeitos muito variados e até diametralmente opostos sobre nosso comportamento, em função da zona em que é ativado.

Essa multidão de localizações e papéis não é um fato excepcional próprio aos receptores CB1, mas uma característica comum a grande número de proteínas.

Indivíduos tão diferentes entre si quanto as estrelas

Todos temos os mesmos órgãos e nos parecemos um pouco, mas não somos idênticos, muito pelo contrário, pois, graças às partes reguladoras de nossos genes, as proteínas que cada um de nós produz são diferentes. Portanto, é normal que a função de um gene e de sua proteína específica possa variar de uma pessoa para outra, pois nossas proteínas são influenciadas por suas congêneres, assim como somos influenciados pelos outros seres humanos.

Essa variação da função do par gene/proteína segundo o patrimônio genético do indivíduo é conhecida há bastante tempo, mas sua real importância só foi de fato revelada na década de 1990, quando os pesquisadores conseguiram criar em mamíferos, como o camundongo, mutações direcionadas de um gene. No início, os resultados foram bem claros: inativando-se o gene A, percebia-se que a função B era modificada, logo o gene A tinha a função B. Foi suprimindo o CB1 do camundongo, por exemplo, que se percebeu que esse receptor é importante para a ingestão de alimentos e para o metabolismo.

No entanto, quando essas técnicas de manipulação genética se tornaram correntes e um número elevado de laboratórios passou a usá-las, começou a soprar um vento de pânico. Contrariando as expectativas, nem todas as equipes chegavam aos mesmos resultados quando suprimiam os mesmos genes na mesma espécie animal. Era palpável o estado de tensão entre pesquisadores, até se perceber que aquilo não decorria de erros de manipulação, mas das diferenças de genoma dos camundongos. Pois os laboratórios recorriam a roedores que não tinham o mesmo patrimônio genético e não produziam exatamente as mesmas proteínas. A mutação de um gene específico, portanto, era efetuada em contextos diferentes, e não é de surpreender que não tivesse os mesmos efeitos.

Esse exemplo, tal como os anteriores, reforça a ideia de que a função de um gene e, portanto, da proteína que ele produz, é uma propriedade emergente. Essa propriedade se manifesta, ou não, em função de um contexto fundamentalmente constituído pelas outras proteínas, que mudam segundo o compartimento celular, o tipo de célula, de órgão e o patrimônio genético do indivíduo.

Isso lembra estranhamente as modificações importantes de nosso comportamento e daquilo que sentimos em função de nosso entorno. Sem dúvida, ninguém é o mesmo na intimidade familiar, com os colegas do escritório ou quando está vendo tevê com amigos. São quase três pessoas que coexistem e se manifestam, ou não, de acordo com o contexto.

Histórias numerosas como as galáxias

Mesmo já sendo vertiginosa, a história da extrema variabilidade das funções das proteínas está longe de acabar. Ainda não falamos de um dos fatores mais importantes: o ambiente no qual o indivíduo vive, que também determina as funções adquiridas por seus genes e suas proteínas.

Vejamos um exemplo eloquente. Em 2000, com minha equipe, publiquei na revista *Science* uma pesquisa que tinha o objetivo de estudar os efeitos das vivências sobre o comportamento de duas linhagens de camundongo com diferenças de vulnerabilidade às drogas associadas a seus patrimônios genéticos: os camundongos DBA, que têm horror à anfetamina, e os camundongos C57, que a adoram. É importante esclarecer que dentro de cada linhagem os roedores têm todos o mesmo patrimônio genético. Trata-se, portanto, de colônias de gêmeos idênticos entre si, mas bem diferentes dos camundongos da outra linhagem.

Submetemos esses dois grupos de gêmeos a condições vivenciadas com muita frequência pelos camundongos em estado selvagem, a saber, um ambiente com recursos alimentares limitados. Enquanto em cativeiro esses pequenos roedores podem se alimentar à vontade, na natureza não são raros os períodos de carência. Impusemos então a camundongos dessas duas linhagens uma semana de racionamento, seguida por uma semana de alimentação à vontade. Depois comparamos a vulnerabilidade à anfetamina nos camundongos que tinham passado pela privação alimentar à de seus congêneres da mesma linhagem que não haviam passado fome. Foi grande a nossa surpresa quando descobrimos que, após uma semana de racionamento, as respostas das duas linhagens à anfetamina tinham se invertido. Os camundongos C57, originalmente os mais vulneráveis, haviam se tornado menos sensíveis à anfetamina que os DBA, que agora pareciam adorá-la, embora no início evitassem essa droga. Logo, a vulnerabilidade e a resistência à anfetamina, nesses animais, não eram fatalidades genéticas, mas propriedades emergentes dos dois genomas que se manifestam, ou não, em função do ambiente no qual o indivíduo vive ou viveu.

Esse exemplo é muito importante porque mostra duas coisas. A primeira é que os genes e as proteínas não têm efeitos predeterminados, o que não é de fato surpresa depois da leitura dos capítulos anteriores. A segunda, muito mais inesperada, é que as vivências não têm consequências predefinidas, pois o mesmo acontecimento produz resultados opostos num indivíduo e noutro.

Na época da publicação de nossos resultados, essa visão da relação entre a influência do genoma e a do ambiente sobre o comportamento nada tinha de clássica. Os mais informados achavam de fato que a biologia é determinada em parte pelo ambiente e em parte pelos genes, mas consideravam que cada um desses fatores tinha campos de ação próprios. Algumas características dependeriam dos genes, outras, do ambiente, e os dois se somariam para formar um indivíduo, mas sem se misturar. Nosso trabalho demonstrou que, pelo menos em relação ao comportamento, a coisa não funciona assim. O modo de agir de um sujeito não é determinado pela justaposição dos efeitos do ambiente aos dos genes, mas por uma interação indissociável entre patrimônio genético e vivências.

Esses efeitos do ambiente, que se tornam uma propriedade emergente capaz de se manifestar ou não, em função do genoma, inauguram uma nova maneira de raciocinar. Possibilitam, entre outras coisas, resolver um dos principais problemas da rainha da psicologia: a psicanálise. Em seu belo livro *Inveja e gratidão*, Melanie Klein explica de modo muito elegante como toda uma série de acontecimentos dos períodos específicos do desenvolvimento vai determinar nosso psiquismo. Os primeiros contatos com a mãe parecem especialmente importantes na opinião dos psicanalistas. Por exemplo, quem teve uma mãe incapaz de empatia e, no contato com ela, durante o primeiro ano de vida, recebeu mensagem dupla, ao mesmo tempo de amor e repulsa, corre risco maior de tornar-se esquizofrênico. Essas ideias tiveram muito sucesso e até entraram para a cultura popular, mas também provocaram muitas críticas. É verdade que, em bom número de patologias mentais, encontram-se na história do paciente as experiências negativas teorizadas pela psicanálise. Mas os mesmos traumas existem também em grande número de indivíduos cuja saúde mental é boa.

Portanto, parecia distante o estabelecimento de uma relação de causa e efeito entre os acontecimentos da vida e o desenvolvimento psíquico. Isto porque a visão clássica de causalidade prevê que uma causa provoca sistematicamente o efeito esperado. Ora, esse princípio básico não parece ser observado no caso dos acontecimentos traumáticos da psicanálise, pois estes às vezes estão associados à doença, e às vezes não. A existência das interações genes/ambiente descritas anteriormente talvez pudesse explicar essa falha da psicanálise. Ela sugere que o efeito da mãe sobre a criança é uma propriedade emergente que depende das interações entre o genoma da criança e o comportamento da mãe. Em outras palavras, a influência patológica da mãe poderia manifestar-se, ou não, em função do patrimônio genético do bebê.

Era quase irresistível a perspectiva de demonstrar, por meio da neurobiologia, que os psicanalistas, afinal de contas, não estavam enganados. Por isso, lançamos esse programa de pesquisa. Para verificar os efeitos do comportamento da mãe em função do genoma do bebê, era preciso reunir quatro condições. Em primeiro lugar, dois tipos de bebê dotados de dois patrimônios genéticos diferentes. Para tanto, utilizamos os camundongos C57 e DBA. Também precisávamos de dois tipos de mãe com comportamentos opostos, por exemplo, uma *mamma* do sul da Itália, com uma exuberância de ternura e atenção capaz de torná-la um pouco sufocante, e uma mulher de Esparta, que forja guerreiros na disciplina e no esforço. Tomamos, então, outras duas linhagens de camundongo, cujas fêmeas tinham comportamentos que lembravam os desses arquétipos humanos. Na prática, tem-se uma linhagem de camundongos que dedica muito tempo aos filhotes, dando-lhes muitos afagos, e outra que cuida principalmente da limpeza do ninho. Esta última passa a vida agarrando pela pele das costas cada um dos camundonguinhos, para depositá-los por todos os lados da gaiola, depois desfaz completamente o ninho, composto de pedaços de algodão, para rearrumá-lo, deixando-o limpo e bonito antes de trazer de volta os filhotes.

Depois de obtermos os dois tipos de mãe e os dois tipos de bebê, só nos restava realizar adoções cruzadas, de tal modo que a mãe siciliana e a mãe espartana criassem tanto filhotes C57 quanto filhotes DBA. Quando se faz isso pouco tempo depois do nascimento, os camundongos são incapazes de saber que os filhotes não são seus. Em seguida, deixamos que esses roedores crescessem e estudamos seus modos de ser quando adultos. Isso pode parecer um pouco complicado, mas é o único meio de ver se o comportamento da mãe tem sempre os mesmos efeitos ou se é uma propriedade emergente, que depende do patrimônio genético do filho.

Resultado: para os camundongos DBA, o tipo de mãe tinha importância capital e influenciava diretamente seu comportamento de adultos. De modo bem divertido, a mãe afetuosa produzia camundongos com maior inclinação para a droga e mais tendências depressivas que a mãe espartana. Essas diferenças, evidentemente, eram devidas a modificações biológicas profundas e duradouras, induzidas pelo comportamento materno sobre o cérebro e o sistema hormonal dos filhotes. Em compensação, para os camundongos C57, o fato de a mãe ser siciliana ou espartana quase não tinha importância, pois seus atos ou seu cérebro não mudavam em absoluto.

Aí está, portanto, resolvida uma das falhas da psicanálise: sim, o comportamento da mãe pode ter repercussões enormes sobre o de sua progênie, mas esses efeitos dependem da criança. Para alguns de nós, a mãe é primordial; para outros, é apenas um detalhe. O mais estranho é que o próprio patrimônio genético herdado de nossos pais é que permite proteger-nos.

Em conclusão, nossa sensação de que a natureza humana é volátil e inapreensível nada mais é que uma presciência da verdadeira natureza de nossa biologia, o que aparentemente percebemos antes de poder demonstrar sua existência de modo objetivo. Agora que vimos como nossa biologia é mutável, mais surpreendente é a relativa estabilidade que nosso ser pode demonstrar!

3.

A biologia, tal como a mente, alimenta-se do ambiente

Vivências que falam à mente

Certa quarta-feira de outono, às 14 horas, como todos os anos, dou início a um curso sobre dependência a drogas para os estudantes do mestrado de neurobiologia da Universidade de Bordeaux. Como de costume, digo bom-dia às cerca de trinta pessoas que me esperam, instalo meu computador e projeto meu primeiro slide: "Agora vamos falar das bases biológicas da vulnerabilidade às drogas." Essa frase, idêntica a cada ano, provoca uma onda de mãos erguidas, que anuncia o início de uma discussão, também infalivelmente a mesma.

— Mas, professor — dizem os estudantes com surpresa e até um pouco chocados —, não é só a biologia que determina nossa vulnerabilidade às drogas.

Sempre conciliador, respondo:

— Muito bem, mas, se não é só a biologia, é o que mais?

— Ora, o ambiente, as vivências, o meio sociocultural, as relações com os pais, os traumas, a educação... O senhor não pode achar que é só a biologia — argumentam.

— Concordo, mas, se o ambiente não influencia nossa biologia, quem a determina então?

— Os genes, professor!

— Se estou entendendo o que dizem, os genes, aqueles que herdamos de nossos pais, determinam a biologia, enquanto o ambiente, nossas vivências, a cultura não agem sobre nossa biologia... Então... agem sobre o quê?

— Ora, sobre a mente, professor, sobre a psicologia! — insistem os alunos com convicção.

Chegamos lá: para eles, assim como para muita gente, a psicologia não é biológica.

— Portanto, resumindo, nossa sensibilidade aos efeitos das drogas, nossa vulnerabilidade, é devida a dois fatores: um biológico, determinado por nossos genes, e um psicológico, determinado por nossas vivências.

Os estudantes aquiescem, levando-me à pergunta que eu planejava fazer-lhes desde o início:

— Uma vez que drogas são moléculas químicas perfeitamente conhecidas, que podem ser produzidas no fundo do quintal, como podem agir sobre a psicologia, se esta não é física?

Os estudantes se entreolham, depois seus olhares se fixam, e instala-se o silêncio. Eles acabam de perceber que seu raciocínio propõe um problema fundamental: uma droga, feita de matéria, só pode agir sobre uma coisa que pertença à mesma dimensão: a da matéria. É difícil conceber droga material passando de uma dimensão a outra para agir sobre uma psicologia imaterial.

Sentem-se invadidos cada vez mais pela dúvida. Espero o ponto sem retorno para propor uma solução que possa tirá-los do impasse.

— Se a psicologia não é biológica, as drogas não podem modificá-la, a não ser que se admita que uma substância química também é composta por um corpo material e uma essência imaterial. Há outra explicação bem mais simples: as vivências são capazes de modificar nossa biologia, e é por esse mecanismo que podem nos tornar vulneráveis ou resistentes aos efeitos das drogas. Para o cérebro, nossas experiências nada mais são que acontecimentos biológicos. Sei que isso os surpreende, mas é porque vocês não sabem como a coisa funciona. Então vamos descobrir isso juntos.

Essa conversa permite identificar de modo extremamente límpido a segunda causa do ceticismo em torno da explicação biológica da natureza humana: a crença de que as vivências não agem sobre nosso cérebro. De fato, essa ideia e o raciocínio dela decorrente reforçam com clareza a hipótese da existência de uma essência imaterial não biológica. "As vivências, indiscutivelmente, exercem grande influência sobre nós. Se elas não têm efeito sobre nosso corpo biológico, a alternativa é que agem sobre uma essência imaterial não biológica que, por conseguinte, existe sem dúvida." Esse raciocínio está tão enraizado em nossa cultura que pode ser encontrado até mesmo em estudantes de neurobiologia.

Quais são as razões dessa crença? Por um lado, existe a visão errônea de uma biologia determinista, produto de informações previamente gravadas nos genes, música imutável que se manifesta de modo idêntico a cada vez. No entanto, como vimos, o genoma mais se assemelha a um instrumento musical capaz de gerar um número quase infinito de melodias. Mas isso não explica tudo. É difícil imaginar o modo como o ambiente, as vivências, coisas fundamentalmente não biológicas, que nos parecem imateriais, modificam nossa biologia. Não é surpreendente, em si, o fato de os genes — portanto, moléculas químicas — poderem produzir outras moléculas químicas, a saber, as proteínas, que, reunindo-se com outras moléculas químicas, constituem nosso corpo. Em compensação, é muito menos evidente a relação entre as vivências — portanto, uma fonte exterior a nós — e a biologia do cérebro alojado em nosso crânio.

Essa dificuldade em estabelecer o elo entre biologia e vicissitudes da existência deve-se essencialmente a duas razões. Em primeiro lugar, a um problema de percepção: os efeitos das vivências sobre a biologia cerebral não são claramente visíveis. Por isso, é difícil levá-los em conta. Em segundo, a um problema de separação: para nós, há como que um fosso entre experiências e cérebro, e não percebemos muito bem como pode ser transposta essa fronteira entre mundo exterior e biologia interior. Esses dois problemas, porém, não são reflexo de uma realidade, mas apenas da defasagem que muitas vezes encontramos entre as descobertas científicas e sua ampla difusão.

Para que tudo fique mais claro, vamos antes tratar da amplitude das repercussões — invisíveis, mas reais — das vivências sobre a biologia de nosso cérebro. Depois, descobriremos seus mecanismos, a saber, como o mundo exterior consegue entrar em nossos neurônios para modificar sua biologia e nos levar a tirar proveito ou a nos tornar vítimas de nossas múltiplas experiências.

As vicissitudes da existência modelam o cérebro

As vivências não têm efeitos visíveis a olho nu sobre o cérebro. Talvez por termos nos acostumado a achar que elas agem sobre nossa essência imaterial, pois esta tampouco é visível. No entanto, sabemos que as atividades podem modificar o corpo. Basta observar a evolução física de quem pratica um esporte regularmente. A repetição dos movimentos transforma os músculos, e estes, após meses de treinamento, ganham volume. O que sabemos muito menos é que o cérebro é campeão de todas as categorias de resposta biológica às vivências, pois em algumas horas pode modificar sua biologia de modo duradouro. Mas, como isso ocorre ao abrigo de olhares, dentro do crânio, tal capacidade de transformação nos escapa.

Se compararmos duas fotos de Arnold Schwarzenegger, uma anterior à sua prática de fisiculturismo e outra posterior, a transformação de seu corpo é evidente. Em compensação, Arland Smith quase não parece ter mudado em dez anos. Contudo, o cérebro desse homem, que se tornou motorista de táxi na capital britânica, já não é o mesmo. O fato de ter precisado aprender a se localizar no labirinto de ruas de Londres traduziu-se no aumento do volume de seu hipocampo, a parte do cérebro que se dedica à navegação espacial. Tais modificações cerebrais não se encontram nos motoristas de táxi de Nova York, pois a estrutura urbanística dessa cidade é muito mais quadrilateral. E provavelmente desaparecerão nos londrinos com o uso generalizado do GPS.

Se quisermos entender como o cérebro se modifica para se adaptar às vivências, precisaremos primeiro compreender certas características de seu funcionamento. Os neurônios que o compõem são células um pouco especiais, que dispõem de dois tipos de prolongamentos muito desenvolvidos. Os primeiros circundam a parte superior do corpo dessas células, mais ou menos como uma cabeleira. Servem para receber as informações provenientes de outros neurônios e se chamam dendritos. O segundo tipo de prolongamento — o axônio — situa-se do lado oposto dos dendritos e serve para enviar informações aos outros neurônios. Cada neurônio tem um único axônio, mas cada axônio pode ter grande número de ramificações e conectar-se a milhares de outros neurônios. O axônio é em geral muito mais longo que os dendritos, para possibilitar que neurônios relativamente distantes se comuniquem entre si.

A troca de informações entre dois neurônios ocorre nos pontos em que os axônios — que transmitem informações — e os dendritos — que as recebem — entram em contato. Essas zonas de comunicação chamam-se sinapses. Frequentemente se localizam em pequenos botões mais elevados, situados ao longo dos dendritos, as espinhas dendríticas, nas quais pousam as terminações dos axônios. No nível da sinapse, o axônio e o dendrito ficam extremamente próximos, mas não se tocam. Comunicam-se trocando moléculas químicas, os neurotransmissores, que, liberados pelo axônio, atravessam a sinapse para ligar-se aos receptores presentes nos dendritos. Essa ligação aciona o registro da informação ou sua retransmissão para outros neurônios.

A foto de um cérebro cortado em dois mostra uma parte mais escura — a substância cinzenta — e uma mais clara — a substância branca. A primeira é constituída principalmente pelos corpos dos neurônios e seus dendritos. A substância branca é composta sobretudo pelos feixes de axônios que vão de um ponto a outro do cérebro. A quantidade desta última é muito maior que a da substância cinzenta, o que indica que uma das principais necessidades do cérebro é fazer suas diferentes partes se comunicarem.

Por quê? Porque cada região cerebral tem funções específicas, e cada tarefa exige a ativação sequencial de seus neurônios. Se quero beber água porque tenho sede, preciso intercomunicar e ativar em consonância regiões distantes vários centímetros, até mesmo dezenas de centímetros. O centro que detecta a sede situa-se na base do cérebro; o que nos faz tomar a decisão de beber água fica na parte superficial da frente; o que nos possibilita ver a posição da geladeira fica atrás; e o do controle do movimento encontra-se na parte lateral dianteira.

O sistema básico de conexões do cérebro é característico de cada espécie e comum a todos os seus indivíduos. No entanto, em torno dessas estruturas cardinais, o cérebro não para de se modificar e de desenvolver novas redes neuronais, reforçando sinapses existentes ou criando novas.

Se pudéssemos observar a superfície de um neurônio durante uma vivência, assistiríamos a modificações físicas absolutamente extraordinárias. Veríamos as sinapses se transformar e mudar de formato ao sabor do aumento ou da diminuição do número de receptores ou dos mecanismos que possibilitam a liberação dos neurotransmissores.

Afastando-nos um pouco, veríamos outra coreografia extraordinária, a das espinhas dendríticas aparecendo ou desaparecendo no ritmo de nossas experiências. Com um pouco de paciência, acabaríamos por observar a mudança da própria estrutura de arborizações dos neurônios, crescendo ou, ao contrário, encolhendo. As experiências modificam a tal ponto a estrutura dos neurônios, que as arborizações de nossas células nervosas são testemunhas diretas de nosso modo de vida. Não se trata de modificações sutis, e sim substanciais. Por exemplo, as arborizações dos neurônios de camundongos que viveram num ambiente rico em estímulos parecem as dos carvalhos centenários, ao passo que as dos camundongos que cresceram num ambiente pobre mais se assemelham às de um choupo mirrado. As dos roedores submetidos a estresse psicológico crônico, como, por exemplo, os que vivem em colônias com forte tensão social, são quase inexistentes.

Portanto, as vivências modificam a estrutura biológica do cérebro. Mas, para que essa observação tenha qualquer impacto sobre o debate entre a visão espiritual dual e a visão unitária do homem, as vivências precisam ser capazes de fazê-lo mesmo quando são puramente "psicológicas", devem pertencer ao campo reservado à nossa essência imaterial, sem jamais recorrer ao corpo. No ser humano, essas experiências muitas vezes são geradas pela linguagem. Se você me xingar toda vez que me encontrar, aos poucos vou aprender a mudar de caminho assim que você aparecer no horizonte. Outra categoria de experiência puramente psicológica consiste em, apesar de não sofrer diretamente uma sensação desagradável, ser testemunha do sofrimento dos outros. Por exemplo, sentir medo ao ouvir o barulho que prenuncia um choque — conhecendo suas consequências sobre os outros, apesar de nunca termos passado por essa experiência — é um puro mecanismo psicológico. Essa sensação interna, gerada pela empatia, desencadeia uma forma de ansiedade apenas por se ouvir o barulho. Não há nada de corpóreo durante esse processo. Essa experiência, portanto, deveria escapar à biologia e ser da esfera de nossa essência imaterial. Contudo, não é o caso: ela provoca no cérebro exatamente as mesmas modificações biológicas provocadas pelas experiências negativas transmitidas pelo corpo, como, por exemplo, prender os dedos numa porta. São essas modificações cerebrais que possibilitam registrar a associação entre um ruído e o medo provocado pelo sofrimento alheio.

A biologia da empatia é apenas um exemplo entre outros, e não acredito que seja necessário apresentar o catálogo de todas as experiências psicológicas que modificam a biologia do cérebro. Simplesmente sabemos hoje que todas as atividades, mesmo as mais "espirituais", modificam nossa estrutura cerebral. Pode ter certeza de que seu primeiro beijo, a leitura do primeiro livro que lhe causou emoção ou a dor intensa da primeira decepção amorosa marcaram seu cérebro para sempre em algumas horas.

Acaso ou necessidade?

Certos psicólogos, sociólogos e filósofos opõem frequentemente o mesmo argumento à observação de que a biologia do cérebro é modificada pelas vivências. Para eles, tais modificações não significam que esse órgão produz a mente, mas são um simples correlato da atividade desta, uma espécie de ressonância da atividade psicológica. A ideia da correlação, nesse caso específico, deve ser comparada à imagem no espelho. Ela é determinada por nós, mas não nos modifica em nada. Em outras palavras, para alguns de nossos cientistas, não seria a atividade do cérebro que produziria a mente, mas a atividade da mente que modificaria o cérebro, sem que isso tenha efeito de retorno sobre a mente. Confesso que esse argumento, às vezes exposto por certos especialistas das ciências humanas, me perturba muito, pois, não vendo seus fundamentos, sou obrigado a interrogar-me sobre a boa-fé de seus autores.

A primeira razão de meu ceticismo decorre de seu raciocínio: se é a mente que modifica o cérebro, seria preciso que essa essência imaterial fosse capaz de interagir numa dimensão que não é sua, a da matéria. Essa transmutação, que preservaria a integridade dimensional das duas partes — a mente permaneceria imaterial, e o corpo, material —, não é imaginável de modo racional. Nem mesmo plausível. Ela exige, obrigatoriamente, um processo intelectual semelhante ao ato de fé das religiões. A transmutação dimensional é aceitável num culto, mas não na ciência, por mais humana que seja.

A segunda razão se resume à seguinte indagação: como se pode considerar a existência de uma modificação inútil do material pelo imaterial? Em geral, quando se pensa que as coisas são inúteis — e em ciência isso ocorre com frequência —, é justamente porque ainda não se descobriu sua função. Consequentemente, a hipótese lógica, a mais plausível, é que as modificações provocadas por nossa essência imaterial sobre o cérebro existem porque essa entidade precisa delas. E, se uma essência imaterial precisa de uma base biológica para existir, isso implica que ela também é material. Compreende-se melhor, então, a obstinação de alguns em defender essa ideia de correlação. Se a modificação do cérebro não passa de simples reflexo em espelho da atividade da essência imaterial, então a posição dualista se torna praticamente insustentável, a não ser que se recorra ao ato de fé.

Por fim, a terceira e principal razão de minha incredulidade decorre do fato de se saber, há pelo menos uns trinta anos, que não se trata de uma correlação, de uma modificação sem consequência, de um reflexo da atividade de uma essência imaterial sobre a matéria. Ao contrário, trata-se de modificações necessárias, sem as quais nossas vivências simplesmente não existiriam para nós.

Todas as modificações do cérebro que nos permitem mudar em função de nossas experiências precisam, para se instaurar, da ativação do teclado do genoma e da produção de novas proteínas. Estas últimas são absolutamente necessárias durante as horas que se sucedem à experiência. Se, durante esse período, bloquearmos sua síntese em nosso cérebro, a nova experiência não poderá ser registrada, e seu vestígio se perderá. No dia seguinte, ela terá desaparecido e não poderá nos influenciar. Portanto, sem atividade biológica, as vivências não produzirão efeito sobre nossa psicologia. Bastaria injetar um inibidor da produção de proteínas depois de cada beijo para que o beijo seguinte passasse a ser o primeiro para sempre.

Os espíritos críticos podem retorquir que a abordagem utilizada para essa demonstração é pouco específica. De fato, quando injetamos um inibidor da produção das proteínas, perturbamos a atividade geral do corpo. Tal modificação poderia, de algum modo, distrair nossa essência imaterial, que, observando o que acontece em seu vaso corpóreo, perderia a capacidade de concentrar-se e, portanto, de guardar a experiência que acaba de ocorrer. Essa crítica é um tanto forçada, mas, admito, deve ser levada em conta. Para verificar essa possibilidade, precisamos de provas adicionais e de uma intervenção muito mais direcionada. Idealmente, seria preciso primeiro possibilitar a constituição da rede de neurônios que transportará a nova experiência. Em seguida, deveríamos ser capazes de desativá-la de modo seletivo, para ver se a lembrança da experiência desaparece. Durante muito tempo, esse tipo de demonstração não foi possível. Não se sabia eliminar seletivamente uma rede específica de neurônios criada por uma experiência.

A solução foi encontrada há cerca de uma década por Bruce Hope, pesquisador americano imaginativo e simpático. Por meio de técnicas de engenharia genética, ele foi capaz de fazer os neurônios ativados por uma vivência produzir seletivamente uma proteína que, na origem, não existe no corpo do camundongo. Ela não tem nenhum efeito próprio, mas, se administrado certo medicamento, ela se torna capaz de inativar os neurônios. Portanto, foi possível agir de modo seletivo sobre os neurônios ativados por uma vivência, exatamente como exigia nossa experiência teórica.

Os resultados dessas pesquisas? Primeiro, cada experiência ativa um pequeníssimo número de neurônios, criando uma nova rede específica. Depois, se inativada essa rede, a experiência desaparece como se nunca tivesse ocorrido. Em compensação, as outras experiências — inclusive as adquiridas ao mesmo tempo — ficam intocadas. Nessas condições, já não procede o argumento de que a essência imaterial, distraída pelo sofrimento do corpo, não poderia se concentrar naquilo que vive. De fato, com exceção dos poucos neurônios que registraram a experiência que queremos apagar, nada mais é tocado. É a demonstração perfeita de que o substrato das vivências é biológico. Sem a biologia, elas não deixam vestígio algum.

Como as vivências ficam gravadas em nossos neurônios

Para crer realmente que as vivências agem sobre a biologia do cérebro e que essas modificações nos influenciam, resta-nos transpor mais uma etapa: compreender como isso funciona.

Para tanto, nos últimos trinta anos alguns grupos de pesquisa como o meu tentaram identificar os mecanismos precisos dos efeitos biológicos das vivências. Esses esforços produziram frutos, e agora podemos perceber em que nível e de que modo a vivência se transforma em modificação neurobiológica. Vamos ver agora, etapa por etapa, o percurso pelo qual o mundo exterior entra em nossos neurônios e nos marca para sempre.

A física transforma-se em biologia

Para que o mundo exterior possa nos penetrar e modificar, primeiro é preciso que acontecimentos físicos — como as emissões de fótons que enxergamos, as ondas sonoras que ouvimos, os fluxos de moléculas químicas que cheiramos, as modificações de pressão ou de temperatura — se convertam em atividade biológica. Esse passe de mágica é realizado pelos órgãos dos sentidos, equipados com células especializadas capazes de traduzir essas variações do mundo físico externo em atividade neuronal. Essas células sensoriais têm numa extremidade estruturas que detectam a luz, os sons, moléculas químicas ou a pressão e respondem com modificações biológicas. Na outra extremidade, essas células têm uma sinapse que as conecta com o primeiro neurônio do nervo sensorial — nervo óptico, auditivo, olfativo etc. — e leva as informações provenientes do mundo exterior para as diferentes partes especializadas do cérebro (córtex sensorial, córtex auditivo, visual, olfativo etc.).

Por exemplo, uma extremidade das células da retina responde aos diferentes comprimentos de onda da luz e provoca, no outro extremo da célula, a liberação de um neurotransmissor que gera um sinal, ativando os receptores do neurônio que lhe está conectado. Esse sinal é em seguida transportado pelo nervo óptico até as células do córtex visual, que o interpretam, fornecendo uma representação do mundo exterior. Essas interpretações biológicas, feitas simultaneamente pelos diferentes órgãos dos sentidos, convergem todas para o córtex associativo, onde são integradas para nos entregar uma realidade multissensorial, feita de imagens, sons, odores, informações sobre a temperatura, o prazer e a dor. É graças a essa transformação dos sinais físicos em sinais neuronais, realizada por nossos órgãos dos sentidos, que as vivências podem entrar no cérebro e desencadear a modificação de sua biologia.

As sinapses modificam o cérebro

A segunda etapa consiste em compreender como as vivências, depois de entrar em nosso cérebro graças aos órgãos dos sentidos, permanecem ali. Que maquinaria possibilita que acontecimentos físicos transformados em sinais neuronais criem novas sinapses e implantem novas redes de neurônios? Vimos que o enraizamento das vivências depende de uma modificação da estrutura biológica das células nervosas, desencadeada pela ativação de certas sinapses e realizada pela produção de novas proteínas, e que tudo isso redunda na criação de novas redes neuronais. Por conseguinte, o verdadeiro avanço foi compreender como a ativação de uma sinapse, na superfície da célula, atinge o teclado do genoma presente no núcleo, a fim de produzir as novas proteínas que vão enraizar nossas experiências. Esse pequeno milagre ocorre graças a um tipo muito especial de proteína que se encontra no interior dos neurônios: os fatores de transcrição. Os receptores das sinapses são capazes de ativá-los e enviá-los para o núcleo, onde, ligando-se ao DNA, ativam ou inibem a produção de proteínas por este ou aquele gene, modificando assim a estrutura das células nervosas.

Há no cérebro grande número de fatores de transcrição. São como dedos que o ambiente pode usar para agir sobre nossa biologia, esculpindo-a de inúmeras maneiras.

Os fatores epigenéticos, de que se fala cada vez mais, são outro instrumento de que o ambiente dispõe para deixar sua marca. Para entender bem isso, é preciso lembrar que, em cada tipo de célula, nem todos os genes podem ser ativados. É assim que se obtêm células diferentes com genomas idênticos. Retomando a metáfora musical, poderíamos dizer que cada tipo celular possui um instrumento musical "genoma" diferente, e que certas células são violões, outras, pianos ou mesmo saxofones. Os fatores epigenéticos agem nesse nível. São capazes de modificar os genes que podem funcionar, portanto, as características do instrumento musical. É mais ou menos como se pudessem transformar, por exemplo, um violão num bandolim, ou um saxofone numa clarineta. Os fatores de transcrição seriam os dedos hábeis do músico que toca o instrumento engendrado pelos fatores epigenéticos.

Algumas das modificações engendradas pelos fatores epigenéticos também podem transmitir-se para a geração seguinte. Exemplo bem conhecido é o comportamento materno. Um camundongo fêmea criado por uma mãe carinhosa que passa muito tempo com os filhotes também fará muitos afagos à sua progênie, que, por sua vez, transmitirá esse caráter às filhas. Contudo, diferentemente de um caráter genético, o caráter determinado pela epigenética desaparecerá rapidamente se não for renovado pela experiência. Por exemplo, a filha de uma mãe que faz muitos afagos, se adotada enquanto bebê por uma mãe que não os faz, deixará de fazê-los à sua progênie. Em compensação, os olhos azuis que a filha herdar da mãe nunca mudarão de cor.

A transmissão de um comportamento com base na experiência das gerações anteriores pode facilitar a compreensão de outro elemento das dinâmicas sociais. Trata-se da tendência surpreendente dos povos a conservar seus costumes, em especial o tipo de relação familiar, mesmo depois de drásticas mudanças de ambiente, como ocorrem nas migrações. Esse fenômeno, que em geral se chama de comunitarismo e é aceito como um pilar das dinâmicas sociais humanas, desafia a lógica, porque impele grupos de seres humanos a manter dinâmicas relacionais que não são bem aceitas nem apropriadas ao novo país de residência. Quase se tem a impressão de que nossa essência imaterial, volátil e geralmente adaptável, torna-se nesse caso teimosa e rígida. Ora, não se trata da manifestação de uma essência imaterial desvinculada da realidade do mundo físico a guiar o corpo em direção a um ideal espiritual ou intelectual. Ao contrário, essa tendência pode ser explicada por nossa biologia, que, guiada pela epigenética, possibilita inscrever comportamentos no patrimônio genético e transmiti-los à progênie.

Esse processo, que pode parecer diminuir nossa adaptabilidade, ao contrário a aumenta enormemente. Isto porque a seleção de um traço genético demora vários milênios. Por conseguinte, a transmissão genética é um mecanismo eficiente para selecionar caracteres que nos tornem adaptados a condições estáveis do ambiente, como a vida em terra firme ou debaixo da água. Em compensação, a seleção genética é lenta demais para privilegiar e transmitir novos comportamentos que possibilitem enfrentar modificações rápidas e potencialmente transitórias das condições ambientais. É aí que a epigenética se faz valer, possibilitando transmitir à geração seguinte comportamentos adquiridos pela experiência dos pais. Portanto, ela pode explicar a estranha rigidez das tradições que tendem a se manter, mesmo depois que sua utilidade desapareceu, bem como a geral propensão dos seres humanos a ser conservadores e muitas vezes reacionários.

Os fatores epigenéticos, aliás, podem explicar a estranha história de minha amiga Esmeralda. Nascida na Sicília, foi criada por uma mãe maravilhosa, arquétipo da cultura daquele país, que põe a criança no centro de todas as atenções. Terminado o ensino médio, ela foi estudar medicina na França, onde descobriu uma sociedade mais pragmática e, sobretudo, relações pais-filhos muito menos fusionais. A mãe lhe ligava todos os dias, enquanto as amigas falavam com os pais por telefone no máximo uma vez por semana, embora se adorassem. Progressivamente, Esmeralda foi se sentindo mais próxima da cultura francesa, liberou-se. O modo de agir de sua mãe tornou-se incompreensível e até insuportável para ela. Esmeralda acabou ficando na França, para exercer a medicina, e casou-se com Patrick. Tudo ia bem, mas, quando nasceu Lucia, a primeira filha, Esmeralda mudou repentinamente. É como se, no parto, alguém tivesse por engano apertado um botão modificador de personalidade. Esmeralda já não queria sair, nem ir trabalhar ou fazer qualquer coisa. Em seu mundo, só havia Lucia, de quem falava o tempo todo. Nós, que fazemos de tudo para tentar ter vida normal, apesar dos filhos, parecíamos monstros sem coração, egoístas que submetem a prole a um regime militar. De maneira natural, Esmeralda aproximou-se de outras mulheres que viam as coisas como ela, quase todas, estranhamente, com histórias semelhantes à sua. Elas ou suas mães vinham do Sul. E, quando os pais desembarcaram em solo francês para ajudá-la, a reviravolta se completou. Aos poucos, uma jovem que abraçara completamente a cultura francesa acabou por criar um encrave cultural mediterrâneo na França e a ser instrumento ativo do comunitarismo. Patrick, coitado, continua não entendendo o que aconteceu. Não se conforma. É como se, na maternidade, tivessem trocado sua mulher por outra. Ninguém, nem ele, está apostando muito no casamento.

Evidentemente, seria possível dizer que a história de Esmeralda prova a importância dos referenciais culturais, que criam um núcleo duro em torno do qual se constrói a natureza do indivíduo e ressurgem em momentos cruciais da existência. Contudo, é mais provável que Esmeralda tenha mudado radicalmente quando a filha nasceu porque seu comportamento materno foi inscrito em seu corpo pelos fatores epigenéticos, copiando o comportamento de sua mãe. Esmeralda simplesmente não conseguiu escapar deles. É muito difícil alguém escapar de sua cultura biológica.

As vivências produzem efeitos sobre toda a nossa biologia

Vimos, portanto, que as vivências tocam o instrumento musical constituído por nosso genoma e modificam o tempo todo nossa biologia. Por enquanto, admitimos implicitamente que as sequências de genes que formam nosso genoma, as que constituem o próprio instrumento, são independentes do ambiente e das experiências que ele nos propicia. Em outras palavras, a ordem em que estão dispostos os quatro nucleotídeos – A, T, G, C – é imóvel, tal como herdamos de nossos pais. Logo, vemo-nos com duas biologias: uma imóvel, outra mutável, que muda em função das vicissitudes de nossa existência. De acordo com essa visão, a parte imóvel seria a que determina nossos traços imutáveis, como a cor dos olhos e dos cabelos, a altura, a forma do rosto, além de certas pulsões básicas, como respirar, evitar a dor, tomar água quando temos sede e comer quando temos fome. A parte volátil, a que é reprogramada incessantemente, dá origem às características que temos o costume de atribuir a uma essência imaterial.

Esse modo de ver só é pertinente se usamos a escala temporal na qual geralmente são estudadas as dinâmicas sociais e a psicologia, a saber, algumas gerações, tipicamente as do indivíduo e de seus pais, pois a relação pais-filhos é considerada fundamental para o desenvolvimento de nossa estrutura psicológica. No entanto, se ampliarmos a escala na qual observamos as interações entre nossas vivências e nosso genoma, essa separação entre duas biologias, uma imóvel e outra mutável, desaparece. Com essa nova perspectiva, logo fica claro que, na realidade, a totalidade de nossa biologia é determinada pelo ambiente e pelas vivências.

As escalas de espaço e de tempo têm enorme influência sobre nosso modo de ver as coisas. Se não forem adaptadas, poderão produzir grande distorção de nossa percepção. Para ter uma percepção correta das relações entre nossas vivências e aquilo que consideramos imutável em nossa biologia, a escala temporal que se deve utilizar é nitidamente maior. É de 500 milhões de anos. Fazendo-se esse exercício, vê-se com clareza que toda a biologia, inclusive as sequências de genes, é na realidade selecionada pelo ambiente e pelas vivências.

O segredo é a escala correta

Observemos brevemente a evolução da vida em nosso planeta, em especial os ramos da evolução que conduziram à nossa espécie, o *Homo sapiens*. A vida biológica apareceu na Terra há cerca de 4 bilhões de anos. É o período em que encontramos os primeiros organismos unicelulares, que não são muito diferentes das bactérias. Esses micro-organismos ainda estão presentes em quase todos os lugares, inclusive dentro de nosso corpo, como na flora intestinal, que é composta de bilhões de bactérias.

Os organismos multicelulares complexos, que poderíamos aproximar de nossa concepção moderna dos animais, aparecem depois, no período Cambriano, há cerca de 500 milhões de anos. Nessa época, as formas de vida eram muito mais variadas que as atuais em nosso planeta. A evolução foi acompanhada de uma redução progressiva dessas formas de vida. Os mecanismos de seleção que possibilitaram passar do organismo unicelular para as múltiplas formas de vida do Cambriano ainda são um mistério, provavelmente porque não foi encontrado nenhum fóssil das formas de vida intermediárias. Em compensação, graças a um grande número de vestígios fósseis que cobrem todo o período Cambriano até hoje, entendemos razoavelmente bem como nossa espécie foi surgindo aos poucos. Ela foi selecionada pelo ambiente.

Para perceber melhor o ritmo no qual nossa espécie foi produzida em consequência de mudanças genômicas, transformemos em 24 horas os 500 milhões de anos (500 M) transcorridos entre o primeiro vertebrado e um *Homo sapiens* que navega na internet. Uma hora, portanto, equivale a 20 milhões de anos (20 M), 350.000 anos (350 K) equivalem a um minuto, aproximadamente, e 5.800 anos (5,8 K), a um segundo. Com essa escala, constatamos que as evoluções mais importantes entre os primeiros vertebrados, nossos ancestrais diretos, e nós ocorreram com certa regularidade, a cada cinco horas ou 100 M de anos: primeiro peixe (– 500 M), primeiro tetrápode (– 400 M), primeiro réptil (– 300 M), primeiro mamífero (– 220 M), primeiro primata (– 85 M). Os grandes macacos (– 15 M) aparecem mais ou menos 4 horas depois dos primatas, e o gênero *Homo* (– 3,5 M), cuja única espécie sobrevivente é a nossa, *Homo sapiens*, 10 minutos depois dos grandes macacos. O primeiro *Homo sapiens* anatomicamente moderno (– 200 K a – 150 K anos) surge 9 minutos e 20 segundos depois do gênero *Homo*. Depois serão necessários 30 segundos para o início da revolução cognitiva (– 50 K), 7 segundos a mais para o desenvolvimento da pecuária (– 15 K) e mais 2 segundos para se inventar a escrita (– 3 K). Por fim, da invenção da escrita à capacidade de navegar na internet (2 K), não se passa mais de um segundinho.

Em resumo, se a evolução do primeiro peixe até nós dura 24 horas, são necessários apenas 40 segundos mais ou menos para ir do primeiro *Homo sapiens* à internet. Nessa escala, o objeto de estudo da psicologia — duas gerações de *Homo sapiens* — dura exatamente um centésimo de segundo. Isso mostra claramente que é brevíssima a janela temporal com a qual em geral trabalham as ciências humanas, as ciências sociais e a psicologia. É evidente que em duas gerações a biologia produzida pelas sequências de nossos genes mostra-se extremamente parada. Em compensação, se tomarmos a escala temporal correta, veremos que essa mesma biologia muda o tempo todo.

Como passar do corpo do peixe ao nosso

Agora falta abordar o mecanismo por meio do qual essas mudanças ocorrem. Praticamente todo mundo conhece a teoria da evolução e seu princípio básico, a seleção natural realizada pelo ambiente. Mas, para a maioria das pessoas, a dinâmica exata que levou a essa seleção fica um tanto obscura. Ao contrário do que se poderia pensar, a biologia não é modificada pelo ambiente ao longo da evolução, mas muda sozinha. De todas as transformações espontâneas de um organismo, o meio no qual ele evolui só determina as que têm mais probabilidade de perdurar, de reproduzir-se, portanto, de influenciar as outras. Em outras palavras, a biologia põe e o ambiente dispõe. As formas de vida que sobreviveram desde o Cambriano são as que conseguiram resistir e reproduzir-se melhor em seu meio natural, em razão de suas características biológicas.

A visão de nosso genoma como uma entidade estável não poderia estar mais distante da realidade. Uma das características principais da sequência do genoma é variar sem parar. Certas mutações resultam da exposição do organismo a agentes químicos ou às radiações provenientes do Sol, inclusive os raios ultravioletas não suficientemente filtrados por nossa atmosfera. Outras mutações de nosso DNA decorrem de erros espontâneos na segunda cópia durante a replicação celular. Além disso, mais de 30% de nosso genoma é constituído por genes que se assemelham a retrovírus. Eles se replicam criando novos pedaços de DNA que, consequentemente, mudam a sequência. Por fim, durante a fecundação, o novo organismo não é simplesmente composto a partir de um cromossomo que vem do pai e um da mãe, mas de dois cromossomos novos, resultantes da união dos anteriores.

Por todas essas modificações, devidas ao acaso, é que a biologia não para de mudar. O ambiente no qual o indivíduo nasce determina se cada nova versão do organismo apresenta vantagens em relação à anterior. Se sim, ela poderá se tornar progressivamente dominante, reproduzindo-se cada vez mais. Senão, será desfavorecida e desaparecerá com maior ou menor rapidez.

Vejamos um exercício para entender esse mecanismo. Comecemos por um jardim do Éden, um ambiente que tem as características de meios naturais ainda preservados, como a floresta amazônica, Bornéu ou a savana africana. Depois vamos escolher um caráter comportamental, como, por exemplo, os comportamentos de evitação provocados pela ativação do sistema biológico na origem da sensação de dor. Esse sistema é semelhante em todas as espécies de mamíferos e é ativado pelos mesmos estímulos — temperaturas baixas ou altas demais, pressões fortes demais, substâncias corrosivas como ácidos etc. —, que têm a característica comum de atentar contra a integridade do organismo. Temos a tendência de imaginar que, ao longo do tempo, a seleção natural implantou um sistema biológico da dor cada vez mais aperfeiçoado.

Na realidade, as coisas não foram assim.

Para entender, imaginemos agora indivíduos que tenham toda a gama de sensibilidade à dor. Alguns não sentem nada, outros sempre têm dor, outros sentem dor quando comem, quando andam e até durante uma relação sexual etc.

Observemos então essas pessoas que vivem em nosso jardim do Éden primitivo. Para as mais felizardas, que não sentem sofrimentos, a vida deveria ser um verdadeiro paraíso. Então por que a evolução não selecionou um sistema biológico agradável assim? Simplesmente porque suas chances de sobreviver são ínfimas. Porque quem não tem sensação de dor não pode se proteger dos estímulos perigosos para seu organismo e logo morre por causa dos inúmeros ferimentos e das lesões de todos os tipos que vai se infligir involuntariamente. Aliás, existe uma mutação que ressurge de tempos em tempos e elimina a sensação de dor nos indivíduos que a portam. Mesmo nas protegidíssimas condições de vida do homem ocidental do século XXI, é praticamente impossível viver muito tempo na ausência desse sinal de alarme, e as pessoas sem dor em geral morrem muito jovens. Tomemos agora os outros indivíduos, os que têm dor constantemente ou a sentem quando andam, comem ou mesmo copulam. Nenhum deles pode sobreviver muito tempo nesse jardim paradisíaco. No fim desse exercício, só restará um tipo de sobrevivente: os que têm sensibilidade à dor praticamente idêntica à nossa e à dos outros mamíferos. Porque é ela que propicia as maiores chances de sobreviver e reproduzir-se em nosso ambiente, o planeta Terra.

Pode-se optar por fazer esse exercício com outros comportamentos. Terminar com um indivíduo que tenha um funcionamento de fato diferente dos que observamos hoje em dia será praticamente impossível.

Convido o leitor a tentar essa experiência, agrupando todos os perfis possíveis ao mesmo tempo no jardim do Éden. Tomemos, por exemplo, o homem moralmente perfeito, que não mata seus congêneres, não estupra, não rouba, não invade o território alheio, respeita o ambiente etc. Esse sobreviverá perfeitamente se estiver sozinho. A partir do momento em que for colocado com indivíduos que funcionam de outra maneira, desaparecerá. Só sobrevive o homem que está em equilíbrio entre destruição e criatividade. Um animal gregário como o rato, mas que também tem um comportamento territorial como o camundongo. Um indivíduo que luta e está disposto a morrer para preservar sua progênie, mas não hesita em matar a dos outros para estender seu território. Uma pessoa que tem horror a tudo o que é diferente dela e tende a eliminá-lo. Em outras palavras, a máquina perfeita que consegue ser a única sobrevivente somos nós, o *Homo sapiens* em sua configuração atual.

Portanto, nenhuma parte da biologia é imóvel. Ao contrário, ela está em perpétua mudança. Basta utilizar a escala correta, cerca de 500 milhões de anos, para perceber isso. Foi graças a essas modificações contínuas e espontâneas de nossos genes que a vida pôde modificar-se progressivamente e adaptar-se a seu ambiente, caminhando do primeiro peixe até nós. A sequência de nossos genes só parecerá imóvel se a observarmos num tempo curto. Nas 24 horas imaginárias que nos levam do peixe ao *Homo sapiens*, duas ou três gerações só representam alguns centésimos de segundo. Partículas de tempo que contêm a história de dinastias inteiras, mas que, na escala das modificações contínuas da estrutura de nosso genoma, são bem mais curtas que o mais fugaz piscar de olhos.

Viver em estresse permanente

Para compreender bem de que modo o que nos acontece no dia a dia modifica nosso cérebro e nossa biologia, nada melhor que alguns exemplos concretos. E não encontrei exemplo melhor que o estresse, considerado um dos principais flagelos do mundo moderno. Além disso, os vários modos de responder a ele e a aparente inapreensibilidade das condições que o provocam são muitas vezes utilizados como mais uma prova de que nosso comportamento não pode ser explicado apenas pela biologia do cérebro, mas somos obrigados a recorrer a uma essência imaterial.

Ah, o estresse!... Alguns gostam dele, outros o odeiam e muitos de nós estão submetidos a ele. Em todos os casos, ele se tornou parte integrante de nosso cotidiano, e em tal grau, que existir e ser estressado às vezes chegam a ser sinônimos. Apesar dessa banalização, o estresse é um estado específico que tem enorme influência sobre nossas ações, não só presentes, mas também futuras, mesmo que venha a se atenuar com o passar do tempo.

Na realidade, o estado de estresse quase não varia entre os indivíduos de uma mesma espécie e entre espécies próximas, como os mamíferos. Assemelha-se no nível biológico e comportamental. Somos todos diferentes, mas, se estressados, nos parecemos todos. Em compensação, as situações capazes de provocar estresse são extremamente variadas e podem mudar muitíssimo de uma pessoa para outra e de uma espécie para outra.

Que estresse, para quem e quando?

Em geral se considera que o estado de estresse é resultado da exposição a estímulos que se tenderia a evitar por serem desagradáveis ou ameaçadores. No entanto, essa visão está longe de ser exaustiva. Situações fortemente buscadas e desejadas, que acreditamos ser positivas, também podem ser muito estressantes. Além disso, uma situação que provoque determinado estado num indivíduo ou numa espécie pode não provocar em outros, como também ter efeitos opostos e ser sentida como tranquilizadora.

Um dos exemplos mais impressionantes dessa dificuldade de atribuir estresse a uma situação específica é representado pelas relações sociais. Temos o costume de considerar o isolamento social uma forma importante de estresse. Aliás, no meio carcerário é uma punição que, em formas extremas, pode tornar-se um tipo de tortura. Esse isolamento é um desprazer para nós e para outros animais, como o rato, porque somos gregários. Em compensação, a situação é completamente inversa entre as espécies territoriais. Se reunirmos leões ou camundongos machos adultos, produziremos uma situação de estresse profundo. Mas esse problema em geral se resolverá depressa, porque, após pouco tempo de coexistência forçada entre esses machos, um único deles estará vivo, depois de matar os outros.

As causas de estresse não só mudam de uma espécie para outra como também, no homem em particular, variam amplamente de um indivíduo para outro. Evidentemente, na maioria dos seres humanos encontra-se certo número delas, que são geneticamente programadas e não exigem aprendizagem. Trata-se, em geral, de estímulos físicos, como os que provocam dor, a exposição a calor forte ou a frio severo, bem como a esforços físicos de grande intensidade. A essa lista somam-se estímulos mais psicológicos, que provocam reações inatas de evitação, como a exposição ao vazio, a rostos agressivos e ameaçadores, à privação sensorial ou, como acabamos de ver, ao isolamento social. Afora isso, certas situações tornam-se estressantes em função daquilo que aprendemos ao longo da existência. Essas formas de estresse, portanto, são específicas da história e das vivências do indivíduo e mudam de uma pessoa para outra.

As reuniões de família, por exemplo, são reais prazeres para uns e verdadeiros martírios para outros, mesmo que o clima seja bom, a comida, gostosa, e o vinho, excelente. Por exemplo, meu amigo Éric. Ele receia tanto a reunião anual para o aniversário da sogra, Annelise, que tem pesadelos uma semana antes. Chega a rogar aos deuses que lhe mandem uma gripe fulminante para poder ficar de cama. Seria um preço baixo que ele pagaria para evitar ficar sob os olhares inquisidores e as infindáveis perguntas da família completa. Seu primo Eddy, no entanto, rejubila-se quando pensa nesses reencontros num clima acolhedor, em que se ri muito, come-se bem e bebe-se melhor ainda. Aliás, uma semana antes, ele começa a pensar no vinho que vai levar. É uma tradição que Eddy não gostaria nem um pouco de ver abolida.

Pode-se perguntar se Eddy e Éric vão ao mesmo lugar. A diferença das reações deve ser buscada na história de cada um, nas refeições em família da infância. O ar que se respirava ali tinha cheiro de caramelo ou de vinagre? Tratava-se de acontecimentos alegres, bem-humorados ou, ao contrário, de momentos de brigas violentas, ataques velados, em que por trás de cada sorriso se escondia uma frasezinha mordaz? É em função dessas vivências individuais que esse tipo de acontecimento fica gravado no cérebro de cada um. Neles, toda nova situação semelhante vai reativar esses circuitos e, portanto, provocar prazer ou não.

Para entender o estresse, também é importante abandonar a ideia de que se trata de um estado negativo para nosso organismo. Ao contrário, ele põe à disposição do indivíduo todos os recursos necessários para enfrentar uma situação e encontrar a solução. Portanto, é uma ajuda preciosa em momentos delicados.

Estar simplesmente exposto a uma situação que se considere desagradável e que se tenda a evitar não é suficiente para provocar um estado de estresse. Também é preciso que a situação exija resposta ativa, que haja necessidade de sair dela.

Por exemplo, certa noite, na casa do meu amigo Cyril, fizemos uma brincadeira que consistia em descer ao porão sem luz, para buscar uma garrafa de vinho e pegar a cópia das chaves que possibilitavam sair de lá. Seu porão é um verdadeiro labirinto, e a missão era complicada. Quando chegou minha vez, fiquei surpreso com a escuridão absoluta e com o cheiro de mofo que tornava o ar quase viscoso. Felizmente era uma brincadeira, caso contrário haveria de fato motivo para ficar arrepiado. Tateei muito tempo, dei encontrões em paredes, toquei em teias de aranha e em objetos empoeirados. Estava achando que aquela brincadeira era muito idiota quando por fim descobri a garrafa em cima de um banquinho e as chaves sobre uma mesa de trabalho bem abarrotada. Com a garrafa numa das mãos e as chaves na outra, subi a escada de volta com passos firmes e finalmente saí do porão com um sorriso triunfante. Tempo passado no escuro: sete minutos. É verdade que essa prova me mergulhou numa situação bem desagradável, mas não fiquei de fato estressado, e meus amigos que fizeram o mesmo périplo tampouco.

Essa não foi minha única experiência naquele porão. Noutra noite, Cyril pediu-me que fosse buscar uma garrafa de um Saint-Émilion que ele tinha acabado de descobrir e queria que eu experimentasse. Contente, abro a porta, acendo a luz e desço. Encontro depressa a garrafa e dirijo-me para a saída. É aí que Karine, mulher de Cyril, vendo a porta do porão aberta e a luz acesa, acha que foi um esquecimento e cuida de resolver a situação. Imediatamente me sinto mal. A porta não pode ser aberta de dentro para fora sem chave, e o interruptor fica do outro lado. Bater à porta não adianta, a música está muito alta. Preciso me virar sozinho, senão corro o risco de ficar lá muito tempo. Parto então à procura da cópia das chaves que Cyril sempre deixa em alguma das mesas de trabalho, no meio de uma bagunça indescritível. Derrubo um líquido pegajoso não identificado, continuo avançando às apalpadelas e, quando já estou quase sem esperança de sair dali sozinho, acabo por descobrir o precioso objeto. Vou andando com precaução em direção à escada e saio, com a garrafa numa das mãos e as chaves na outra... ao cabo de sete minutos. Exatamente como na brincadeira. Dessa vez, porém, não há sorriso de vitória em meu rosto, mas, sim, todos os sinais de um estado de estresse. Por quê? Porque precisei tentar sair ativamente de uma situação que eu não tinha escolhido, com boa probabilidade de não conseguir e de ter de passar a noite no subsolo. Por isso, mobilizei todos os meus recursos para conseguir, donde o estresse.

A ideia de que o estresse não é uma resposta automática a uma situação negativa, e sim um estado que nos possibilita enfrentá-la, fica mais bem demonstrada pelo fato de que mesmo acontecimentos muito esperados, para os quais nos preparamos por longo tempo, podem desencadear essa reação. Pensemos nos exames escolares. É verdade que durante um período de nossa existência nos submetemos a eles, considerando-os uma obrigação. No entanto, quanto mais se avança na vida, mais os testes ou concursos adquirem características de escolha pessoal, de prova para a qual nos preparamos durante muito tempo. Além disso, pensando bem, o exame em si não é uma ameaça, ninguém nos agride nem nos maltrata, e os examinadores em geral são muito afáveis. É em caso de fracasso que a experiência pode tornar-se negativa. Contudo, passamos por forte estresse durante as provas, pois ele nos permite dar o máximo de nós mesmos, mobilizando todos os nossos recursos.

Outro exemplo talvez mostre melhor ainda a separação que pode haver entre estresse e aversão: os encontros românticos. Provavelmente nada é mais agradável que a sensação de calor sutil que envolve o peito de quem olha a pessoa amada. Só o fato de estar a seu lado é uma alegria imensa. Lembre-se do nível de êxtase que você sentiu diante da perspectiva do primeiro jantar como namorados. Estava muito feliz, porém, na noite fatídica, passou por um dos piores estados de estresse da vida. É normal, pois, se há um momento em que você precisa estar muito bem, à altura, é exatamente esse. Seu cérebro não deixaria você na mão, por isso ativou seu sistema de estresse para garantir o melhor desempenho possível.

Mas então de onde vem essa ideia de que o estresse é uma situação negativa ou mesmo perigosa para nosso organismo? Vem do fato de que esse estado muitas vezes é crônico em nossa sociedade e que, nesse caso, tem efeitos colaterais indesejáveis, negativos. Em medicina, esse efeito duplo, protetor-negativo, não é exceção, nem característica específica do estresse, e sim a regra. Grande número de doenças resulta das tentativas que nosso organismo faz para se adaptar a situações que, prolongando-se, escapam ao leque de atividades normais de nossa fisiologia. Essas adaptações nos ajudam a enfrentar tais situações, mas, em longo prazo, nos prejudicam. É mais ou menos como um motor que roda sempre na parte vermelha do conta-giros, justamente aquela em que não se deve ficar muito tempo, senão sua vida encurtará.

Hormônios esteroides, regentes da orquestra do estresse

O fato de haver grande número de situações capazes de nos estressar, ou não, leva-nos a introduzir outro conceito importante. Estar em estado de estresse não é um reflexo incondicional de determinadas situações, portanto, não é uma resposta que escapa a nosso controle, como, por exemplo, retirar a mão que se aproxime muito do fogo. Ao contrário, a ativação das respostas biológicas ao estresse é uma escolha deliberada de nosso cérebro com base numa análise fina da situação, ainda que nem sempre estejamos conscientes dela. Não fosse assim, como seria possível dar a mesma resposta a situações muito diferentes e personalizadas?

O estado de estresse, praticamente idêntico em todos os mamíferos, caracteriza-se pelo acionamento, por parte do cérebro, de um sistema biológico suplementar, o dos hormônios esteroides (progesterona, estrogênios, testosterona e glicocorticoides). Uma parte do encéfalo serve para controlar a produção desses hormônios pelas glândulas periféricas, como as suprarrenais e os órgãos da reprodução (ovários ou testículos).

Seria o caso de perguntar por que o cérebro precisa ativar os hormônios para se pôr em estado de estresse. Ele tem à disposição cerca de 100 bilhões de neurônios e poderia muito bem usar um ou dois bilhões para isso. Na verdade, gerir o estresse ou qualquer outra função que normalmente cabe aos hormônios esteroides utilizando apenas os neurônios criaria um problema de conexão praticamente insolúvel.

Como já vimos, a resposta ao estresse não consiste em engajar nosso organismo numa tarefa específica, como ler, recitar um poema, comer uma guloseima ou tomar um copo de água. Um estado de estresse é comparável a um interruptor que, como que por magia, põe o conjunto de nossas funções cerebrais e de nosso organismo numa situação que permita responder da melhor maneira possível a problemáticas extremamente variadas. Se o cérebro precisasse utilizar de modo direto as conexões neuronais, teria de enviar informações a praticamente todas as suas estruturas e a seus bilhões de neurônios. Mesmo imaginando que, para fazê-lo, o centro de controle do estresse só se conecta a 10% dos neurônios, isso representa cerca de 10 bilhões de axônios. Cada uma dessas fibras tem um diâmetro mínimo de 1 μ (um mícron), ou seja, um milionésimo de milímetro, e, somando-as, isso equivaleria a um cabo de aproximadamente 100 metros de diâmetro, que teríamos muita dificuldade para alojar em nosso crânio.

Em caso de estresse, portanto, o cérebro se vale dos hormônios esteroides para pôr suas diferentes estruturas em uníssono. Assim, dirige e coordena a manobra dessas diferentes partes. Como numa mudança de marcha ao volante, essa operação modifica o desempenho global do motor.

Graças a essa ação, os hormônios esteroides são reguladores poderosíssimos de nosso psiquismo e não intervêm apenas em situações de estresse. Quando certas mulheres dizem que não se sentem as mesmas nos diferentes momentos do ciclo menstrual, ou durante e após a gravidez, ou mesmo antes e depois da menopausa, estão expressando em palavras a enorme mudança, a verdadeira reprogramação de seu cérebro em função das variações das taxas de progesterona e de estrogênios que acompanham esses acontecimentos. Esses hormônios, por meio de seus receptores específicos, exercem efeitos profundos não só sobre o funcionamento do corpo, mas também sobre o do cérebro. Os receptores para a progesterona e os estrogênios não ficam localizados apenas no útero, na vagina, nos ovários, nas mamas e nos outros órgãos que preparam o corpo para a reprodução. Esses receptores também são abundantes em grande número de estruturas cerebrais, onde são capazes de modificar nossa sensação de prazer, nossa memória e nosso estado emocional. A tendência moderna a ver a menopausa como um acontecimento natural que se deve aceitar com um pouco de ajuda psicológica revela, portanto, uma ignorância espantosa da verdadeira natureza dos humanos. A menopausa não tem nada de fisiológico e normal. É uma falha profunda de nosso sistema biológico, que ocorreu porque durante a evolução não puderam ser selecionados indivíduos que não tivessem esse problema, uma vez que, até o século XIX, morria-se bem antes dos 40 anos.

Há um número enorme de problemas biológicos que a medicina ainda não sabe tratar, mas a menopausa não faz parte deles. Sabemos levar de fora, para o corpo, os hormônios que ele parou de produzir. Assim, é possível restabelecer uma situação normal. Portanto, é surpreendente ver especialistas autodenominados catalogarem a menopausa como um estado "natural" que se deve aprender a aceitar. É mais ou menos como sugerir a alguém que tenha quebrado as duas pernas que não trate as fraturas e se contente com uma cadeira de rodas e ajuda psicológica de ótima qualidade.

O hormônio esteroide que contribui mais para o estado de estresse não é nem a progesterona, nem os estrogênios, mas o cortisol, o principal glicocorticoide de nossa espécie, produzido pela glândula suprarrenal. O cortisol age ativando um receptor nuclear: o GR. Trata-se de um fator de transcrição poderosíssimo, capaz de modificar a produção de grande número de proteínas.

As concentrações de cortisol em nosso organismo aumentam quando o cérebro decide colocar-se em estado de estresse, mas não só. Por meio da ativação do GR, esse hormônio tem efeitos estimulantes e até agradáveis, que nos preparam para a ação e nos sustentam no dia a dia. Por essa razão, sua concentração se eleva antes de acordarmos, preparando-nos para as atividades, e antes do período em que costumamos comer, aumentando o atrativo do alimento.

Na selva do estresse, a dopamina é o batedor

Em situação de estresse, para termos um comportamento ajustado e sermos motivados, os hormônios glicocorticoides estimulam fortemente a liberação de dopamina numa das estruturas do centro do cérebro — o núcleo acumbente —, da qual dependem o prazer, a aversão e a motivação para buscar ou evitar estímulos. Foi o efeito da liberação de dopamina nesse núcleo que lhe valeu o rótulo de neurotransmissor do prazer. Contudo, ao contrário da opinião amplamente difundida, essa pequena molécula não gera a sensação de prazer propriamente dita, mas torna agradáveis os esforços que precisamos realizar para atingir o objeto de prazer. É, pois, um neurotransmissor que influencia muito o comportamento.

Pensemos por dois segundos em nossa vida: passamos pouquíssimo tempo sentindo prazer em comparação com o tempo que dedicamos a buscá-lo. Aliás, os animais nos quais são suprimidos os receptores de um neurotransmissor responsável pela sensação de prazer, como a encefalina, vivem sem dar mostras de perturbações importantes no comportamento. Em compensação, se forem suprimidos seus neurônios dopaminérgicos, os pobres animais se deixam morrer: nada mais os motiva nem interessa. No entanto, só possuímos algumas centenas de milhares de neurônios dopaminérgicos, ou seja, menos de 0,0000001% do total de nossas células nervosas.

Para entender melhor o papel crucial da busca do prazer — mais que do prazer em si —, portanto, da dopamina em nossa vida, tomemos como exemplo o *croissant* do domingo de manhã.

Certo domingo, você se levanta com uma vontade súbita de comer um *croissant* no café da manhã. Essa ideia e a imagem da iguaria, produzidas por seu cérebro, são tão tentadoras que você se levanta sem hesitar. O frio do quarto e do banheiro quase não incomodam; ao contrário, parece-lhe tonificante. Encontradas as chaves, depois de uma pequena caça ao tesouro que apimenta o despertar, você desce as escadas cantarolando. A chuva pelo caminho, os tradicionais quinze minutos de espera na padaria, as escadas para subir de volta, nenhuma dessas dificuldades estraga seu prazer. Finalmente em casa, diante da mesa e de uma boa caneca de café, você saboreia o delicioso *croissant*.

Três semanas depois, é Chantal, sua companheira, que o acorda porque está morrendo de vontade de comer um *croissant*. Para satisfazê-la, você vai, mas, meu Deus, que frio está fazendo, e essas malditas chaves que desapareceram de novo... Lá fora, a coisa não melhora. É claro que está chovendo, e na padaria a fila é interminável, vai demorar pelo menos uns quinze minutos. Isso sem falar das escadas na volta, um verdadeiro calvário. Finalmente em casa, depois de levar o *croissant* e um café para Chantal, que continuou deitada, você, sentado diante da caneca de café, come o *croissant*... que apesar de tudo lhe parece delicioso.

Qual é a diferença entre esses dois domingos? Por que as atividades que o levaram a degustar finalmente o *croissant* foram ora um prazer, ora um calvário? A resposta é simples: na primeira vez, a dopamina estava no teto em seu cérebro; na segunda, ela nem tinha acordado. As duas situações, porém, têm um ponto em comum: o *croissant* sempre foi muito bom. É normal, pois a satisfação de comer alguma coisa não depende da dopamina, mas da encefalina e da anandamida, os verdadeiros neurotransmissores do prazer. Sem dopamina, o *croissant* é, apesar de tudo, saboroso, mas será melhor se outra pessoa for comprá-lo!

Por fim, o prazer que deriva do consumo ou da posse de um bem é um momento efêmero, não dura mais que um punhado de minutos. Como a busca do prazer ocupa a maior parte de nossa vida, a existência seria bem mísera se a própria busca não fosse agradável. É aí que a dopamina e o cortisol, tornando prazeroso o esforço, desempenham sua função.

É sempre uma questão de equilíbrio

Se o cortisol e a dopamina facilitam a tarefa de perseguir um objetivo e reunir os esforços necessários para alcançá-lo, por que se ativam durante o estresse, que é frequentemente uma resposta a situações repugnantes? Por que nosso cérebro põe em funcionamento sistemas biológicos que nos fazem ir atrás de coisas em circunstâncias que na maioria das vezes teríamos vontade de evitar? Simplesmente porque nosso organismo regula a intensidade de uma resposta ativando, ao mesmo tempo, mecanismos antagônicos. Exemplo disso é, durante o estresse, a ativação simultânea dos sistemas que nos fazem fugir das coisas, como a liberação de adrenalina, e dos que nos levam para elas, como o cortisol e a dopamina.

A ativação de processos antagônicos é um mecanismo fisiológico básico que regula muitas de nossas atividades, inclusive o fato de tocarmos a ponta de nosso nariz com o indicador sem que o dedo aterrisse no olho. Para atingir nosso apêndice nasal, as respostas primárias, que vão na direção desejada, são a ativação do músculo flexor do antebraço, do bíceps e do músculo extensor do indicador. Se tentarmos fazer esse movimento simples, perceberemos de imediato que o regulamos de modo preciso em termos de força e direção, o que nos permite chegar com precisão à ponta do nariz e tocá-la com delicadeza. Poderíamos achar que essa regulação é feita por meio da contração mais ou menos forte dos músculos que provocam a flexão do antebraço e a extensão do indicador. Na realidade, o controle fino desse movimento também põe em ação músculos que produzem o gesto oposto, ou seja, o extensor do antebraço, o tríceps e os flexores do indicador relaxam. A resultante dessas forças que se opõem possibilita a realização de movimentos extremamente precisos.

Quando somos expostos a situações repulsivas, a resposta primária do organismo é ativar os sistemas biológicos que geram uma sensação desagradável que nos impele a evitá-las. Se nossa adaptação a tais situações fosse feita apenas com a regulação direta dessa resposta primária, o resultado não estaria à altura de nossa capacidade global de enfrentar situações difíceis e perigosas. Isto porque, se ativássemos com muita força os sistemas de evitação, só conseguiríamos fugir do problema, às cegas, sem ter tempo de encontrar outras estratégias talvez mais vantajosas. Se esses mesmos sistemas fossem pouco solicitados, seríamos menos tentados pela fuga, mas tenderíamos a subestimar a situação. Essa negligência nos exporia a grandes riscos. Sentindo medo demasiado ou insuficiente, as consequências seriam as mesmas: isso nos impediria de enfrentar a ameaça com eficiência e de encontrar a estratégia mais apropriada. O mecanismo de regulação ideal deveria nos permitir não diminuir a ativação do sistema primário que indica o perigo e, ao mesmo tempo, nos dar a capacidade de enfrentá-lo para encontrar uma solução. Por essa razão, mais ou menos como no caso do movimento do braço, um dos mecanismos básicos da resposta ao estresse é ativar os sistemas biológicos que conduzem nosso organismo a sentidos opostos, como o cortisol e a dopamina, que, opondo-se à vontade de fugir, aumentam nossa aptidão para enfrentar a situação.

O cortisol é um hormônio realmente interessante: opondo-se ao pavor e à aversão que se fazem sentir em muitas situações que provocam estresse, ele é responsável por grande número de efeitos "psicológicos", supostamente não biológicos, desse estado. Vamos descobrir alguns exemplos.

Um estresse para a alma ou a alma do estresse

Depois de vermos o que é estresse, parece-me importante penetrar mais ainda nosso cotidiano para observar os mecanismos de algumas de suas consequências que experimentamos e de que nos queixamos com frequência. São situações tipicamente "psicológicas" que, em geral, nos fazem recorrer à evanescente essência imaterial, mas cujo principal responsável é sempre o materialíssimo cortisol.

Um esquecimento impossível

Uma das grandes características da experiência estressante é que sua lembrança é muito viva, difícil de apagar. Aliás, com frequência, é em torno de acontecimentos marcantes que se constrói grande parte do psiquismo do ser humano. Estamos, portanto, numa esfera típica da essência imaterial não biológica, visada pelas abordagens terapêuticas psicológicas para nos ajudar a administrar o enorme poder dessas lembranças que parecem gravadas no mármore. Pode parecer inverossímil — e assim é para muitos psicólogos — que a biologia intervenha na seleção de lembranças normais e de outras associadas a estados de estresse. Afinal de contas, uma rede neuronal que carreia um traço mnésico é sempre uma rede neuronal, seja qual for a origem dessa lembrança. Por essa razão, o fato de apenas algumas experiências nos marcarem realmente e adquirirem valor crucial em nosso psiquismo é muitas vezes proposto como prova da independência da mente ou da alma em relação à biologia.

Na realidade, o impacto diferente de certas memórias tem causas totalmente biológicas. Vimos que, quando somos confrontados com uma situação nova, nosso cérebro a interpreta e a julga. Se a experiência não exigir a ativação de um estado de estresse, seu tratamento ficará confinado ao crânio. Se, ao contrário, a situação representar um desafio suficientemente importante, o cérebro poderá decidir desencadear um estado de estresse e aumentar a produção de cortisol pela glândula suprarrenal. O cortisol chegará então ao encéfalo pela circulação sanguínea, entrará nos neurônios e ativará seu receptor, o GR, que é um fator de transcrição. O GR então se ligará ao DNA e provocará a produção de novas proteínas, que modificarão ainda mais as redes neuronais. Por conseguinte, duas vivências, uma em estado de tranquilidade e outra em estado de estresse, não se gravam em nossos neurônios da mesma maneira. As lembranças de acontecimentos não carregados emocionalmente são registradas com a utilização apenas de fatores de transcrição ativados pelas sinapses. As lembranças gravadas em estado de estresse utilizam, a mais, o fator de transcrição ativado pelo cortisol, o GR, que, curto-circuitando a sinapse, chega ao núcleo diretamente. Essa codificação dupla, neuronal + hormonal, age de tal maneira que a lembrança de um estresse é muito mais difícil de apagar.

Evidentemente, também se apresenta a questão da correlação e da causalidade nesse caso. Estaremos, mais uma vez, diante do misterioso efeito especular que faz nossa essência imaterial modificar a biologia sem que esta possa influenciá-la, como se projetasse uma imagem no espelho? Ou, ao contrário, será apenas um hormônio a mais ou a menos que determina a forma assumida pelas experiências em nosso cérebro e, portanto, sua capacidade de nos influenciar? Duas experiências científicas complementares e bastante simples possibilitam responder a essa pergunta.

A primeira consiste em: 1) submeter-se a uma experiência não estressante; 2) aumentar o cortisol artificialmente por injeção; 3) verificar se a força dessa experiência aumentou, ou seja, se ela ficou gravada como uma experiência de estresse.

A segunda consiste em fazer o inverso: 1) submeter-se a uma experiência estressante; 2) bloquear a produção de cortisol com um inibidor farmacológico; 3) verificar se diminuiu a força da lembrança desse acontecimento estressante.

Os resultados dessas pesquisas, como devem desconfiar, são todos positivos e confirmam um elo de causalidade entre a taxa de cortisol e o tipo de registro de uma experiência no cérebro.

Graças a esses diferentes mecanismos de registro, neuronal ou neuronal + hormonal, as vivências numa situação de tranquilidade ou de estresse vão, portanto, modificar a biologia de nosso cérebro de um modo específico. Elas terão peso diferente em nosso psiquismo, que, também nesse caso, parece de fato biológico.

Noites sem sono

Um efeito bem conhecido do estresse é a perturbação do sono. Em geral achamos que são as preocupações ou a lembrança de acontecimentos ansiogênicos que, girando sem parar em nossa cabeça durante a noite, nos mantêm de olhos abertos. Às vezes, é mais o fato de não conseguir dormir, de acordar com frequência ou cedo demais, que faz a inquietação invadir nossa cabeça.

Mas, então, por que nosso sono é alterado durante o estresse se as preocupações não são responsáveis? Uma das razões é que o estresse crônico mantém a taxa de cortisol constantemente elevada, o que dificulta conciliar o sono ou desencadeia despertares precoces.

O fato de passarmos uma parte das 24 horas do dia em atividade e outra parte em repouso e dormindo não é fruto do hábito, de um aprendizado ou de tradição cultural. Não, isso corresponde a um programa biológico específico. Em nosso cérebro, um relógio interno regula e determina a passagem entre esses períodos. Ele não é rígido e, entre as espécies diurnas, sincroniza os momentos de atividade com a luz. Nas espécies noturnas, como os camundongos, é com a escuridão. No entanto, o relógio circadiano não é determinado pela luz. Ele continua funcionando de acordo com um ciclo de aproximadamente doze horas de atividade e doze horas de repouso, mesmo em indivíduos que estejam na escuridão total. Uma das peças mestras desses ritmos vigília/sono é a secreção de cortisol, pilotada pelo relógio central. O cortisol aumenta pouco antes do despertar, baixa progressivamente pelo fim da tarde e fica no nível mais baixo durante o sono. Sua elevação tem duas funções. A primeira é tornar-nos prontos para a ação, pois esse hormônio tem efeitos estimulantes. A segunda é constituir uma maneira econômica de o relógio circadiano sincronizar o conjunto das estruturas do cérebro.

Um dos principais efeitos do estado de estresse, em especial quando crônico, é eliminar o ciclo circadiano do cortisol, deixando-o sempre em nível elevado, como durante a fase de atividade. É muito útil para enfrentar os desafios que provocaram o estresse, mas é fácil imaginar como é perturbador para nosso cérebro receber o tempo todo a mensagem de que deve ficar acordado. Podemos tentar dizer-lhe, com nosso córtex ou nossa essência imaterial, que é hora de dormir, mas para ele é sempre hora de agir. Agora também é possível entender melhor as dificuldades do sono de que padecem os pacientes tratados com anti-inflamatórios à base de esteroides, pois todos esses medicamentos exercem sobre o cérebro o mesmo efeito do cortisol.

Brincar de sentir medo

Enquanto a maioria dos indivíduos evita ao máximo as experiências que induzem estresse, outros as procuram. Aliás, há toda uma indústria construída em torno dessa busca. O *bungee jump* e o salto de paraquedas são bons exemplos. Em certas atrações de parques de diversão a sensação física é quase tão forte quanto essas, mas claramente menos perigosa. Por fim, sempre é possível elevar o estado de estresse permanecendo sossegado na sala se entretendo com os inúmeros filmes de terror e suspense disponíveis hoje em dia. Entende-se por que a indústria de entretenimento recorre a situações para as quais, como vimos, a resposta de estresse é inata: o vazio, criaturas ameaçadoras tipo Alien etc., pois com isso é possível satisfazer 90% dos clientes.

Essa vontade de submeter-se a perigos que nossa espécie tem tendência inata a evitar, essa busca do pavor, ilustra mais uma vez um dos comportamentos especificamente humanos. Os outros seres vivos são governados por instintos básicos mais simples: manter-se longe de perigos, procurar comida para sobreviver e copular para reproduzir-se. Querer sentir medo, ter prazer em se estressar, parece coisa difícil de explicar por meio da biologia. Os psicólogos e psicanalistas falarão da manifestação do instinto de morte, da força destruidora que há em cada um de nós, tanto quanto a pulsão de vida. Ou então de um sentimento de culpa que exige punição, como, por exemplo, por ter sentido desejo sexual por um dos pais.

Será que dispomos apenas dessas explicações? Precisaremos invocar mais uma vez a existência de uma essência imaterial? É claro que não. Graças aos processos antagônicos, temos uma chave de leitura biológica para compreender as origens reais desse comportamento estranho, que é a busca de situações de estresse. Um de nossos principais mecanismos de adaptação a situações indesejáveis, como vimos, é a ativação em paralelo de respostas biológicas com efeitos opostos, desagradáveis e agradáveis. Esse equilíbrio nos permite enfrentar situações estressantes, mas sem as minimizar. Basta, portanto, que, em alguns indivíduos, a resposta compensatória agradável — a produção de glicocorticoides e de dopamina — seja mais intensa que as respostas primárias que geram uma sensação negativa para que a situação temida se torne desejável e buscada.

Essa hiperatividade dos glicocorticoides e da dopamina é espontânea em alguns indivíduos por razões genéticas. Em outros, ela resulta de experiências repetidas de estresse. Isto porque os neurônios dopaminérgicos, quando ativados repetidamente pelos glicocorticoides, desenvolvem uma adaptação chamada de sensibilização. Todos já ouviram falar de tolerância, que é a capacidade de nosso organismo e de nosso cérebro de se adaptar, respondendo cada vez menos a estímulos que se repetem. Sensibilização é o inverso. A resposta vai se amplificando proporcionalmente às experiências. É provável que esses dois processos constituam as mais arcaicas formas de aprendizado; são as principais em animais que têm sistema nervoso primitivo. Graças à tolerância, eles aprendem a responder cada vez menos a estímulos sem consequência e, graças à sensibilização, a reagir cada vez mais a estímulos importantes para a sobrevivência.

Tolerância e sensibilização não existem apenas nos animais dotados de cérebro primitivo. Constituem uma das principais respostas adaptativas, inclusive no ser humano. Quando somos submetidos a estresses repetitivos, a liberação de glicocorticoides vai sensibilizando aos poucos os neurônios dopaminérgicos. Em paralelo, os sistemas responsáveis pela evitação se tornam cada vez mais tolerantes. A balança entre processos agradáveis e desagradáveis desloca-se então progressivamente para um efeito global positivo. Em outras palavras, uma situação inicialmente indesejável pode vir a se tornar agradável e desejada. Além disso, essas modificações cruzadas de tolerância e sensibilização não desaparecem, pelo menos não rapidamente. Todo novo episódio de estresse tem fortes chances de ser sentido como agradável. Nessas condições, o *bungee jump* é de fato uma atividade magnífica.

É graças a esse jogo sutil entre processos opostos que alguns de nós buscam situações perigosas e sensações fortes. Não o fazem para se punir nem por instinto de morte. Não gostam de se machucar. Fazem-no porque, para eles, estresse é realmente um barato!

Calmas demais essas férias

Se pode parecer paradoxal gostar de se expor ao medo e ao perigo, pode parecer ainda mais inverossímil não apreciar situações apaziguadoras como as férias. No entanto, a ausência de estresse nas pessoas hiperativas, que em geral tomam uma decisão por minuto e estão o tempo todo administrando problemas graves, nem sempre é acompanhada por um sentimento de bem-estar, mas, ao contrário, por um estado de mal-estar e tristeza. A "deprê das férias" pode ser interpretada como um sinal de desequilíbrio. O trabalho intenso e o estresse contínuo são vistos como atividade sucedânea, fuga arranjada pelo indivíduo para esconder algum problema subjacente e/ou um sentimento de culpa, cuja origem em geral remonta a acontecimentos de sua fase de desenvolvimento. Portanto, é normal que, com a suspensão da atividade sucedânea, como no período das férias, o problema psicológico volte à tona e envenene esse merecido momento de repouso e lazer. Mais uma vez, essa característica da natureza humana é vista como outro exemplo da impossibilidade de reduzir o homem à biologia de seu cérebro. Como poderia ser biológico o fato de não gostar das férias, de se deprimir em resposta a uma situação agradável?

Na realidade, se o descanso das férias sucede repentinamente a um período de estresse prolongado, o desconforto sentido por alguns é, mais uma vez, totalmente biológico. O responsável é um processo de adaptação chamado alostase, variável de ajuste de outro mecanismo fundamental que rege o funcionamento de nossa biologia: a homeostase.

Homeostase é a conceituação de uma observação básica do ser vivo: praticamente todos os sistemas biológicos têm um nível ideal de atividade que possibilitará ao organismo funcionar de modo eficiente em seu ambiente. Sem dúvida, essa atividade pode aumentar ou diminuir para adaptar-se a situações específicas, mas esse afastamento do ponto de equilíbrio é sempre transitório, e a tendência é que o sistema biológico homeostático retorne o mais depressa possível.

O nível de atividade correspondente ao ponto de equilíbrio homeostático geralmente é fixado durante as primeiras fases do desenvolvimento e tende a manter-se ao longo da vida. Poderia ser comparado à marcha lenta de um motor, o nível básico que lhe permite girar sem morrer. Se levantarmos o pé depois de acelerar, o motor voltará automaticamente a seu nível de marcha lenta e, se a rotação cair demais, ele aumentará a atividade. Nos carros atuais, esse nível é pré-regulado. No sistema biológico, é o ambiente que, na maioria das vezes, determina — em geral pouco depois do nascimento — a atividade básica do organismo, sua marcha lenta, para que ele se adapte da melhor maneira possível às condições nas quais o indivíduo se encontra. É outro exemplo do modo como o ambiente, e não o patrimônio genético, determina elementos cruciais de nossa biologia.

Em situação de estresse, nosso sistema biológico se ativa afastando-se do equilíbrio para voltar a ele depois de resolvido o problema. Todos já passamos pela experiência: nosso organismo modifica seu funcionamento de modo perceptível, ficamos mais alertas, nossa frequência cardíaca acelera e podemos sentir uma vontade súbita de atacar ou de fugir. Para a maioria das pessoas, isso se associa ao medo; para outras, a um sentimento de euforia. Afastada a fonte de estresse, nossa biologia e as sensações decorrentes retornam progressivamente ao estado anterior, e nós voltamos ao estado normal.

Se a situação de estresse for prolongada, o organismo não poderá retornar rapidamente ao nível de base. Nossa biologia se adapta e modifica a regulagem de seu ponto de equilíbrio homeostático. Aos poucos, o estado de estresse e seu nível elevado de estimulação vão se tornando normais para o cérebro. Portanto, teremos passado da homeostase, ponto de regulagem originário que se instala durante nosso desenvolvimento, à alostase, um novo ponto de regulagem adquirido pela experiência na vida adulta.

Então qual é a diferença entre sensibilização e alostase, já que as duas resultam do estímulo repetido de um sistema biológico? A alostase desenvolve-se com muito menos rapidez que a sensibilização e não segue as mesmas regras. Ela exige que a estimulação seja contínua e prolongada, para que nosso organismo a interprete como um novo estado normal e reajuste seu ponto de equilíbrio. Quanto à sensibilização, que serve para destacar estímulos importantes para nossa sobrevivência, basta uma única exposição ou algumas exposições repetidas e espaçadas. É lógico, pois a sensibilização é uma forma de aprendizado que nos possibilita ficar cada vez mais vigilantes com relação a estímulos que anunciam, por exemplo, a disponibilidade da alimentação ou um perigo que, em condições naturais, são descontínuos no tempo.

Voltemos às férias. Assim que viajamos, o estresse para de repente. Se estivermos em condição homeostática, tudo correrá bem: poderemos retornar a nosso ponto de regulagem normal, que é acompanhado por uma sensação muito agradável. Se, ao contrário, tivermos passado por uma adaptação alostática, a situação de estresse será a normalidade, e as férias, um estado completamente anormal, com um nível de estimulação fraco demais, portanto, pouco agradável. Teremos então a tendência de voltar o mais depressa possível à situação anterior. É como uma síndrome de abstinência. Aliás, essa não é apenas uma imagem, pois a síndrome de abstinência a drogas é provocada por uma adaptação alostática à estimulação contínua do cérebro pelo tóxico. O organismo aos poucos vai considerando como norma essa hiperestimulação artificial. Se a droga faltar, o indivíduo se verá de repente abaixo de seu novo nível de estimulação ideal. Esse declínio, diferente conforme a droga, estará associado a perturbações que vão desde dores insuportáveis a profundas perturbações do humor.

No caso de estresse prolongado, o problema é o reajuste alostático do nível normal de atividade do cortisol e do sistema dopaminérgico. A ativação desse eixo glicocorticoides/dopamina tem, para nosso organismo, efeitos estimulantes e agradáveis muito semelhantes aos de outra droga, a cocaína, que também aumenta a quantidade de dopamina no cérebro. De fato, os glicocorticoides podem ser considerados uma cocaína endógena, que facilita nossas ações, diminuindo o impacto negativo dos esforços e das dificuldades.

A supressão súbita de uma situação de estresse crônico naqueles que passaram pela transição alostática provoca uma síndrome de abstinência análoga à do cocainômano, caracterizada por um estado muito semelhante à depressão. Aliás, a interrupção brutal da administração de glicocorticoides para tratar, por exemplo, doenças inflamatórias crônicas também provoca crises de abstinência bastante severas que, em nível psicológico, assemelham-se à abstinência do cocainômano e à "deprê" das férias.

Se você for um hiperativo sempre estressado, essa sensação nas férias nada mais é que abstinência do cortisol que seu organismo produz em grande quantidade durante o ano todo. É preciso armar-se de paciência. Salvo em casos mais graves, seu ponto de equilíbrio se reajustará depois de uma semana. Você retornará à homeostase, e as férias serão de novo um período de prazer.

Quando nada mais resta além da droga

Histórias às vezes dramáticas, estruturas familiares desastrosas ou condições sociais desfavoráveis são apresentadas com frequência como origem do desenvolvimento da toxicomania. É como se nossa essência imaterial, afetada por uma vida terrível, fosse buscar conforto em paraísos artificiais, sem esperar o verdadeiro paraíso, o do além. A droga seria, então, um medicamento usado sem prescrição. O último recurso de uma essência imaterial fraca que, incapaz de suportar as dificuldades desta vida, cairia no vício da droga e, portanto, no pecado e na danação eterna.

Esse modo de ver a toxicomania, apesar de comum, desafia a lógica. O mecanismo pelo qual uma droga — feita de matéria — pode aliviar nossa essência imaterial ou nossa alma é, como vimos, absolutamente incompreensível. Podemos estudar a questão por todos os lados e voltaremos sempre ao fato de que ou as drogas também têm uma essência imaterial, capaz de interagir com a nossa, ou nossa essência imaterial é feita de uma matéria capaz de interagir com a matéria das drogas. Essas possibilidades implicam afinal a mesma coisa: a essência imaterial e as drogas são feitas da mesma essência e, por conseguinte, o homem não seria mais dual que uma molécula química como a heroína ou a cocaína. Evidentemente, continua insubstituível o ato de fé, base das crenças religiosas, que dá a possibilidade de aceitar o incompreensível e transformar em verdade o inimaginável. Mas, por uma questão de coerência, os toxicômanos deveriam então ser entregues aos cuidados do clero, e não aos dos psicólogos, a não ser que se considere que os psicólogos são uma espécie de padres mais ajustados aos tempos modernos.

Fiquemos então no universo mais plausível de um homem e uma droga feitos da mesma essência, que, como determina a estrutura química das drogas, é obrigatoriamente material. Nesse caso, a ideia de que as drogas compensam um desequilíbrio provocado pelas vivências em nosso cérebro torna-se mais aceitável. No entanto, é falsa. Então, como a coisa funciona?

Todas as drogas aumentam fortemente a secreção de dopamina, o que contribui muito para sua capacidade de provocar dependência. As situações repetidas de estresse sensibilizam progressivamente os neurônios dopaminérgicos, aumentando sua atividade. Essa sensibilização perdura bem depois da cessação do estresse. Por conseguinte, quando indivíduos que no passado sofreram estresses repetidos tomam droga, essas substâncias agem sobre um sistema dopaminérgico sensibilizado, que vai liberar muito mais dopamina. Os efeitos agradáveis e atraentes das drogas e sua capacidade de provocar dependência serão, portanto, muitíssimo amplificados.

As pessoas que foram submetidas a experiências de estresse na vida correm então mais riscos de incidir no vício porque a droga, agindo sobre um sistema dopaminérgico que se tornou hiperativo por causa do estresse, parece-lhes realmente irresistível.

Nossa biologia tem fome de experiências que deixem marcas indeléveis

Considerar que são as vivências que esculpem nossa mente, nossa alma, independentemente de nossa biologia, está entre as dez maiores ideias falsas. Na realidade, nossa biologia, o que somos e o que nos tornamos, é fruto de nossas experiências. É verdade que a estrutura biológica é produzida pelo genoma, mas as relações entre os genes e o ambiente são muito diferentes daquilo que se tem o costume de imaginar. Em primeiro lugar, nosso genoma não é estável, mas, sim, constantemente modificado por mutações espontâneas, por resíduos de vírus ou pela mescla entre genes do pai e da mãe, que ocorre durante a reprodução. Algumas das configurações obtidas por essas mudanças cegas tornam-se prevalentes, pois possibilitam sobreviver melhor no ambiente proposto por nosso planeta. Foi assim que pôde haver continuidade de filiação entre os peixes, que são nossos tetra-tetra-tetra... avós, e nós. Em segundo lugar, o genoma não é uma gravação que se revela ao longo do desenvolvimento. É um instrumento musical dotado de um enorme teclado à espera da mão de um músico para realizar todas as suas potencialidades. Esse músico consiste em nosso ambiente e nas experiências que ele nos oferece. O ambiente dispõe de ferramentas múltiplas para tocar o instrumento de nosso genoma, a fim de nos construir e nos modificar sem parar. Uma parte importantíssima de nossa biologia tem a função exclusiva de fornecer ao músico-ambiente mãos que lhe possibilitem tocar o instrumento de nossos genes e modificar nossa biologia. Os órgãos dos sentidos, os receptores das sinapses, os fatores de transcrição e epigenéticos, toda essa maquinaria permite que o que está no exterior entre em nós e ali fique gravado.

Num mundo governado por incertezas, podemos estar seguros de pelo menos uma coisa: não precisamos de uma essência imaterial para explicar como nossa história nos forja e nos ajuda a construir o futuro. A biologia basta amplamente, pois é ela que, mantendo presente o passado, permitiu a invenção da palavra "história".

II.

Aspirações

4.

O objetivo da biologia é a liberdade

A liberdade no cerne das aspirações humanas

Abril de 1975, 8h15. Toda manhã, chego finalmente àquele ponto mágico de meu percurso cotidiano. Aqui, diante do bar Costa, estou a igual distância entre minha prisão noturna, atrás, a casa dos meus pais, e, à frente, minha prisão diurna, o liceu científico Stadislao Cannizzaro. É meu Ponto de Lagrange pessoal, em que não são as forças gravitacionais do Sol e da Terra que se anulam, mas as cadeias da escravidão à qual estou submetido que se equilibram. É um momento de graça no qual minha alma pode deixar surgir impunemente sua revolta e gritar em meus ouvidos seu desejo de liberdade. Sim, minha vida é uma prisão, uma constelação de regras, de coisas para fazer, que não me pertencem. Suporto-as desde que nasci, e elas me impõem uma escravidão insuportável. Por isso quero crescer, não para me tornar como eles, pois isso me repugna, mas para ser finalmente livre. Livre para quê? Livre para ser eu mesmo, para seguir minhas aspirações, e não as regras deles.

Quero tudo e não tenho nada. Quero dinheiro, muito dinheiro para poder comprar o que desejo. Quero roupas que tenham um mínimo de classe, e não estes jeans baratos. Quero uma guitarra nova, uma Fender de verdade, um televisor no meu quarto, muitos livros. Mas, acima de tudo, quero uma motoneta, a única, a verdadeira Vespa 125, e não aquele treco enferrujado que meu pai comprou para mim.

Quero viajar, ir embora daqui. Quero partir, ver Paris, Londres, Nova Iorque e deixar de passar meus dias trancado a ouvir as histórias deles. O que me interessa saber quando Garibaldi nasceu, quantos imperadores houve em Roma ou como se calcula uma integral? Eu quero beber, fumar, ouvir rock na maior pauleira, andar a cem por hora na minha motoneta para sentir o vento no rosto e nos cabelos. Quero poder ir dormir quando quiser com quem quiser e onde quiser. Ou... ficar sem fazer nada, sem escola, sem deveres, sem tarefas familiares, sozinho, sentado de frente para o mar, olhando as ondas do meu lugarzinho habitual, atrás do quebra-mar do porto pesqueiro de Mondello.

Quero tudo isso e mais ainda. Em resumo, quero ser livre, livre como o ar, como o vento, como o espírito. Mas o costume leva a melhor, e eu continuo mecanicamente a andar. Saio do Ponto de Lagrange, do estado de graça, e o que me invade a cabeça é o futuro exame de filosofia. Meus sonhos de liberdade, como todos os dias, precisarão esperar...

Esse pequeno apanhado de minha adolescência mostra bem que as aspirações humanas, aparentemente múltiplas, reúnem-se de fato em torno da vontade de ser livre. Esse desejo é como o tronco de um carvalho centenário, comum a todos os seres humanos, no qual cada um pode pregar ramos e folhas para obter uma árvore personalizada. Esses carvalhos parecem muito diferentes uns dos outros, mas são todos sustentados pelo mesmo desejo primordial de liberdade. Compreender as aspirações humanas, portanto, passa necessariamente pela compreensão de seu tronco comum: ser livre.

Se o homem for feito apenas de matéria, se sua alma não for imaterial, explicar o fato de ele ter aspirações parecerá impossível. Um dos principais argumentos, se não o principal, a favor de uma essência imaterial é, sem dúvida, a aspiração à liberdade. Como entender de outra maneira esse desejo íntimo de libertar-se das coerções, de determinar o próprio destino sem que ele nos seja imposto? Essa vontade de fazer coisas que nos possibilitem a realização, fazê-las do nosso jeito, sem que sejam obrigatoriamente úteis, sem precisar justificar-se... A biologia do século XX sem dúvida não explica isso, pois é rígida demais, predeterminada demais. A do século XXI é mais flexível, leva em conta o imprevisível, assemelha-se mais à ideia que temos de nossa essência imaterial, de nossa alma, mas continua sendo uma máquina, e uma máquina não tem aspirações, quem as dá é a alma.

No entanto, se considerarmos sem ideia preconcebida a biologia que a ciência do século XXI nos revela, tentando compreender por que ela faz o que faz, logo ficaremos surpresos. Isto porque todos os processos biológicos, da reação celular mais simples ao comportamento mais complexo, parecem ter um objetivo unificador, um único objetivo: a busca da liberdade. Estamos, portanto, numa situação muito semelhante à da primeira parte deste livro. Nela vimos que a sensação de volatilidade de nossa natureza e nossa fome de experiências nada mais são que uma presciência do funcionamento real da biologia. Veremos aqui que, de modo semelhante, o desejo de liberdade que sentimos todos nada mais é que o prolongamento consciente do objetivo que anima nossa biologia: ser livre.

As ameaças à liberdade, que a biologia combate, não são aquelas nas quais costumamos pensar, tais como as coerções sociais e culturais, os pais, a escola ou os regimes totalitários. São ameaças mais ocultas, mais fundamentais e sub-reptícias. Trata-se de certas leis da física que regem o funcionamento e o devir de nosso universo. Por causa delas, todo ser vivo nasce escravo do ambiente que o cerca, com relação ao qual ele tem uma dependência total e insuperável. Mas como se libertar de uma dependência que não se pode abolir? O único meio é adaptar-se a ela de maneira tão perfeita que deixemos de estar conscientes dela. Essa é a estratégia de nossa biologia, que instaurou diferentes comportamentos, dos mais simples aos mais elaborados, para realizar esse passe de mágica, que é nos fazer achar que somos livres enquanto continuamos escravos.

Essa busca de liberdade não é específica dos seres humanos, é o princípio organizador de todo ser vivo, desde o organismo unicelular mais simples até nós. Contudo, atribuímos apenas aos seres humanos uma essência imaterial, uma alma, pois é apenas em nossa espécie que a busca de liberdade adquire formas que se desvinculam completamente de qualquer objetivo aparente. Todos os seres vivos buscam libertar-se da dependência do ambiente e sobreviver. Os homens são os únicos que, além disso, despendem uma energia enorme para ganhar a liberdade de ter atividades cujo significado e cuja utilidade são no mínimo difíceis de apreender.

As atividades inúteis e frívolas às quais o homem aspira são filhas da revolução cognitiva que atingiu nossa espécie há 50.000 anos. Essas novas faculdades propiciaram ao homem a possibilidade de conceituar as coisas, dando-lhes vida própria, desligada de seu objetivo original. Graças a essa arma temível, o homem pôde criar toda uma série de atividades que se bastam e, por isso, parecem desprovidas de objetivo, desafiando qualquer explicação. O resultado é uma enorme quantidade de aspirações multiformes e vãs que parecem inexplicáveis, mesmo por uma biologia mutável e imprevisível como a que foi descoberta neste início de século. No entanto, como veremos, mesmo essas formas de liberdade efêmera são de natureza biológica.

Ser livre, sim, mas para fazer o quê?

Não existe concepção única de liberdade. Essa aspiração humana por um destino pessoal evoluiu muito nos últimos três milênios. No contexto da cultura ocidental, sucederam-se globalmente três conceitos de liberdade: a do mundo greco-romano, a do cristianismo e a concepção moderna promulgada pela declaração dos direitos do homem e do cidadão, trazida pelas revoluções francesa e americana.

A liberdade dos antigos a serviço da natureza humana

Para Aristóteles, a liberdade tem como fonte o ato voluntário. Segundo ele, esse ato precisa ter duas características. A primeira é nascer dentro do indivíduo, ser espontâneo. Um ato realizado sob coação ou para evitar consequências negativas não é um ato voluntário. Por exemplo, o fato de eu não roubar o anel de uma amiga por medo de ir preso não é um ato voluntário. A segunda condição é a do conhecimento das consequências do gesto realizado. Se atiramos um amiguinho na água, acreditando que ele sabe nadar, e ele morre porque nunca aprendeu a nadar, não se trata de um ato voluntário porque não queríamos que ele morresse. Para Aristóteles, a origem do ato espontâneo encontra-se no *animus* (que não tem nada a ver com a alma dos cristãos). É a força vital que anima todos os seres vivos. Os atos voluntários, portanto, não são exclusividade dos humanos; são também encontrados nos animais. O cavalo que se levanta e vai pastar porque tem fome executa um ato voluntário. Trata-se de uma reação espontânea, cuja origem está no interior do cavalo e à qual ele responde realizando um gesto cujas consequências conhece.

A visão instintual do ato voluntário é reforçada pelos epicuristas, para os quais a satisfação do desejo humano, consecução da busca do prazer e da felicidade, representa o percurso iniciático do homem. A necessidade de encontrar um equilíbrio entre necessidade individual e bem coletivo é o único limite para a liberdade do indivíduo, com a introdução, no caso de Aristóteles, do conceito de moderação. Essas concepções não são questionadas pelos romanos, que, por outro lado, aprofundam no plano legislativo o estatuto do homem livre, dando ao cidadão o direito à propriedade e proibindo que ele, por sua vez, torne-se propriedade de outrem. Foram também os romanos que inventaram uma deusa chamada Libertas, da qual deriva a palavra "liberdade" e cuja efígie reaparece durante a Revolução Francesa.

Durante os 1.200 anos do período greco-romano, nossa civilização, portanto, desenvolveu uma concepção do cidadão, homem livre que não é propriedade de ninguém e, respeitando as leis, pode acumular bens, buscar prazer, felicidade e subir na escala social para atingir seu topo, se tiver recursos. No entanto, se, para respeitar a lei, o homem deixa de cumprir uma ação, não se trata de um ato livre.

Essa concepção de liberdade é absolutamente compatível com a biologia que gera nossas pulsões e nossos desejos individuais, dando-nos, por meio de nossas capacidades cognitivas, a possibilidade de satisfazê-los ou de optar por não os satisfazer, em função de injunções externas.

A liberdade dos cristãos a serviço de Deus

Com o advento do cristianismo e seu domínio cultural, a concepção de liberdade muda completamente e torna-se um ponto nodal da lenda da alma. Seria até possível considerar que a capacidade de ser livre é a principal faculdade da alma, que permite ao homem continuar no caminho reto e atingir a beatitude do paraíso após a morte. Devemos esse conceito a Agostinho de Hipona (Santo Agostinho), que é provavelmente um dos pensadores mais influentes de todos os tempos. Ele constrói o conceito de "livre-arbítrio" no tratado *De libero arbitrio*, publicado em três livros, respectivamente em 388, 391 e 395 d.C. O objetivo de Agostinho não é libertar e proteger o homem, mas, ao contrário, torná-lo responsável por suas más ações, eximindo Deus da responsabilidade pelo mal. Em outros termos, a liberdade do homem foi introduzida para preservar a bondade total de Deus e pôr sobre os ombros dos humanos todos os males do mundo, em especial os pecados, pelos quais o indivíduo passa a ser então o único responsável.

O cerne do problema está bem resumido no diálogo entre Agostinho e Evódio (Evódio de Antioquia), santo que faz parte dos setenta discípulos de Jesus. Evódio diz a Agostinho: "Deus não é o autor do mal? Se o pecado é obra das almas e se estas são criadas por Deus, como Deus não seria, afinal, o autor do pecado?" A resposta de Agostinho planta as raízes do conceito de liberdade da época: "Deus conferiu à sua criatura, com o *livre-arbítrio*, a capacidade de agir mal e, por isso mesmo, a responsabilidade pelo pecado." Portanto, graças à liberdade do homem, Deus permanece sem mácula, e o pecado é integralmente de responsabilidade humana. Foi para continuar defendendo Deus que Agostinho deu título de nobreza à liberdade, transformando-a numa faculdade oferecida ao homem por Deus para educá-lo. De fato, o conceito de livre-arbítrio pode ser criticado da seguinte maneira: se foi Deus que nos atribuiu o livre-arbítrio em razão do qual podemos agir mal e pecar, Deus não continuará sendo responsável por nossas más ações? Para responder a essa crítica, Agostinho apresenta o livre-arbítrio como a qualidade que eleva o homem acima dos outros seres vivos, ainda que ele possa abusar dela. Quem gostaria de não ter mãos só porque elas às vezes servem para cometer crimes? Ora, isso é ainda mais verdadeiro em relação ao livre-arbítrio: embora se possa viver moralmente sem o uso dos braços, nunca se poderia ter acesso à perfeição da vida moral sem o livre-arbítrio.

O conceito cristão de liberdade será em seguida elucidado por Tomás de Aquino. Ele considera o *liberum arbitrium* uma faculdade da vontade e da razão. Segundo ele, o ato livre segue o seguinte esquema: a vontade sente o desejo de um objeto; ela então recorre à razão para que esta analise os meios de chegar a ele, depois escolhe a estratégia mais apropriada e aciona o corpo, que lhe permite finalmente alcançar o objeto desejado. Para Tomás, a vontade é, portanto, o centro, o motor do livre-arbítrio, que possibilita ao homem escolher. Essa capacidade de orientar a ação é uma característica puramente humana, que distingue o homem do resto do mundo animado e inanimado. Uma maçã cai necessariamente para baixo, ela não escolhe fazê-lo. Impelido pelo instinto, o leão persegue obrigatoriamente uma presa. Só o homem age livre e voluntariamente após uma análise da situação, realizada pela razão, que escapa ao instinto natural.

Portanto, para Santo Agostinho e Santo Tomás, não é a inteligência que torna o homem diferente dos animais. Não, o cerne da concepção cristã da singularidade humana, do dualismo corpo/alma, é a vontade. O homem é superior aos animais porque é capaz de realizar uma escolha livre, superando e controlando os instintos do corpo. Em outras palavras, a liberdade é a capacidade de não fazer o que se poderia e saberia realizar. É um presente de Deus, que possibilita apenas aos humanos evitar os pecados superando seus instintos, mas também ser responsáveis por eles, caso não os evitem. A liberdade, portanto, é o fundamento da responsabilidade do indivíduo diante das leis morais, penais e divinas. Podemos ser culpados porque somos livres.

A visão de liberdade do período clássico, portanto, é diametralmente oposta à do cristianismo. Para Aristóteles e os epicuristas, o cerne do ato voluntário não é a vontade, que nos permite resistir a nossas pulsões interiores e a nossos instintos, o desejo espontâneo do *animus*, e sim a razão, que nos oferece a possibilidade de satisfazê-lo, conhecendo as consequências de nossos atos. Seremos livres exclusivamente se soubermos o que fazemos e se o realizarmos sem ceder às coações externas. Mas não somos os únicos, pois todos os seres vivos são animados por uma força vital, o *animus* de Aristóteles, origem de suas intenções, conhecendo as consequências de seus atos.

Evidentemente, na concepção cristã, a liberdade se desvincula completamente da matéria e está ali até mesmo para combatê-la. A liberdade dá à alma, por meio da vontade, a possibilidade de não seguir as pulsões ditadas pelo corpo.

Não podemos opor nenhum argumento racional ao dualismo religioso que se baseia no ato de fé e, fugindo à razão, permite acreditar na alma sem necessidade de nenhuma prova tangível de sua existência.

Contudo, podemos criticar o livre-arbítrio do cristianismo, que considera a vontade uma faculdade exclusiva da espécie humana. Os conhecimentos acumulados a partir do século XX mostraram com nitidez que é absolutamente falsa a visão de Santo Tomás sobre o homem como o único ser capaz de não seguir seus instintos para obedecer a leis. Se traduzirmos essa ideia em termos comportamentais, será como dizer que o ser humano é o único ser vivo capaz de não fazer coisas que ele desejaria fazer, graças a um aprendizado que lhe permitiu compreender as consequências nefastas de seus atos. Pois, para os cristãos, a concepção de Deus e de suas leis não é inata, mas aprendida. Os homens nascem todos pecadores e, estudando as Escrituras e os ensinamentos do clero, podem interiorizar as leis divinas e, portanto, exercer seu livre-arbítrio.

O ensinamento cristão utiliza ao mesmo tempo aquilo que a psicologia comportamental descreve como reforço, positivo e negativo: o primeiro é a perspectiva da beatitude extrema do paraíso, se seguirmos as leis de Deus; o segundo é a ameaça do sofrimento infinito do inferno em caso contrário. Aliás, na história do cristianismo, foi principalmente o reforço negativo o utilizado para inculcar o ensinamento de Deus e torná-lo aceitável. Prova disso são as punições extremas infligidas aos não crentes e aos hereges durante os períodos mais intensos e violentos do proselitismo religioso cristão.

Se a vontade na base do livre-arbítrio é uma característica puramente humana, os animais não deveriam ser capazes de aprender a retardar ou a suprimir a satisfação de seus instintos. Ora, não é absolutamente o que acontece. Grande número de seres vivos, em especial os mamíferos, pode aprender a governar seu instinto e dar mostras daquilo que Santo Tomás define como vontade.

Por exemplo, todo dono de cachorro pode treiná-lo para refrear seu instinto de comer, mesmo com uma iguaria à frente do nariz, e a esperar comportadamente uma autorização. O cão, portanto, é capaz de exercer uma forma de vontade. Isso está bem próximo daquilo que a religião cristã faz com todos os nossos instintos: ela não os suprime, mas nos ensina em que momento é permitido exercê-los. A atividade sexual é um bom exemplo. O cristianismo não a proíbe, mas só a autoriza dentro do casamento e para a reprodução. Você pode ter tantas relações sexuais quantas quiser, mas apenas para fazer filhos. Esse é o princípio básico da proibição de certo número de práticas sexuais e da posição aparentemente incompreensível de certos papas que, em plena epidemia da AIDS, se opuseram ao uso dos preservativos.

O que os animais podem aprender, se utilizarmos a boa combinação de reforços positivos e negativos, é praticamente ilimitado e não deixa nada a desejar em relação à capacidade humana de modificar seus instintos em função de outros reforços, que são a promessa do paraíso e a ameaça do inferno. Por conseguinte, se o sinal mais extremo da existência da alma for a vontade, ou seja, o poder de refrear os instintos com base na aprendizagem, grande número de outras espécies, em todo caso os mamíferos, também a têm.

Os cristãos, portanto, enganaram-se tanto sobre o fato de que a característica principal da liberdade é a vontade — pois muitos animais parecem tê-la —, quanto sobre o fato de que o homem é o único ser dotado de alma. Mas, afinal, isso importa pouco. Para as religiões do Livro, a imaterialidade da liberdade como atributo da alma não se discute, é uma questão de fé, ou melhor, de ato de fé. Cabe a cada um aceitar, ou não, que é possível crer sem ver...

A liberdade do homem moderno a serviço do entretenimento

Foi com a declaração dos direitos do homem que, no fim do século XVIII, apareceu o conceito moderno de liberdade. A mensagem fundamental daquela carta foi reconhecer a aspiração e o direito de cada um continuar vivo, bem como de agir e pensar como bem entenda.

Tomemos mais precisamente os direitos do homem e do cidadão de 1789, na França. A liberdade é um direito natural do homem (art. 2º), que nasce livre e permanece livre por toda a vida (art. 1º). A liberdade consiste, por exemplo, em não ser perturbado por causa de opiniões, nem mesmo as religiosas (art. 10); em poder dizer ou imprimir seus pensamentos e opiniões (art. 11); em poder postular todos os cargos, postos e empregos públicos, segundo suas capacidades (art. 6º), e em possuir bens (art. 17). A liberdade não se limita a essas atividades, mas a poder também realizar qualquer outra, desde que não prejudique outras pessoas. Os limites das atividades "livres" do indivíduo são exclusivamente determinados pela lei. Esta proíbe ações nocivas, e o Estado tem o dever de proteger e garantir os direitos naturais, entre os quais a liberdade. Portanto, não é de surpreender que os seres humanos tenham lutado para chegar a esse estado de graça da liberdade de fazer e dizer, que possibilita a realização pessoal.

Eis-nos então transformados. Já não somos almas às quais Deus deu liberdade para que resistam às tentações de um corpo que quer levá-las ao inferno. Tornamo-nos indivíduos dotados de uma essência imaterial, de uma mente que aspira a fazer e a dizer praticamente tudo, até a deixar de crer em Deus.

Para algumas correntes conservadoras que consideram o passado superior ao presente, essa evolução do conceito de liberdade é um dos sinais mais patentes da decadência moral e espiritual crescente de nossa sociedade. Mas trata-se de novo de uma visão redutora. A concepção moderna de liberdade está bem próxima da concepção da cultura clássica, muito mais antiga que a do cristianismo. Poderia então ser vista não como uma decadência que se afasta de um estado de graça anterior, mas como um retorno às fontes, aos valores de um período durante o qual o progresso cultural e tecnológico era bem superior ao deserto da teologia da Idade Média. Os conservadores deveriam ser tranquilizados: nossa civilização não está se precipitando para a decadência, talvez esteja dando um salto para novas alturas, apoiando-se nas concepções mais ilustres do passado.

Voltemos agora aos direitos e aspirações do homem, expressos na concepção moderna de liberdade. Nota-se de imediato que essa nova liberdade tem em vista melhorar a qualidade da existência do indivíduo e suas chances de sobrevivência, mas também possibilitar-lhe a dedicação a atividades outras que não as unicamente destinadas a continuar vivo. Encontram-se diversas medidas voltadas a garantir a cada um uma renda e um teto, bem como a reduzir o tempo despendido a trabalhar. Notemos, de passagem, que é bem recente a ideia de que o trabalho enobrece a vida. Na Antiguidade, o trabalho era visto como uma forma de atividade degradante. Em Aristóteles, não há muita diferença entre escravos e artesãos.

Seria possível dizer que o caminho do homem rumo à liberdade deu-se de tal modo que o indivíduo pode ser em grande parte dono da riqueza que produz e utiliza, primeiramente, para continuar vivo, depois, para se divertir. A liberdade moderna baseia-se nesses dois pilares. Qual é o mais importante? Se observarmos a alocação de recursos para cada uma dessas duas aspirações, perceberemos que a pulsão de se divertir é no mínimo tão forte quanto a de continuar vivo. Os meios colossais que nossas sociedades dedicam ao entretenimento mostram que o homem moderno laico aspira a viver para poder divertir-se.

Essa aspiração ao entretenimento produz toda uma série de atividades no mínimo surpreendentes, que podem ser reunidas com o qualificativo de recreativas. Trata-se de esportes, espetáculos, drogas, jogos, dança e, é claro, sexo, agora desviado de sua função reprodutiva.

A posição que as atividades recreativas ganharam ao longo do século XX reforçou demais a necessidade de recorrer a uma essência imaterial para explicar o que somos e o que fazemos. Como esses comportamentos destinados a nos divertir poderiam ter bases biológicas? Como explicar a opção por fazer horas extras para poder comprar um televisor de tela gigantesca e ficar olhando, nas melhores condições possíveis, alguns homens de calção correndo atrás de uma bola ou alguns outros que ficam girando em pistas de asfalto, no comando de bólidos de cores improváveis? Ou, então, como explicar que algumas pessoas economizam para poder passar o tempo percorrendo terrenos imensos, tentando introduzir uma bola em buracos ridiculamente pequenos com a ajuda de umas bengalas fabricadas expressamente para esse fim? Ou, para terminar esta lista que poderia ser longa demais, como explicar que outras pessoas — como eu — enfrentem o frio, vestidas como esquimós, com sapatos que impedem a marcha, e se deixem erguer até o píncaro de montanhas cobertas de neve para descer o mais depressa possível, deslizando sobre pequenas plataformas feitas com materiais de tecnologia de ponta?

Como compreender também o desejo de ficar olhando e ouvindo, durante horas, histórias falsas e, na maioria das vezes, inverossímeis, interpretadas por humanos que fingem ser pessoas que não são? Sem falar daqueles lugares onde centenas de indivíduos se amontoam para deixar o corpo ondular ao ritmo de músicas estudadas expressamente para estimular os movimentos? E o que dizer das drogas que nenhuma sociedade — nem os regimes mais totalitários — jamais conseguiu proibir completamente, sendo até preciso concordar em designar algumas como legais? Entre nós, trata-se do álcool e do tabaco, apesar do reconhecimento dos estragos que causam. Por quê? Simplesmente porque consumir substâncias que alteram nosso estado de consciência é uma das principais aspirações de nossa busca de liberdade.

É infinita a lista dessas atividades "inúteis" para nossa sobrevivência, mas tão fundamentais para nossa alegria. Poderíamos ser tentados a atenuar seu poder, alegar que elas não têm grande importância. Seria, provavelmente, uma das afirmações mais falsas que poderíamos fazer. Basta comparar a remuneração de um jogador de futebol, de um ator, de um apresentador de televisão ou do dono de um castelo vitícola da região de Bordeaux com a de um pesquisador, um médico, um policial, um bombeiro, ou seja, o salário de gente que nos diverte com o de pessoas que garantem nossa sobrevivência, para ver imediatamente as verdadeiras prioridades de nossa sociedade. O que conta mais não é nossa sobrevivência nem a de nossa espécie, mas nosso entretenimento.

No século XX, a despeito da explosão da ciência e da tecnologia, nossa crença numa essência imaterial, numa alma, foi fortalecida mais do que nunca. Por um lado, foi-nos proposta uma visão da biologia com características rígidas, deterministas, programadas, desprovida de surpresas e fantasia. Por outro, com a melhora das condições de vida, a verdadeira prioridade do homem se revelou: alegrar-se fazendo coisas inúteis, que parecem sem sentido. Explicar nossos comportamentos por meio da biologia tornou-se um desafio insuperável para nosso senso comum: nunca tivemos tanta necessidade de uma essência imaterial, de uma alma.

O século XXI também reserva muitas surpresas, e a ciência vai nos mostrar, contrariando todas as expectativas, que mesmo a busca de liberdade do homem moderno — sobreviver para se divertir — pode ser explicada de modo completo por nossa biologia.

Todos escravos da termodinâmica

A batalha pela liberdade travada desde sempre e a cada instante pelos organismos vivos é a batalha que os opõe às leis da física que regem o devir da energia em nosso universo, ou seja, as leis da termodinâmica. Essa batalha, que possibilita existir, é primordial. Se não for vencida, nenhuma outra é realmente importante. Ser livre para pensar e divertir-se como se deseja terá interesse relativo se não estivermos vivos. Ora, os adversários mais temíveis da vida não são os pesticidas nem os regimes totalitários. Não, o verdadeiro inimigo é o segundo princípio da termodinâmica, aquele que postula o aumento inelutável da entropia, contra a qual nos batemos há milhares de anos, desde que a vida chegou ao nosso planeta.

Sei bem que, quando um livro começa a falar de física e termodinâmica, a reação comum é fechá-lo, lamentando-se tê-lo comprado. No entanto, embora em física às vezes haja coisas um pouco complicadas, esse não é o caso dos dois primeiros princípios da termodinâmica, que descrevem o devir da energia e a entropia, ou seja, a ordem e a desordem, em nosso universo. Convivemos com suas consequências e nos submetemos a elas todos os dias, sem saber que se trata de termodinâmica. Então, antes de deixar de lado esta obra, conceda-me algumas páginas para explicá-la. É realmente simples.

De uma energia imperecível a uma desordem inelutável

Todo mundo conhece a máxima segundo a qual a energia não se cria nem se perde. Visto que somos grandes consumidores de energia, essa até que é uma boa notícia, e provavelmente é por isso que nos lembramos dessa máxima. Esse é o primeiro princípio da termodinâmica. Trata-se de uma ideia tranquilizadora, pois dá a impressão de que não podemos perder nosso capital energético. É possível até mesmo nos questionarmos sobre os movimentos ambientalistas que nos pedem que economizemos energia para evitar a catástrofe. Será que eles não estão se preocupando à toa?

Não, pois existem razões de alarme, que estão contidas no segundo princípio, do qual ninguém se lembra, a não ser, aparentemente, os defensores da natureza. É o princípio segundo o qual a energia não se perde, mas passa inevitavelmente para um estado cada vez mais dissipado, em outras palavras, cada vez menos utilizável. Pronto, você acabou de ler a principal consequência do segundo princípio da termodinâmica. Bem menos otimista que o primeiro, ele também está muito mais próximo de nossa percepção diária da realidade. Basta olharmos ao redor ou lermos um jornal para tomarmos consciência do fato de que, quanto mais nossa sociedade progride, mais diminui a energia disponível. É verdade que ela não se destrói, mas, à medida que é utilizada, a energia se dissipa e torna-se cada vez menos fácil de empregar.

Por exemplo, é bem mais fácil aquecer a água queimando um material inflamável, madeira ou carvão — fontes de energia concentrada —, do que utilizando energia solar, que, ao contrário, é muito difusa. No primeiro caso, basta um fósforo para ativar o processo de aquecimento; no outro, é preciso ter uma instalação de tecnologia de ponta, capaz de concentrar os raios solares e entregá-los num ponto preciso.

Afinal de contas, os ecólogos não estão errados, e nós temos todo interesse em prestar atenção, pois, embora a energia não se destrua, quanto mais é utilizada, menos podemos utilizá-la. Em breve só nos restarão energias difusas, como a solar ou a eólica, que temos em enormes quantidades. Hoje em dia nós as qualificamos de renováveis, embora não o sejam realmente. Até mesmo o sol acabará por se extinguir em alguns bilhões de anos.

A dissipação de energia está associada a um segundo conceito, o do aumento inelutável da desordem da matéria. Importantíssimo também, ele é menos visível que o primeiro. É verdade que, à primeira vista, a dissipação de energia nada tem a ver com o aumento da desordem. Mas, ao extrair a energia contida na matéria e utilizá-la, dissipamos também a matéria. Se pararmos para pensar dois segundos, veremos que é quebrando as coisas, queimando-as, explodindo-as, que liberamos energia. Ao fazermos isso, reduzimos as coisas a partículas muito menores, que aumentam a desordem. A fumaça que, saindo de uma chaminé numa bela lareira invernal, se dispersa pela atmosfera nada mais é que a transformação da madeira que está queimando em partículas minúsculas. O resto da madeira acaba no tubo da chaminé, que vai ficando cada vez mais sujo, e na lareira em forma de cinzas que precisamos limpar regularmente.

Tomemos outro exemplo da vida cotidiana. Você enche o tanque do carro para viajar. Rodando vários quilômetros, queima ou, mais precisamente, põe para explodir a gasolina, a fim de liberar a energia que lhe possibilita avançar. Depois de algum tempo, o tanque está vazio e é preciso abastecer de novo. Para onde foi a gasolina? Desapareceu depois de se transformar em energia? Infelizmente, não. A matéria que a constituía continua lá. Apenas se transformou em moléculas menores, muito CO_2, e partículas finas que você foi distribuindo ao longo da estrada. Aquilo que se chama poluição atmosférica é simplesmente o resultado da transformação de uma matéria que contém energia concentrada — gasolina, carvão, madeira —, depois de utilizada.

Para medir a desordem e a dissipação de energia que lhe está associada, foi criado o termo "entropia". Isso não passa de uma medida da desordem. Esse conceito está no cerne do segundo princípio da termodinâmica, segundo o qual "a entropia global, portanto, a desordem, sempre aumenta". Esse princípio tem uma consequência surpreendente: é impossível criar ordem.

Diferentemente da dissipação da energia, que todos percebem, essa noção pode parecer completamente falsa para muitas pessoas. Passamos uma parte considerável de nosso tempo arrumando o quarto, a sala de visitas, a sala de jantar, a cozinha. Arrumar é um trabalho aborrecido, é verdade, mas eficiente e com resultado visível. Portanto, é possível criar ordem, temos essa experiência todos os dias. Então, o segundo princípio da termodinâmica diz uma bobagem?

A impressão de que podemos criar ordem é ao mesmo tempo verdadeira e falsa. É possível reduzir a desordem numa zona do espaço, o quarto ou a cozinha. Mas essa ordem, essa diminuição de entropia que criamos num local específico, tem obrigatoriamente a consequência de gerar ainda mais desordem em torno do local arrumado, pois a entropia, desordem global — acreditem — só pode aumentar. Sei que esse aumento colateral da desordem não é diretamente perceptível e pode parecer inverossímil. Depois de arrumada a cozinha, o quarto e a sala de visitas não estarão obrigatoriamente mais bagunçados que antes, dirão. O problema é que você não está olhando suficientemente longe. É uma questão de zoom. Dessa vez, a ampliação de nossa perspectiva não implica milhares ou mesmo milhões de anos nem escalas que escapem ao entendimento, indo do picômetro (ou seja, 1/1000000000000 metros) ao metro. Pela primeira vez, o exercício é bastante fácil. Basta aumentar a distância focal e simplesmente olhar para fora, diante de sua porta de entrada, pois é ali que na maioria das vezes aterrissa a desordem produzida pela arrumação de seu interior.

A névoa da falsa ordem que acreditávamos ter criado levanta-se então rapidamente para deixar visível, em todo o seu esplendor, a desordem criada na arrumação. Sim, ela em geral está em sacos plásticos ou em contêineres verdes, pretos ou amarelos. Além disso, desaparece regularmente, e nossas ruas ficam sempre bem arrumadas graças a algumas categorias profissionais e mesmo a alguns setores industriais inteiramente dedicados a administrar as consequências da arrumação de nossa casa. Vemos pouco esses cavaleiros da "ordem da desordem", que trabalham sobretudo à noite, girando pela cidade com veículos esquisitos e barulhentos, que dão sumiço aos nossos restos. Mas basta percorrer as ruas quando eles estão em greve há uma semana para perceber a enormidade de sua tarefa. A visão das montanhas de dejetos em decomposição é apocalíptica.

Mas, atenção, mais um pouco de zoom nos mostra que os lixeiros não eliminam a desordem, ninguém consegue fazer isso, eles apenas a afastam, aumentando ainda mais a desordem global. Para não termos de confrontá-la, só encontramos uma solução: escondê-la longe de nossos olhares, em aterros sanitários. Claro que é possível atear fogo e fazer tudo desaparecer, mas outra vez é apenas ilusão. Assim como aconteceu com a gasolina no carro e com a madeira na chaminé, isso leva à dissipação de toda essa matéria na atmosfera, transformando-a em poluição. Essa forma derradeira de desordem que criamos sem dúvida é menos visível a olho nu, mas nem por isso deixa de estar presente, pois nos sufoca progressivamente.

A luta da vida contra a escravidão da entropia

Visto que não conseguimos restabelecer a ordem num lugar sem aumentar a desordem e a entropia em outro, vamos fazer agora uma experiência imaginária: criar a vida.

Para isso precisamos de três coisas: uma varinha mágica capaz de entregar uma quantidade infinita de energia, um medidor de entropia e todas as moléculas necessárias para construir um organismo vivo — um gato da raça *maine coon*, por exemplo, pois eu os adoro. Começaremos pondo diante de nós as moléculas que compõem o felino gigante, numa mesa de experiência. A desordem será colossal, com trilhões de moléculas espalhadas por todos os cantos. Aliás, nosso medidor de entropia está no nível mais alto. Tomemos agora nossa varinha mágica. Com um primeiro lance, colocamos todas as moléculas na ordem devida, com um segundo lance nós as unimos umas às outras e, com um terceiro lance, damos vida àquele belo conjunto. O gato está aí. Nesse animal vivo, a ordem das moléculas é muito mais elevada que antes, quando estavam espalhadas sobre a mesa. Como a desordem diminuiu bastante, o ponteiro de nosso medidor de entropia apontado para o gato agora está no nível mais baixo. Como isso é possível? A entropia não pode diminuir! A resposta é conhecida: isso só pôde ser feito consumindo (dissipando) uma quantidade enorme de energia, portanto, criando ainda mais desordem em outro lugar, com o uso de nossa varinha, felizmente mágica.

Continuemos agora a experiência: vamos buscar o gato que acabamos de criar e já está explorando a cozinha e o colocar de volta sobre a mesa. Esperaríamos vê-lo desagregar-se rapidamente. Como a entropia deve sempre aumentar, seria lógico que, pouco depois de ser fabricado, esse belo animal — de baixíssima entropia — se desagregasse. Deveríamos, portanto, ver os trilhões de moléculas amontoar-se progressivamente na mesa, com um nítido aumento da entropia marcada pelo medidor. Mas não é o que ocorre. O *maine coon* continua inteiro e agora está até tentando fugir para recomeçar sua visita ao ambiente e contribuir para o aumento da desordem na casa.

A sobrevivência do gato decorre do fato de que, tal como todos os outros seres vivos, ele é constituído em grande parte por máquinas microscópicas de produzir entropia. Trata-se de um tipo de proteína a que se dá o nome de enzima, capaz de quebrar e desorganizar quantidades nada desprezíveis de matérias provenientes de fora. Essas pequenas máquinas possibilitam extrair a energia necessária à manutenção da vida e conservar o baixo nível de entropia dos seres vivos, gerando ainda mais desordem, portanto, entropia, ao redor deles. É um trabalho invisível, vinte e quatro horas por dia, sete dias por semana, que não pode parar um único instante sob pena de rápida desagregação e de retorno de nosso gato ao estado de moléculas espalhadas.

Para nos convencermos disso, passemos à última parte de nossa experiência imaginária. Vamos de novo buscar nosso gato, colocá-lo sobre a mesa, mas, desta vez, isolando-o totalmente de seu ambiente exterior. Isso é bastante fácil, basta cobri-lo com uma redoma de vidro hermeticamente fechada. O que acontece então é muito simples:

ele vai morrer rapidamente. A vida, para poder aumentar a entropia, depende a tal ponto de seu ambiente que resistirá pouquíssimo tempo quando separada dele. Se isolarmos o gato e o impedirmos de aumentar a desordem ao seu redor, a única desordem que poderá aumentar será a de seu corpo. As moléculas que o constituem, portanto, vão desagregar-se progressivamente, e ele vai morrer.

Em nosso universo, a desordem e, portanto, a entropia precisam crescer e o farão de maneira inelutável e irreversível. Os seres vivos, que têm baixa entropia, são obrigados a desenvolver muitíssima atividade para fazer a entropia global aumentar ao seu redor. Por isso somos dependentes de certos elementos de nosso ambiente, que precisamos degradar sem cessar: simplesmente para podermos continuar vivos. Nossa capacidade de satisfazer essa dependência, que quase se tornou uma forma de arte em nossa espécie, dá-nos a sensação de que somos livres.

Uma máquina de baixa entropia precisa produzir muita entropia

A fábrica de produzir entropia que nos possibilita continuar vivos é constituída principalmente por proteínas: são as enzimas, que se encontram no interior das células, sobretudo nas mitocôndrias. Essas organelas são verdadeiras usinas celulares cujo objetivo é fabricar uma molécula chamada ATP, adenosina trifosfato, que, depois de criada na mitocôndria, difunde-se por toda a célula. O ATP é uma molécula muito importante, pois é o combustível celular universal. Para produzi-la, as usinas celulares quebram moléculas bem maiores, criando de passagem muita desordem e entropia.

O ATP é uma molécula orgânica pequena, constituída pela adenosina com três fosfatos ligados. Quando o ATP perde um de seus fosfatos, libera energia, e sua entropia aumenta. Essa energia é utilizada não só para pôr em funcionamento nossas células, como também para regenerá-las. Isto porque as proteínas que compõem nossas células têm um tempo de vida limitado, pois, como todos os elementos físicos de nosso universo, tendem a desagregar-se para entrar num estado de entropia mais elevada. Portanto, somos obrigados a ressintetizá-las incessantemente a partir dos aminoácidos, tijolos elementares que as compõem, extraídos da alimentação. Logo, é a energia liberada na quebra do ATP que nos permite manter nossa coesão molecular e, consequentemente, nossa baixa entropia. Sem ATP, tudo para. Nós — e o gato — estaríamos destinados a nos desagregar rapidamente.

Para produzir o ATP, nossa usina celular utiliza três elementos de nosso ambiente: ar, água e alimentos. Eles nos são absolutamente necessários, e dependemos deles de maneira primordial.

O ar que respiramos é uma mistura gasosa da qual nossa usina celular utiliza sobretudo aquilo que chamamos oxigênio e que na realidade é o dioxigênio, composto de dois átomos de oxigênio interligados (O_2). A água que bebemos é constituída fundamentalmente de moléculas bastante pequenas, formadas por dois átomos de hidrogênio e um átomo de oxigênio (H_2O), que também são importantíssimos para o bom funcionamento de nossa usina de entropia. A ligação entre as moléculas de H_2O não é muito forte, o que explica a fluidez desse elemento. Nosso organismo extrai dos alimentos que comemos três tipos principais de moléculas: lipídios (gorduras), carboidratos (açúcares) e aminoácidos (os tijolos que formam as proteínas). Os lipídios, os carboidratos e os aminoácidos são feitos de grande número de átomos de carbono e de hidrogênio e, em função do tipo de molécula, de um número variável de átomos de oxigênio, nitrogênio e enxofre. Essas moléculas, chamadas moléculas orgânicas, são muito grandes em comparação com as do oxigênio e da água; portanto, têm um nível de ordem bem mais elevado, e sua produção exige muita energia. Por isso são encontradas exclusivamente nos organismos vivos, os únicos capazes de construí-las e dos quais somos obrigados a nos alimentar para sobreviver.

O ar, a água e os alimentos não são recursos independentes, mas utilizados em conjunto por nossa usina para produzir entropia e ATP. Os substratos principais que possibilitam produzir ATP são os lipídios e os carboidratos, progressivamente quebrados e transformados para, depois de várias reações consecutivas, criar moléculas de ATP e de CO_2. Para produzir ATP quebrando lipídios e carboidratos, nossa usina celular precisa de água e oxigênio.

A água é o principal componente do corpo humano: representa 45 kg numa pessoa que pesa 70 kg. Encontra-se em grande parte no interior das células (70%), mas também no exterior delas (20%), bem como nos vasos sanguíneos e linfáticos (10%), pelos quais ela circula permanentemente no organismo.

Em nossa usina, a água contribui para produzir entropia e ATP de várias maneiras. Fornece os meios que possibilitam às enzimas deslocar-se e atacar, degradar lipídios e carboidratos. Participa também diretamente desses processos, fornecendo alguns de seus átomos de hidrogênio e oxigênio para as reações que redundam na obtenção de ATP. No entanto, o oxigênio contido na água não é suficiente para alimentar todas as reações destinadas a obter ATP a partir de lipídios e carboidratos. Também temos necessidade do dioxigênio, que extraímos do ar e distribuímos por todas as células por meio da circulação sanguínea. Por fim, a água possibilita evacuar os dejetos que geramos quando nossas enzimas degradam os lipídios e os carboidratos para formar ATP e quando, durante o processo de regeneração e funcionamento celular, o ATP é quebrado. Todos esses dejetos são transportados pela água do sangue; alguns são filtrados pelos rins e evacuados na urina; o CO_2 é eliminado pelos pulmões na expiração.

Para entender melhor como nosso corpo produz entropia e aumenta a desordem, voltemos à comparação com o automóvel. Como fonte de energia, o carro precisa de gasolina, cuja explosão ele produz utilizando o dioxigênio do ar. Essa reação produz a energia que o faz rodar, mas também CO_2, bem como outros resíduos. Os seres humanos obtêm a energia que os faz funcionar quebrando carboidratos e lipídios. Para tanto, também precisamos do dioxigênio do ar e produzimos CO_2 e outros resíduos que, tal como o automóvel, vamos espalhando ao longo de nossos percursos diários, criando muita desordem ao nosso redor.

As duas situações parecem tão semelhantes que cabe perguntar do que é feita exatamente a gasolina usada pelo automóvel. Ela é composta por moléculas orgânicas chamadas hidrocarbonetos e constituídas por longas cadeias de carbono e hidrogênio. Os hidrocarbonetos assemelham-se muito aos lipídios e aos carboidratos, com uma diferença: não contêm oxigênio. Derivam do petróleo, energia fóssil que provém da transformação de restos de seres vivos enterrados durante alguns milhões de anos.

Afinal, somos relativamente semelhantes. Nos dois casos, o carburante é feito de grandes moléculas orgânicas provenientes de outros seres vivos: os nossos, geralmente mortos durante a semana; os do automóvel, fossilizados há alguns milhões de anos. Tal como o automóvel, precisamos de oxigênio para produzir energia e acabamos por dissipar o mesmo poluente, o tristemente famoso CO_2. A única verdadeira diferença é que a gasolina e a água não combinam, ao passo que este líquido é essencial para nossas reações metabólicas.

A biologia nos liberta da escravidão da entropia

Para manter nossa entropia em nível baixo e não morrer, dependemos completamente da água, do ar e dos alimentos, pois, se tentarmos nos privar de um desses três elementos, morreremos bem depressa. O combate de nossa biologia contra essa escravidão talvez seja o eixo fundamental em torno do qual se desenvolveram nossos comportamentos e grande parte de nossa civilização.

Evidentemente, não podemos fazer desaparecer a nossa dependência do ar, da água e dos alimentos. Por isso, desenvolvemos a única estratégia que permite libertar-nos de uma dependência impossível de abolir: satisfazer tão completamente essa necessidade que ela pareça ter desaparecido. Nossas dependências só se manifestam quando as coisas nos vêm a faltar, e não quando elas estão ao alcance de nossa mão. Para nos libertar de nossa dependência primordial com relação ao ar, à água e aos alimentos, nosso comportamento organizou-se de tal maneira que eles estejam sempre à nossa disposição.

Ar, água e alimento

É impossível entender o desenvolvimento do comportamento e sua biologia sem observar o seu ambiente. Como vimos, embora a biologia não pare de oferecer grande quantidade de estruturas, em razão de suas perpétuas mutações, quem dispõe delas e quem determina quais vão persistir é o ambiente.

Com frequência somos fascinados pela beleza, pela elegância e pela quase perfeição das estruturas e dos organismos biológicos que nos cercam. Mas em geral tendemos a esquecer que essa pretensa perfeição não é uma qualidade absoluta, uma propriedade inerente a este ou àquele organismo. Na realidade, tudo depende do ambiente, e basta modificá-lo para que tudo desmorone.

Para visualizar bem aquilo que estamos dizendo, nada melhor do que lembrar as últimas férias à beira-mar. Na praia, o tempo está bom, a temperatura é ideal e, para que tudo seja perfeito, uma pessoa maravilhosa, que você conheceu na noite anterior, está falando de suas paixões e esperanças. Você a ouve com os olhos fechados, deixando-se acariciar pelo ritmo suave de sua voz, que tem inflexões misteriosas e cujas mais sutis entonações você vai distinguindo.

Depois de algum tempo, o calor convida a um mergulho. Nele, mais nada, mais nenhum som. Debaixo da água desaparecem, como que por magia, não só suas inflexões como também sua voz. Você não ouve mais nada, simplesmente porque é um animal terrestre, e seus ouvidos se desenvolveram para decodificar vibrações transportadas pelo ar. No líquido, eles são incapazes disso, ao passo que outros organismos, como o golfinho, são capazes de ouvir a quilômetros de distância.

Esse exemplo mostra bem que não podemos compreender a biologia sem integrar as características do grande organizador em torno do qual ela se desenvolveu, ou seja, o ambiente. Mas qual ambiente? Aquele de dois milhões e meio de anos atrás, período em que apareceu o gênero *Homo*. Éramos então caçadores-coletores e não tínhamos nenhum controle sobre ele. Os recursos hídricos, mas sobretudo os recursos alimentares, eram muito instáveis, e suas variações, dificilmente previsíveis. Nossos sistemas biológicos desenvolveram-se para enfrentar esse problema.

Está claro que a situação é bem diferente hoje em dia, em especial nos países ocidentais, onde os alimentos estão disponíveis o tempo todo e em grande quantidade. Para compreender os comportamentos antigos que se desenvolveram com o objetivo de atender a nossas necessidades primordiais, precisamos, portanto, abandonar nosso ambiente atual. Esse exercício é indispensável, ainda que não necessariamente óbvio. Por quê? Simplesmente porque os períodos que se seguiram a esses dois milhões e meio de anos, durante os quais fomos estabilizando nossos recursos alimentares, são tão curtos na escala da evolução de nossa espécie que praticamente não contam. Começamos a dominar nossos recursos há 15.000 anos, tornando-nos criadores-agricultores e, graças às recentes revoluções tecnológicas, entramos no período hiperestável da era moderna há 150 anos. Para comparar a duração dos três períodos de uma maneira um pouco mais expressiva, imaginemos que os dois milhões e meio de anos de instabilidade dos recursos correspondam a uma hora. Nesse caso, os 15.000 anos do período agricultores-criadores equivalem a 21 segundos, e os 150 anos do período contemporâneo, a 2,1 décimos de segundo. Duração imperceptível, um piscar de olhos na escala da evolução de um organismo biológico.

O comportamento humano, portanto, organizou-se para enfrentar nossa dependência com relação ao ar, à água e aos alimentos, que não podíamos controlar. Naturalmente, ele se adaptou à disponibilidade desses recursos no espaço e no tempo, ou, em outras palavras, ao nível de entropia deles. Isto porque, quanto mais elevada a entropia de um recurso, mais ele é abundante e onipresente. Inversamente, quanto mais baixa sua entropia, mais raro é o recurso e menos previsível é sua presença. Veremos adiante que a complexidade do comportamento, nossa capacidade de estocar um recurso e nossa autonomia com relação a seu consumo são inversamente proporcionais a seu nível de entropia. Assim, no caso do ar, que é um gás, a entropia é elevada, o comportamento que o administra é simples, nossa capacidade de estocá-lo é pequena, e nossa autonomia, curta. Inversamente, no caso dos alimentos, constituídos por outros seres vivos, a entropia é baixa, o comportamento para obtê-los é complexo, a capacidade de estocá-los é elevada, e nossa autonomia, longa.

Respirar sem sentir que é preciso

O dioxigênio do ar é o recurso com o nível de entropia mais elevado; é também o recurso que utilizamos mais depressa e que temos menos capacidade de armazenar. Nossa autonomia sem oxigênio é de alguns minutos. Depois disso, nosso organismo sofre danos irreparáveis e morre. Não é de surpreender que não tenhamos desenvolvido a capacidade de armazená-lo, pois o oxigênio atmosférico é absolutamente difundido e está sempre presente em nosso ambiente de animais terrestres. Se não armazenamos ar, não é por ser impossível, mas apenas porque não temos necessidade de criar reservas dele. Os mamíferos marinhos, que, ao contrário de nós, passam muito tempo debaixo da água, aprenderam a armazenar dioxigênio e podem resistir mais de uma hora sem novos suprimentos de ar.

Essa presença constante do oxigênio possibilita gerir nossa necessidade de ar com um comportamento automático, que depende da atividade de um grupo de neurônios situado na parte mais baixa do cérebro, chamada bulbo. Esses neurônios têm atividade rítmica e independente de qualquer sinal externo, que os faz oscilar automaticamente entre atividade e inatividade. Durante a fase de atividade, os músculos intercostais e o diafragma contraem-se e tem início a inspiração. Quando, alguns segundos depois, a atividade dos neurônios respiratórios para, os mesmos músculos relaxam, e tem início a expiração. Pouco tempo depois, no fim da expiração, o ciclo recomeça automaticamente.

Embora a respiração seja gerada de modo autônomo, seu ritmo e sua amplitude são modulados por vários sinais que possibilitam adaptar sua intensidade a nossas necessidades. Graças ao córtex cerebral, podemos variar a frequência respiratória de maneira voluntária e, graças a outra estrutura de nosso cérebro — o hipotálamo —, podemos sincronizá-la com nosso estado emocional. Além disso, em situações nas quais podemos prever a rarefação do ar, ativam-se comportamentos complexos. Esse é um roteiro frequentemente utilizado em filmes de suspense, quando indivíduos confinados em espaços fechados adotam diferentes comportamentos, que vão da tentativa desesperada de alguns para encontrar ar, mesmo correndo risco de vida, ao homicídio para prolongar a duração das reservas. No entanto, os principais elementos reguladores da atividade desse ritmo autônomo são a quantidade de oxigênio e CO_2, que é avaliada por receptores especializados do bulbo e da aorta. A diminuição de oxigênio (abaixo de 75–95 mm de mercúrio) e a elevação do CO_2 (acima de 32–42 mm de mercúrio) aumentarão o ritmo e o volume respiratórios.

Para resumir, nossa dependência do ar é administrada pelo arquétipo dos comportamentos automáticos e rítmicos desencadeados sem a participação de nossa consciência e antes que se manifeste a carência. A respiração visa a prevenir nossa necessidade fundamental de oxigênio, e não a responder a ela. Algumas atividades, como o trabalho muscular intenso, podem levar a modular a respiração, mas ela não é determinada nem suspensa por nenhum elemento exterior.

Tomar água só quando é preciso

A água tem um nível de ordem mais elevado, portanto, uma entropia mais baixa que a do ar, que é um gás. Esse líquido é menos onipresente, ainda que bastante difuso, pelo menos nas regiões da superfície terrestre em que a vida se desenvolveu. Além disso, suas reservas são bastante estáveis no tempo e no espaço: um rio ou um lago não mudam de lugar todos os dias.

Tal como o ar, nosso corpo não pode realmente armazenar água, mas a contém em grande quantidade e a consome mais devagar que o ar. Nossa autonomia, portanto, é maior: levaríamos dois ou três dias para morrer de sede. Nossa dependência com relação à água já não precisa ser gerida por um comportamento automático contínuo, não é necessário tomar água o tempo todo, podemos fazê-lo apenas quando temos necessidade. Portanto, é um comportamento não automático, mas consciente, que nos leva a procurar água e a tomá-la em resposta à sua diminuição em nosso organismo.

O cérebro recorre a dois mecanismos diferentes para avaliar nossa necessidade de água em função da situação. Se perdermos água transpirando, o sinal de alerta a ser detectado por nosso encéfalo será um aumento da concentração de sal no líquido em que nossas células estão imersas. Isto porque a água de nosso organismo não contém apenas moléculas de H_2O, mas também sal, que deve permanecer em concentrações específicas para que tudo funcione bem. Quando transpiramos, perdemos mais moléculas de H_2O do que moléculas de sal, donde o aumento dos níveis deste. Em outras situações, como numa hemorragia, perdemos simultaneamente moléculas de H_2O e sal. Um segundo mecanismo é então capaz de detectar variações do volume de água, medindo a pressão sanguínea. Em todos esses casos, procuraremos beber água, mas também eliminaremos menos líquido pelos rins e, se necessário, contrairemos nossos vasos sanguíneos para garantir pelo maior tempo possível a chegada de sangue suficiente ao cérebro.

A desidratação provoca no cérebro uma sensação muito desagradável — a sede — que se torna cada vez mais insuportável com a carência. Procuramos água e a bebemos para eliminar o mal-estar provocado pela sede. Sem dúvida, um copo de água fresca quando se tem sede, depois do esporte, de andar ao sol ou de um longo trajeto de carro, é pura felicidade. No entanto, tomar água, em si, não é um prazer; o que causa bem-estar é a supressão da sensação negativa da sede. Prova disso é que tomar água sem sede não é agradável, é até mesmo desagradável e logo se torna insuportável. Aliás, tomar água sem sentir necessidade provoca a ativação de regiões do cérebro como a amígdala, associada a sensações de medo, e outras regiões associadas à sensação de dor. Os centros cerebrais que interpretam a sensação de prazer só se ativarão se tomarmos água quando tivermos sede.

Comer sempre para ter prazer

Dos três recursos de que somos dependentes, o alimento é aquele sem o qual podemos resistir mais tempo, cerca de quarenta dias, antes de morrer. Essa longa autonomia se deve ao fato de que somos capazes de armazenar carboidratos e, sobretudo, lipídios extraídos da alimentação. Esses componentes químicos que obtemos a partir dos outros organismos vivos (nossos alimentos) têm um nível de entropia muito mais baixo que o ar e a água e, por conseguinte, são mais raros. Além disso, sua localização no espaço e no tempo não é fixa. Avistar uma presa um dia em determinado lugar não é nenhuma garantia de que ela será encontrada de novo no dia seguinte no mesmo lugar, ao contrário do lago ou do rio. A possibilidade de criar reservas, portanto, aumenta consideravelmente nossa capacidade de sobreviver.

Por precisarmos armazenar em nosso corpo fontes energéticas provenientes da alimentação, desenvolvemos não apenas um, mas dois sistemas independentes e interligados que decidem quando e por que nos alimentamos.

O primeiro, que chamaremos de endostático, tem um funcionamento semelhante ao que administra a ingestão de água: ativa-se e nos impele a comer para suprir um estado de carência que gera uma sensação desagradável, a fome (contrapartida da sede). O segundo, que será chamado de exostático, leva-nos a comer além da necessidade, sempre que haja alimento.

Em princípio, o funcionamento do sistema endostático é análogo ao do sistema que nos leva a tomar água: consiste em restabelecer um estado de equilíbrio em nosso meio interno e assim o manter. Mas tem um nível de maior complexidade porque, diferentemente da água, somos capazes de armazenar os recursos energéticos na forma de gordura. Por essa razão, o sistema endostático tem um primeiro componente que detecta o nível de glicose circulante em nosso organismo, ativando o consumo de alimento quando esse nível está baixo e inibindo-o quando ele volta à normalidade. Portanto, comemos quando precisamos e paramos quando essa necessidade está satisfeita. É a clássica manutenção de um equilíbrio, tal como ocorre com a água e com a concentração de sal.

No entanto, também é importante modular nossa ingestão de alimentos em função das reservas de gordura já disponíveis, a fim de mantê-las num nível constante. Por essa razão, um segundo mecanismo age como um reostato e comunica ao detector de glicose o nível de reserva de lipídios, aumentando sua atividade, caso as reservas sejam reduzidas, e diminuindo-a, caso estejam altas. É o hormônio leptina secretado em maior ou menor quantidade pelo tecido adiposo em função das reservas de gordura.

O funcionamento do sistema exostático pode parecer paradoxal, pois nos faz comer além da necessidade sempre que o alimento esteja disponível. Para entender isso, é preciso lembrar mais uma vez que nossa biologia evoluiu e se desenvolveu ao longo dos milhões de anos durante os quais não controlávamos nosso ambiente nem nossos recursos alimentares. Ter alimentação disponível num dia não garantia que ela pudesse ser encontrada no dia seguinte. O sistema exostático, portanto, desenvolveu-se para nos fazer armazenar carboidratos e, sobretudo, lipídios. Esse sistema, tal como o endostático, existe para nos ajudar a compensar uma carência, desta vez não uma carência interna e presente, mas externa e futura. Existe para nos ajudar a criar reservas e assim prevenir eventuais carências de recursos.

Como criar reservas? Simplesmente comendo quando não precisamos, ou seja, além da necessidade imediata. Para isso, o sistema exostático nos impele a aproveitar todas as vezes que os alimentos estão disponíveis. Já vimos, com relação à água, que o fato de ingerir uma quantidade superior às necessidades imediatas, de ultrapassar o estado de equilíbrio, gera uma sensação desagradável. O sistema exostático, portanto, precisou equipar-se de um motor motivacional não só independente do equilíbrio, mas que também pudesse tornar agradável essa exorbitância. Esse novo motor é o prazer, a segunda e verdadeira dimensão hedonística do ser humano, aquela que torna muito agradável a sensação obtida pelo afastamento em relação ao equilíbrio, que possibilita ao excesso tornar-se fisiológico.

Em outros termos, é em virtude do prazer que somos capazes de armazenar alimentos e de sobreviver num ambiente que não controlamos. Portanto, é lógico o fato de termos criado grande número de métodos e técnicas para aumentar a satisfação oferecida pelos alimentos. A arte culinária, que em certos países ganha dimensões de mania, é tudo, menos uma tecnologia fútil ou decadente. Pois é graças ao prazer que podemos criar reservas. Quanto mais um alimento agrada ao nosso paladar, mais somos capazes de comê-lo em grande quantidade e maior será nossa possibilidade de armazenar os carboidratos e lipídios que dele extraímos. Quanto maiores nossas reservas, mais chances teremos de sobreviver em caso de carência.

Para nos convencermos de que o prazer é uma dimensão hedonística extra, capaz de nos fazer superar a sensação desagradável ligada ao fato de ultrapassarmos o equilíbrio, façamos uma de nossas experiências imaginárias. Espere sentir sede, depois tome água até satisfazê-la. Após uma pequena pausa, obrigue-se a tomar mais dois copos. Não será fácil, mas, em princípio, é factível. Espere quinze minutos e tente tomar de novo um copo bem cheio. A coisa se torna dificílima, ou mesmo impossível, e só a ideia de tomar água se torna muito desagradável. Agora, acrescentemos um pouco de prazer à água. Como? Conferindo-lhe algumas características da alimentação. Basta dissolver carboidratos nela, em especial glicose, alguns aromas vegetais, espessar um pouco sua textura, e pronto. Nem é preciso fabricar essa poção, basta encher o copo com Coca-Cola, refrigerante à base de laranja, uma tônica ou qualquer outra bebida que, como estas, seja preparada segundo a receita geral que acabo de descrever. Tente agora tomar seu refrigerante em vez de água. De repente, beber é menos difícil, você pode ingerir o líquido sem esforço e com prazer. Embora a Coca-Cola seja fundamentalmente água, o fato de contar com as características da alimentação permitiu que o sistema exostático assumisse o controle e nos fizesse beber além da necessidade, ultrapassar o equilíbrio sem que isso seja desagradável.

Passemos a uma segunda experiência imaginária, desta vez com comida. Imagine-se jantando na casa de um amigo originário do sudoeste da França. A entrada, um *foie gras* semicozido com compota de figos, é simplesmente divina, sem falar da paleta de cordeiro de Bazas cozido durante sete horas e servido com batatas e cogumelos *porcini* salteados na banha de pato. Tudo regado por um ótimo Pauillac. Os queijos que vêm depois não desmentem as expectativas: um *comté* envelhecido quinze meses, um queijo de ovelha dos Pirineus e o indefectível *brie* com trufas, claro que acompanhados por uma saladinha de brotos de alface. Nesse estágio, você está completamente satisfeito. É o momento da sobremesa, e seu amigo traz um cesto com pão amanhecido e lhe oferece um pedaço, explicando que é bom comer um pouco de carboidrato para compensar a gordura e as proteínas ingeridas. Evidentemente, todos recusam, declarando-se incapazes de comer mais um grama sequer. Agora vamos substituir o pão por um magnífico biscoite coberto de caramelo com manteiga salgada, acompanhado de seu creme de chocolate e noz-pecã. Só de olhar você fica com água na boca. Não pega um, mas dois. O que aconteceu? Mais uma vez, seu sistema exostático se pôs em funcionamento e você ultrapassou o equilíbrio energético sem sofrimento nenhum, muito pelo contrário: com alegria ou, mais exatamente, com prazer.

Portanto, graças ao prazer gerado por estruturas especializadíssimas em nosso cérebro, podemos suportar um desequilíbrio hoje para combater uma eventual falta amanhã, fazer reservas e sobreviver. Mas o prazer, em geral, é muito efêmero, ao passo que os esforços necessários para obtê-lo, os comportamentos impostos prolongam-se durante horas, dias ou mesmo mais. No caso da sede e da fome, as sensações desagradáveis aumentarão progressivamente enquanto não forem satisfeitas. Por isso, tentamos eliminar o suplício da carência. Mas, no caso do sistema exostático, comer para criar reservas não responde a uma necessidade. Não há carência, o que pode nos atrair é apenas a promessa do prazer propiciado pelo alimento. Realmente, o prazer, que em geral dura apenas alguns minutos, precisaria ser extraordinário para que, por si só, conseguisse nos incentivar a dedicar tanto tempo para obtê-lo. Isso parece quase inverossímil, e, de fato, não é assim que a coisa funciona.

Um primeiro grupo de neurotransmissores, como a encefalina e a anandamida, é responsável pelo prazer às vezes intenso que deriva da ingestão de alimentos. Trata-se da encefalina do sistema opioide e da anandamida do sistema endocanabinoide, que geram a sensação de prazer quando são liberadas no núcleo acumbente pelo pálido ventral, duas estruturas cerebrais situadas na base do cérebro.

Um segundo sistema biológico ocupa-se de outro prazer, muito mais sutil, tão sutil que mal temos consciência de senti-lo: o prazer da busca. Já encontramos esse sistema cerebral: é o sistema dopaminérgico do mesencéfalo, que produz a dopamina. Mais precisamente, é o aumento desse neurotransmissor que transforma a busca de uma fonte de prazer num prazer em si. Lembre-se da busca de um *croissant*, com e sem dopamina, sentida, ou não, como uma tarefa desagradável. A dopamina, portanto, ao contrário do que se descreve com frequência, não é o neurotransmissor do "prazer" ao qual todos se referem, a sensação agradável produzida pela ingestão de alimentos. É o neurotransmissor do segundo prazer, oculto, de que somos inconscientes, o prazer que provém da busca do prazer.

Para a alimentação, dispomos, portanto, de dois sistemas biológicos complementares. Um, chamado endostático, que, tal como aquele que regula o ato de beber água, tenta compensar um desequilíbrio imediato. Ele nos faz sentir fome e comer para compensar uma queda nos recursos internos e nos detém com a saciedade quando a carência estiver satisfeita. E outro, exostático, que tenta compensar uma carência futura de recursos alimentares e nos impele a criar reservas, apoiando-se numa arma absoluta, o prazer. Somos todos pecadores, escravos do prazer que nos leva ao excesso, mas é graças a essa capacidade de pecar que ainda estamos aqui!

No fim das contas, trata-se apenas de homeostase

A descoberta da exostase e da endostase nos leva à evolução do significado de um termo técnico muito importante na biologia: a homeostase. Homeostase foi um dos conceitos mais importantes na compreensão do funcionamento da vida no século XX. Essa palavra designa a tendência de todos os seres vivos a manter um nível de funcionamento ideal, um ponto de equilíbrio do qual eles podem se afastar, mas para o qual tenderão a voltar rapidamente.

Os termos técnicos, como "homeostase", embora geralmente sejam úteis por nos permitirem exprimir com uma palavra conceitos que de outro modo exigiriam pelo menos um parágrafo, têm um defeito bastante temível: tendem a ser rígidos e a evoluir menos depressa que os conhecimentos. E pode ocorrer que gerem mais confusão que simplificação. Tomemos o exemplo dos primeiros automóveis que tinham motores a propulsão, com tração nas rodas traseiras. Por isso, o verbo "propulsar" acabou sendo, na linguagem comum, um sinônimo de fazer avançar, deslocar um objeto ou um veículo. No entanto, com os avanços da tecnologia, já não restam muitos veículos propulsados pelas rodas traseiras. Agora a maioria dos automóveis é puxada pelas rodas dianteiras, quando não tem tração nas quatro rodas. Contudo, a palavra "propulsar" ficou. Para ser honesto, no caso dos automóveis, isso não é muito grave. Mas, quando esse tipo de coisa acontece em ciência, é muito mais complicado: quem procurar nas rodas traseiras o mecanismo de propulsão de um carro que, na realidade, tem tração dianteira, correrá o risco de nunca o encontrar.

O problema que deparamos hoje com o termo "homeostase" é semelhante ao do emprego da palavra "propulsão" para os automóveis. De fato, os primeiros mecanismos homeostáticos que foram descobertos funcionavam todos como o sistema endostático. Isso significa que eles reagiam a uma carência por meio da ativação de um sistema biológico que faria de tudo para supri-la e seria inibido assim que isso fosse realizado. O erro totalmente compreensível foi considerar que a função de manutenção do equilíbrio e a função da endostase, que é um dos meios para atingi-lo, eram a mesma coisa. Em outros termos, acreditou-se que a endostase era o único mecanismo homeostático e que, portanto, tratava-se de sinônimos. Seria possível dizer que isso não é muito grave. Mas o problema apareceu quando se descobriu que é possível comer para além da fome, ou seja, que nossa biologia é programada para nos permitir fazer excessos. Portanto, chamamos essa função de "não homeostática". E, como uma coisa não homeostática, por definição, não tem função fisiológica, preferiu-se considerar esse sistema biológico como uma aberração anedótica, um desvio não regulado da fisiologia. Consequência: ninguém o estudou realmente. Por que estudar um desvio, um erro da natureza?

Consequência importante desse modo de raciocinar é que, quando nossa sociedade foi confrontada com a rápida progressão da obesidade, continuamos raciocinando de um modo que considerava o sistema endostático o principal motor da ingestão de alimentos. Tentamos então cuidar do sobrepeso agindo sobre o sistema, ou seja, tentando inibir os neurônios da fome ou estimular os da saciedade. Com os resultados conhecidos, ou seja, nulos, hoje não temos praticamente nenhuma terapia para o excesso ponderal que seja realmente eficaz afora os regimes tão difíceis de obedecer. É mais ou menos normal chegar-se a esse ponto, pois a obesidade moderna — como veremos adiante — não está ligada à endostase, mas à exostase.

Portanto, precisamos fazer o termo "homeostase" evoluir e deixar de usá-lo para descrever um mecanismo que nos ajuda a manter o equilíbrio, mas empregá-lo no sentido mais geral de tendência dos sistemas biológicos a atuar para garantir um nível de funcionamento ideal, seja qual for o meio de chegar a isso. Quanto aos recursos energéticos — ar, água, alimentos —, três mecanismos diferentes contribuem para manter a homeostase.

A preestase está sobretudo adaptada para gerir recursos que têm entropia muito elevada e que, tais como o ar, são de densidade constante. Os mecanismos homeostáticos não gerem então uma necessidade, mas a previnem, ativando-se e inibindo-se de maneira automática e previamente programada, para que nunca fiquemos sem oxigênio.

A endostase, que regula ao mesmo tempo o consumo de água e de alimento, está adaptada para gerir recursos de entropia intermediária, como a água, que é menos onipresente que o ar, mas cuja disponibilidade é altamente previsível e estável no tempo. Esse sistema, ativado pela carência, nos faz buscar o recurso ativamente. E, tão logo satisfeita a carência, o comportamento é inibido. Se persistirmos, a sensação se tornará desagradável.

A exostase está adaptada para gerir recursos de entropia muito baixa, portanto, raros. Sua disponibilidade no espaço e no tempo não é previsível, portanto, precisamos armazená-los. Para isso, é preciso ultrapassar o equilíbrio e tornar fisiológico o excesso. Mas o abuso é desagradável, motivo pelo qual a exostase se vale do prazer, que, mascarando o mal-estar devido à superação do equilíbrio, torna paradisíacos o desequilíbrio e o excesso.

Enfim, a preestase previne a carência, a endostase administra uma carência presente e a exostase cuida de uma carência futura. A depender da situação, essas diferentes funções homeostáticas evidentemente são capazes de funcionar em conjunto. Respiramos de maneira automática, mas, se precisarmos de mais oxigênio porque começamos a correr, os sistemas endostáticos moduladores da respiração nos farão aumentar nossa frequência respiratória. E, se previrmos que logo vai nos faltar ar porque estamos dentro de uma gruta, o comportamento complexo administrado pela exostase se ativa para nos possibilitar antecipar essa falta futura.

Da alegria de viver a viver para a alegria

Tudo que descobrimos até agora mostra que a biologia se constrói em torno de uma busca de liberdade primordial, a liberdade de continuar vivo. O ser humano também tem esse desejo, que se encontra como princípio básico na declaração dos direitos fundamentais. Em contrapartida, a entropia, a exostase e a endostase não parecem ter grandes vínculos com outra aspiração humana, talvez a mais importante, que é o desejo de alegrar-se. No entanto, um elemento fundamental do conceito moderno de liberdade é a reivindicação de felicidade e diversão, que os humanos buscam com grande energia. Essa busca se concretiza, na maioria das vezes, por atividades recreativas de todos os tipos que não parecem ter vínculo algum com a sobrevivência do indivíduo e da espécie. Além disso, muitas vezes são de natureza contraditória. Por qual razão e por qual mecanismo gostamos de ficar durante o dia deitados na praia, gozando o calor do sol, acalentados pelo doce ruído das ondas, e à noite ir a uma balada agitar o corpo no ritmo frenético de músicas ensurdecedoras?

A diversidade das atividades buscadas pelo ser humano e sua aparente falta de lógica impediram até agora que os cientistas produzissem uma teoria geral do hedonismo humano. Não somos capazes de prever as características de um estímulo que se tornará atraente para nossa espécie. Em outras palavras, não sabemos de antemão o que vamos apreciar ou não. Esse aspecto errático e imprevisível do prazer humano reforça ainda mais a ideia de uma essência imaterial cujas aspirações transcendem a lógica biológica.

Compreender o desenvolvimento do comportamento humano e de sua biologia em torno de sua dependência com relação ao ar, à água e aos alimentos, com base no nível de entropia, e, portanto, da raridade e da previsibilidade de cada um desses elementos, abre uma nova perspectiva. Ela nos permite dar sentido a essas aspirações díspares dos seres humanos e ligá-las de modo global à biologia.

A primeira etapa dessa compreensão consiste em perceber que não existe uma dimensão hedonística única, uma forma única de prazer, mas duas, bastante diferentes. A primeira, gerada pelo sistema endostático, decorre do fato de ter atingido um estado de equilíbrio interno. A segunda, gerada pelo sistema exostático, resulta dos efeitos prazerosos de certos estímulos externos sobre nosso cérebro, independentemente do equilíbrio do organismo.

Com a água e a sede vimos um exemplo clássico do prazer endostático. A satisfação associada ao ato de matar a sede desencadeia-se quando satisfazemos uma carência, quando restabelecemos o equilíbrio de água em nosso corpo, eliminando a sensação desagradável da sede, ao passo que a água em si não tem efeito prazeroso, e bebê-la pode até tornar-se desagradável se continuarmos a fazê-lo depois de ultrapassado o equilíbrio. O mesmo ocorre com o ar. Tente prender a respiração, e a sensação será cada vez mais desagradável, até o momento em que você será obrigado a respirar. O ato de retomar o fôlego é então associado a uma sensação hedonística muito agradável, paradisíaca. No entanto, assim como a água, o ar em si não é gerador de prazer. Se você se obrigar a respirar cada vez mais depressa, terá uma sensação cada vez mais desagradável. A água e o ar, portanto, não são fontes de prazer, mas estímulos que nos permitem restabelecer o equilíbrio interno, que, por sua vez, gera uma sensação prazerosa.

A dimensão hedonística associada à atividade do sistema exostático é muito diferente, pois esse sistema tem a função de nos possibilitar ultrapassar um estado de equilíbrio para poder armazenar recursos alimentares. Por essa razão, a sensação de gratificação gerada pelo sistema exostático é resultado direto da ação de certos estímulos sobre nosso organismo, independentemente do estado no qual esteja nosso corpo. Estando saciados ou não, uma sobremesa deliciosa é sempre deliciosa, o prazer que ela provoca não é realmente modificado pelo estado de equilíbrio no qual se encontram nossos recursos energéticos internos. No caso do sistema exostático, a sensação de prazer que dele extraímos é uma propriedade intrínseca de certas substâncias e atividades, e não consequência de uma correção do desequilíbrio de nosso organismo. Entre as substâncias geradoras de prazer, as mais conhecidas são o açúcar, o sal e certos lipídios. Elas são muito utilizadas pela indústria alimentícia, que as acrescenta para aumentar o consumo dos alimentos que oferece e para nos fazer gostar deles, ao passo que não seriam necessariamente agradáveis, em vista de sua qualidade medíocre.

Pensando bem, o fato de ter duas dimensões hedonísticas separadas, e não uma só, não é realmente uma surpresa. Temos a experiência disso todos os dias. Nas línguas neolatinas e anglo-saxônicas, existem duas palavras independentes para designá-las: felicidade e prazer, *bonheur* e *plaisir*, *felicità* e *piacere*, *happiness* e *pleasure* etc. Se, na linguagem corrente, esses dois vocábulos são utilizados com frequência de maneira intercambiável, felicidade e prazer designam na realidade estados bem diferentes, que não atingimos fazendo as mesmas atividades. Além disso, seus mecanismos biológicos não são os mesmos. Felicidade é a sensação hedonística resultante da atividade do sistema endostático, ao passo que o prazer é gerado pelo sistema exostático.

A felicidade é a sensação hedonística de plenitude que provém de um estado de equilíbrio, de uma sensação de harmonia absoluta em que a necessidade desaparece e estamos em consonância com nosso ambiente. A busca da felicidade, portanto, é uma busca de equilíbrio e de afastamento de todo e qualquer elemento capaz de perturbá-la.

Para retomar os exemplos anteriores, a satisfação de ficar deitado ao sol na praia representa bem a sensação hedonística da felicidade. É um prazer que decorre de um equilíbrio quase perfeito entre nosso interior e nosso exterior, na ausência de qualquer necessidade. Todos já sentimos esse estado de graça. Quantas vezes não fizemos a seguinte observação: "Está bom aqui, não? Não falta nada" a alguém que respondeu: "Sim, está perfeito, fique quietinho aí."

O prazer, ao contrário, é um estado ao qual chegamos quando nos afastamos do equilíbrio, na maioria das vezes para o excesso. Um exemplo dos mais emblemáticos é o orgasmo, mas também se pode citar o fato de dançar numa casa noturna, descer por uma pista de esqui a toda velocidade, consumir drogas, para algumas pessoas, ou chocolate, para outras. Prazer é uma sensação muito mais intensa que felicidade, mas depende integralmente de estímulos externos. Também nesse caso, quantas vezes não fizemos a pergunta "Humm, o que é isso? Que gostoso!" a alguém que nos respondeu: "Sim, é realmente delicioso, quer mais?"

Em resumo, podemos sentir felicidade quando nos pomos num estado de equilíbrio que elimine toda e qualquer necessidade, ao passo que sentimos prazer quando estimulamos nosso corpo e nosso cérebro, afastando-o do equilíbrio. Quando atingimos a felicidade, tentamos mantê-la fazendo o mínimo possível; quando encontramos prazer, tentamos recomeçar para ter o máximo possível de prazer. A palavra "felicidade" designa, portanto, claramente a sensação hedonística gerada pelo sistema endostático, ao passo que o sistema exostático está na origem da sensação que comumente chamamos de prazer.

O jogo sutil entre "felicidade do equilíbrio" e "prazer do excesso" é facilmente compreensível com relação ao ar, à água e ao alimento, recursos de que somos dependentes, que são necessários para nossa sobrevivência. Em contrapartida, sempre pode parecer misterioso o fato de essas duas sensações estarem associadas no ser humano a atividades que nada têm a ver com nossa sobrevivência, atividades que parecem não ter outro objetivo senão o de nos propiciar felicidade ou prazer.

O motivo dessa proliferação de atividades inúteis, mas prazerosas, deve ser buscado na explosão das capacidades cognitivas do homem, há 50.000 anos. Foi a partir desse momento que aprendemos a desviar os sistemas exostático e endostático de sua função primária e ativá-los artificialmente para deles extrair a sensação que propiciam. Talvez seja aí que resida uma das maiores diferenças entre os seres humanos e os outros seres vivos: na faculdade de conceituar o prazer e a felicidade. Essas duas sensações, geradas na origem por sistemas biológicos para facilitar nossa sobrevivência, adquirem uma dimensão própria, depois de afastadas de seu objetivo original. Começamos a procurá-las por elas mesmas e aos poucos fomos descobrindo atividades que possibilitam obtê-las independentemente de suas funções iniciais. A lista delas hoje é quase interminável, como vimos.

Essa capacidade de dissociar prazer e felicidade de seu objetivo evolutivo, para transformá-los em objetos independentes, talvez tenha sido o que mais distinguiu a espécie humana dos outros organismos vivos, levando-nos a passar da aspiração à liberdade de continuar vivos à aspiração de descer por uma pista coberta de neve. Paradoxalmente, um dos principais sinais exteriores da revolução cognitiva, da explosão de nossa inteligência, é a extrema futilidade de nossa espécie. São comportamentos tão abstratos que acabamos por atribuí-los a algo também abstrato, à fantasmagórica essência imaterial. Felizmente, agora sabemos que mesmo a futilidade mais absoluta não passa de biologia.

Uma biologia livre que nos torna fúteis

Na Declaração dos Direitos do Homem e do Cidadão, o indivíduo nasce livre e tem o direito de continuar livre por toda a vida. Na realidade, como todos os outros organismos biológicos, também somos escravos de nosso ambiente. É uma dependência insuperável, determinada pelo segundo princípio da termodinâmica, que descreve o aumento obrigatório da desordem e da entropia em nosso universo. Ora, tudo o que é vivo tem uma ordem muito elevada e, por conseguinte, uma entropia muito baixa, que ele precisa manter para continuar vivo. A única solução é extrair do ambiente a energia necessária, fazendo assim aumentar mais a entropia global. No caso do ser humano, esse processo se realiza com a utilização de três elementos dos quais não podemos nos privar, sob pena de deixar de viver: o ar, a água e outros organismos vivos que constituem nossa alimentação.

Mas como nos acreditarmos livres quando, na realidade, nascemos completa e irreversivelmente dependentes? Essa sensação de liberdade vem da capacidade que nossa biologia tem de adaptar-se completamente à nossa dependência para que ela desapareça de nossa consciência. Para esse fim, desenvolvem-se comportamentos cada vez mais complexos, guiados por três mecanismos diferentes: a preestase, que previne a necessidade, a endostase, que satisfaz as necessidades presentes, e a exostase, que antecipa as carências futuras.

O homem moderno não aspira apenas a ser feliz e sobreviver. Ele considera também que um de seus direitos fundamentais é ser livre e alegrar-se, objetivo que ele atinge com frequência cada vez maior praticando atividades contraditórias e irracionais. Contraditórias porque gostamos de coisas diferentes que exercem efeitos opostos sobre nós. Irracionais porque grande parte dos esforços da espécie humana é dirigida para atividades fúteis que não servem de modo algum para nossa sobrevivência.

A contradição entre nossos comportamentos provém do fato de que o ser humano não tem uma, mas duas sensações hedonísticas opostas; a felicidade, que sentimos graças ao sistema endostático quando pomos nosso corpo em equilíbrio; e o prazer, produzido pelo sistema exostático, que, ao contrário, resulta de estimulações que nos afastam do equilíbrio.

A irracionalidade de nossos comportamentos nasce paradoxalmente de nossa inteligência. A partir da revolução cognitiva, fomos capazes de conceituar o prazer e a felicidade, desvinculando-os de sua função primária. Já não são simplesmente sensações que tornam um ato agradável para nós e nos levam a repeti-lo, mas, sim, objetos em si que começamos a buscar por eles mesmos. É a grande guinada: deixamos de sobreviver graças ao prazer e à felicidade e começamos a viver para obtê-los, inventando inúmeras atividades que nos possibilitem alcançá-los. Passamos a ver nossa liberdade como um direito não só à vida, mas também ao divertimento, ou seja, o direito a ter prazer e felicidade enquanto tais, desvinculados de qualquer outro fim.

Em conclusão, a biologia pode explicar as aspirações modernas de liberdade, mesmo as mais fúteis e contraditórias, que até agora eram consideradas unicamente características de nossa essência imaterial. Essa biologia não reduz a natureza humana para adaptá-la ao molde estreito da matéria, mas materializa as características que atribuímos a essa essência imaterial, tornando-a real sem a diminuir. É uma natureza humana feita de matéria que apresenta a vantagem fundamental de poder ser entendida, mesmo em suas formas irracionais, que nos escapavam até então. A biologia poderia nos possibilitar adquirir aquilo que a humanidade diz ter em grande quantidade, mas que na realidade tem pouco: uma verdadeira consciência daquilo que somos hoje e daquilo que podemos vir a ser amanhã.

5.

A biologia produz dois modos de ser no mundo

O prazer e a felicidade desenham duas civilizações diferentes

Alguns gostam de se bronzear ao sol, outros preferem pular de paraquedas ou assistir a uma tourada... Há até quem sonhe apenas com um jantar num restaurante três estrelas. Gosto não se discute... A gama é praticamente infinita.

Contudo, apesar dessa variedade de atividades, os seres humanos organizam seu comportamento e constroem sua civilização em torno de pouquíssimas atitudes fundamentais. Há, para começar, c espiritualismo e o materialismo, dois polos opostos da dimensão do ser, que definem aquilo que somos e o modo como olhamos o mundo. Em seguida, há o progressismo e o conservadorismo, que se encontram em posições opostas na dimensão do fazer, definem o sentido de nossas ações, o caminho que acreditamos ser o melhor para nossa sociedade. Note-se que, embora possa parecer diferente ser conservador ou progressista, materialista ou espiritualista, na maioria das vezes os conservadores são espiritualistas, e os progressistas, materialistas. Basta olhar ao redor. Quantos conservadores não são religiosos, e, inversamente, quantos progressistas não são ateus ou agnósticos?

Podem ser contados nos dedos da mão. Seja qual for a combinação dessas quatro atitudes, é razoavelmente raro encontrar um progressista muito espiritualista ou um conservador completamente ateu.

Nossa espécie, portanto, por um lado, parece dispersar-se numa multidão de atividades fúteis e, por outro, estar extremamente polarizada em torno de dois principais modos de ser e agir. Você conhece gente que não se reconhece em alguma dessas categorias? Essas pessoas são infinitamente raras. É mais ou menos como se precisássemos fatalmente adotar uma dessas posições existenciais. Essas diferenças são tão universais e transculturais que as consideramos normais. No entanto, vista de fora, mais ou menos como faria um extraterrestre recém-chegado à Terra, essa polarização pareceria bastante estranha. O que há de normal nessa espécie que se divide a respeito de tudo? Pelo menos na política, a alternância entre progressistas e conservadores é um balé estranho. Os primeiros aumentam os impostos, os segundos os reduzem, uns querem casamento para todos, o aborto e a maternidade de substituição, que são considerados inaceitáveis pelos segundos. Isso sem falar das mudanças ainda mais profundas que caracterizam a alternância entre regimes religiosos e governos laicos. Assim, uns desfazem o que os outros tinham feito, até a próxima mudança de governo. É completamente insano, no entanto aceitamos como se fosse totalmente normal.

Esses dois modos de ver a vida parecem materializar o conflito milenar entre um corpo físico e uma alma imaterial. Certas almas defenderiam um modo de vida espiritual e conservador, enquanto outras, corrompidas pelo corpo, viveriam para as alegrias da matéria e a busca de seus segredos. No século XXI, essa visão já não é pertinente, como talvez tenha sido até o século XX, na falta de outra explicação. A polarização que nos divide nada mais é que outra das consequências da presença em nosso cérebro de duas dimensões hedonísticas independentes. Veremos como o espiritualismo e o conservadorismo são gerados pela busca da felicidade endostática e como o materialismo e o progressismo se baseiam na busca do prazer exostático. No fim das contas, se consideramos normal essa divisão de nossa espécie entre polaridades opostas, é porque essas diferenças não são construtos teóricos, mas coisas bem reais. Elas são simplesmente determinadas por nossa biologia.

Biologia do espiritualismo e do materialismo

Espiritualistas e materialistas têm duas visões opostas da realidade. A primeira dá primazia a uma essência e a uma realidade imateriais; a segunda, ao mundo físico mensurável e às experiências que ele pode engendrar. Essas duas concepções do ser geraram correntes teóricas que se encontram nos principais sistemas filosóficos e teológicos humanos. Além da função explicativa da realidade, essas duas concepções são acompanhadas por ensinamentos práticos e condutas que possibilitam aproximar-se de uma ou de outra dimensão.

Para compreender essas duas visões da vida, mais vale examinar seus ensinamentos práticos do que os tratados que descrevem seus fundamentos teóricos. O que é preciso fazer para ser, por exemplo, espiritualista é mais eloquente do que milhares de páginas destinadas a nos convencer da fundamentação dessa abordagem. Isto porque é mais nos atos do que nas palavras que descobrimos realmente sobre as pessoas.

De maneira geral, as doutrinas espiritualistas prescrevem regras de vida muito mais elaboradas que as teorias materialistas. Seja qual for seu sistema filosófico ou teológico de referência, todas têm um núcleo duro comum de atividades para praticar e (talvez mais) para evitar, sendo ambas indissociáveis.

Entre as principais coisas por fazer, há a meditação e/ou a prece, que têm essencialmente dois objetivos comuns:

1. Pôr o corpo num estado de inatividade, preconizando posturas específicas que são acompanhadas em geral pelo relaxamento muscular e pela respiração lenta e regular;
2. Desviar a atividade do cérebro de fora para dentro do corpo por meio da concentração sobre processos fisiológicos, como a respiração, ou sobre pensamentos repetitivos quase hipnóticos, tal como a prática do rosário na religião católica.

Quanto ao que é preciso evitar, encontra-se principalmente tudo o que é capaz de reforçar a atração do mundo exterior. Tudo o que não é estritamente necessário ao bom funcionamento do organismo em geral deve ser banido. O controle da alimentação também é um elemento importante das práticas espiritualistas e ascéticas. O alimento proveniente de outras espécies animais é proibido na maioria das vezes, o que ocorre também com as preparações culinárias elaboradas. Frequentemente são recomendados o jejum e a abstinência sexual.

As práticas espiritualistas, meditativas e ascéticas ativam, portanto, o máximo possível a sensação hedonística endostática, tentando pôr o corpo num estado de equilíbrio estável e levando a pessoa a ter consciência disso. Em contrapartida, tentam deter a atividade do sistema exostático, reduzindo ao máximo a exposição a estímulos ou a atividades capazes de dar prazer: pratos suculentos, relações sexuais, objetos elaborados e supérfluos etc.

Os pecados capitais da religião católica ilustram bem essa tentativa de abafar o sistema exostático para favorecer o hedonismo endostático. Dos sete pecados, cinco são atividades puramente exostáticas: acumular bens, ter prazeres que vão além das necessidades fisiológicas do corpo e, geralmente, afastar o corpo do equilíbrio.

- Avareza (lat. *avaritia*): acumulação de riquezas por si mesmas.
- Inveja (lat. *invidia*): tristeza diante da posse de um bem por outra pessoa e vontade de fazer de tudo para apropriar-se dele.

- Ira (lat. *ira*): estado de alteração que se manifesta em palavras ou atos (insultos, violências).
- Luxúria (lat. *luxuria*): prazer sexual buscado por si mesmo.
- Gula (lat. *gula*): não se trata da gulodice como se entende hoje, mas da glutonaria, o que indica mais o descomedimento e o excesso cego. Esse pecado, aliás, é designado como "*gluttony*" em inglês.

A tendência das correntes espiritualistas a esperar uma felicidade endostática encontra-se também na natureza da recompensa suprema prometida a seus fiéis após a morte. No paraíso cristão, a alma é liberta de todas as necessidades e goza da felicidade suprema de contemplar a luz de Deus. O nirvana das espiritualidades orientais, como o budismo, não é um lugar como o paraíso, mas um estado: promete uma paz interior total resultante, entre outras coisas, do fim das "três sedes": desejo de prazeres sensoriais, desejo de existência e desejo de não existência.

Às vezes são movimentos laicos que promovem um ensinamento de tendência espiritualista. Bom exemplo de hedonismo baseado na endostase são certos movimentos ambientalistas que preconizam um consumo que preserve o equilíbrio fisiológico do ser humano, tendendo a uma sociedade na qual seriam proibidas as atividades de consumo de energia sem elo direto com a sobrevivência do indivíduo e com suas necessidades essenciais.

Como é grande o número de seres humanos que dizem crer num Deus, o espiritualismo deveria ocupar lugar importante em nossa vida. Na verdade, a aspiração ao equilíbrio e à parcimônia não tem muito a ver com o modo de vida completamente exostático da maioria das pessoas. Para além das crenças ostentadas, o materialismo é predominante em muitas civilizações que visam a acumular bens e a buscar prazer às vezes de uma forma que está fora de qualquer possibilidade de compreensão. Essas aspirações são encontradas em especial na cultura consumista ao extremo, que busca o prazer da casa nova maior que a anterior, da última bolsa da moda, mais bonita que a da vizinha, do carro novo, com alguns cavalos e acessórios a mais, ou ainda do melhor restaurante gourmet, que promete um prazer requintado.

Sob esse prisma, a Declaração Universal dos Direitos do Homem constitui claramente uma desdemonização do prazer exostático, antes proibido pelo cristianismo. Acumular riquezas, ter prazer estimulando o corpo com atividades variadas passa a ser, progressivamente, não só permitido como também buscado e valorizado. Assim, surgem indústrias especializadas em satisfazer o prazer exostático. As do luxo e do efêmero produzem, para todos os níveis de renda, objetos totalmente inúteis, mas que oferecem a alegria da novidade e da acumulação de bens. As do entretenimento e do esporte nos oferecem estímulos físicos ou cognitivos às vezes extremos, mas que criam prazer ao afastar-nos do equilíbrio. A imaginação sem limites dos industriais das drogas lícitas e ilícitas ou mesmo do sexo promete sensações cada vez mais intensas, graças a substâncias ou atividades capazes de estimular de maneira cada vez mais eficaz nosso sistema exostático. Por fim, a indústria alimentícia e a arte culinária, dedicadas originalmente a uma necessidade primordial, modificam cada vez mais os alimentos pelo acréscimo de glicose, sal e lipídios para estimular artificialmente nosso sistema exostático, dar-nos prazer e incitar-nos a comer cada vez mais.

As práticas espiritualistas dedicam muitíssimo tempo e esforços a opor-se às práticas exostáticas. Inversamente, as correntes materialistas baseadas no prazer exostático limitam-se em geral a ignorar as práticas espiritualistas. Um católico fervoroso que se manifestasse a favor de uma atividade sexual desvinculada da procriação ou mesmo preconizasse a prática do *swing* e da pornografia logo seria banido de sua comunidade. Enquanto isso, o corretor financeiro de Wall Street que diga acreditar em Deus ou frequentar uma vez por ano um retiro budista não choca nenhum de seus colegas. Isso fica ainda mais evidente quando comparamos os Estados religiosos e laicos atuais. Nos primeiros, afastar-se dos rituais e entregar-se a práticas que privilegiem o prazer exostático é crime passível de prisão ou mesmo morte. Nos outros, como a França, que permitem e encorajam a prática do materialismo e do prazer exostático, todas as religiões são autorizadas. Cada um é livre para crer e fazer o que quer, e a única proibição é que as religiões imponham suas práticas e, portanto, oponham-se ao prazer exostático.

Essa diferença de atitude não decorre do fato de a endostase ser ruim e totalitária, enquanto a exostase seria boa e democrática. Não, quando o hedonismo endostático ataca o hedonismo exostático, provavelmente é porque a exostase é uma verdadeira ameaça à endostase, ao passo que o inverso não é verdadeiro. O sistema exostático desenvolveu-se, como vimos, justamente para possibilitar que, por meio do prazer, o organismo superasse o desconforto proveniente do afastamento com relação ao equilíbrio. Em outras palavras, o prazer não se soma à felicidade, ele a substitui, eliminando o desconforto derivado de uma perda de equilíbrio interno. Oferecendo outro tipo de regozijo, a ativação do prazer exostático possibilita aniquilar a felicidade endostática.

Em compensação, a endostase não ameaça a exostase, pois não tem nenhum meio para se opor a ela. Sentir-se feliz não exclui a possibilidade de ter prazer. Provavelmente porque o percurso preconizado pelas correntes espiritualistas para levar à felicidade endostática é muito complexo e muito mais estruturado do que o percurso que dá acesso ao prazer materialista. O espiritualismo baseia-se na atividade de um sistema biológico mais arcaico e mais "fraco", que, para poder afirmar-se, precisa evitar a ativação de outro sistema biológico, o exostático, mais recente e que tem o poder de superá-lo. Não podemos permanecer no equilíbrio endostático se dermos aos estímulos que ativam a exostase a possibilidade de exercer algum efeito sobre nós. Em contrapartida, o acesso ao prazer exostático não exige nenhum aprendizado ou esforço especial. Basta eliminar a barreira das culturas endostáticas para que ele irrompa como uma onda. As sociedades posteriores às declarações de direitos do homem são uma demonstração disso.

O conservadorismo e o progressismo também têm origem biológica

A endostase e a exostase não nos conduzem apenas para o céu ou para a terra, para a alma ou para o corpo, mas também estão na base dos pensamentos conservador e progressista.

Os qualificativos "conservador" e "progressista" são muitas vezes utilizados para rotular um número variável de comportamentos e atitudes. Portanto, é importante defini-los claramente. O conservadorismo consiste fundamentalmente em dizer que o passado era melhor que o futuro e que nossos esforços devem tender a mantê-lo. Em contrapartida, o pensamento progressista dá as costas ao passado e quer caminhar para novos conhecimentos e estruturas sociais ainda inexploradas. Pensando bem, essas duas abordagens opostas são mais surpreendentes que o materialismo e o espiritualismo. Como é possível acreditar que tudo já foi descoberto, tudo foi compreendido, e afirmar que não há interesse algum em experimentar coisas ou dinâmicas novas? Ao mesmo tempo, como crer que em cinco mil anos de história não se entendeu realmente nada nem se encontrou nada válido, e que é preciso anular o passado e mudar tudo? No entanto, essas duas atitudes, que desafiam a razão, são extremamente disseminadas em nossas sociedades e constituem seus motores principais.

As religiões do Livro e, no mundo laico, o Partido Republicano americano são bons exemplos de pensamento conservador. Defendem textos mais antigos ou menos antigos, Bíblia, Evangelho e Alcorão, de um lado, a Constituição Americana, de outro. Nos dois casos, trata-se de defesas cegas, desprovidas de bom senso. Exemplos: a proibição do preservativo pela Igreja católica em plena epidemia de AIDS, porque a atividade sexual não pode ter outra finalidade que não seja a reprodução, e a recusa do Partido Republicano de regular o porte de armas, apesar das chacinas frequentes, porque a Constituição o autoriza.

O pensamento conservador não consiste apenas em manter uma ideia do passado. Às vezes vai buscar métodos antigos, abandonados e esquecidos, e os apresenta como novas soluções para os problemas de hoje. Essa estratégia pode levar a considerar progressistas ideias na realidade profundamente conservadoras. Por exemplo, alguns movimentos ambientalistas propõem como solução nova o retorno a uma economia de circuitos curtos, portanto, pastoral, de que a espécie humana já se valeu no passado. É verdade que a ecologia também preconiza o desenvolvimento de novas tecnologias, como as energias renováveis, o que pode se mostrar como atitude progressista. Mas os ambientalistas, como todos os conservadores, são extremamente seletivos ao autorizar inovações, pois seu objetivo real nunca é o progresso em si, mas a defesa de uma verdade, de um ideal. No caso do ambientalismo, o objetivo é proteger o meio ambiente e o ecossistema, tomando como referência o estado do planeta antes da revolução industrial do século XIX. Por isso, os ambientalistas, embora incentivem o desenvolvimento das energias renováveis, opõem-se ferozmente a outras formas de pesquisa, como a dos organismos geneticamente modificados ou a energia nuclear limpa. Ora, essas tecnologias poderiam nos ajudar a diminuir a poluição e o aquecimento global, tanto quanto o desenvolvimento das energias renováveis, senão mais. Mas elas nos levariam rumo a um mundo novo, afastando-nos do verdadeiro credo dos ambientalistas: o retorno a um modo de vida do passado.

Ao contrário do pensamento conservador, uma das características fundamentais do verdadeiro progressismo é não ter um objetivo, um modelo social preciso, afora a exploração das vias novas que se afastem daquilo que já é conhecido ou experimentado. Encontram-se exemplos clássicos dele nas ciências, na arte e na moda. Na arte figurativa, a invenção da perspectiva no século XV é uma primeira explosão progressista que possibilita reproduzir uma realidade tridimensional sobre um suporte bidimensional. Uma segunda onda de inovações chega no início do século XIX, sob o impulso da invenção da fotografia. A pintura deixa de ser o único meio de reproduzir a realidade e começa a explorar novas vias de representação. Na França, a primeira grande revolução desse período é a da escola de Barbizon, que institui a representação do verdadeiro, portanto, da vida da gente comum e da natureza, como motivo principal, e não como cenário no qual se desenrola uma história. Quando Courbet pinta *A Vaga*, quadro no qual o único motivo visível é o mar agitado, com uma onda em primeiro plano, a obra provoca escândalo porque é considerada uma ruptura terrível em relação aos códigos do passado. Esse movimento continua com o impressionismo e o expressionismo, que se caracterizam pela desestruturação progressiva do mundo exterior. Este se torna cada vez mais reflexo da visão do artista. Aos poucos, o mundo exterior desaparece para dar lugar ao mundo interior do autor, como na pintura abstrata e informal. Essas evoluções conceituais são acompanhadas por mudanças técnicas, às vezes na estruturação do objeto pintado e nos materiais usados. A última evolução dessas correntes artísticas visuais provavelmente é trazida pelas imagens sintéticas, com que a arte figurativa invade um campo até então reservado à literatura, o da falsificação do real, propondo um universo imaginário totalmente crível, pois é impossível diferenciá-lo do real. O ser humano faz isso há muito tempo com narrativas faladas e escritas, mas sem dúvida foi Spielberg, com *Jurassic Park*, que criou pela primeira vez um universo visual totalmente construído com computador, que nossos sentidos só podem perceber como real.

A ciência, em todas as suas formas, é outro exemplo importante de movimento progressista. Se a arte perturba os conservadores, a ciência os apavora. Aquela propõe a visão pessoal que o artista tem do mundo, esta pretende lançar luz sobre a verdadeira realidade do mundo, que é muito mais difícil de ignorar do que um modo de ver particular, por mais revolucionário que seja. Exemplo emblemático desses golpes baixos dados pela ciência no pensamento conservador: a descoberta de que a Terra é redonda, e não plana, de que ela gira em torno do Sol, e não o inverso, de que a vida se desenvolveu ao longo de três bilhões de anos, e não durante cerca de quatro mil, como afirma a Bíblia. O perigo da ciência não é apenas ideológico. O conhecimento da matéria também possibilita mudar a realidade em torno de nós. São flagrantes três exemplos das evoluções tecnológicas que causam ou causaram preocupação: energia nuclear, manipulações genéticas, propagação do mundo virtual e da inteligência artificial. A ameaça é muito maior, e a capacidade de provocar mudanças com consequências difíceis de avaliar é bem real. No entanto, essas pesquisas podem nos ajudar a resolver problemas que também preocupam certos conservadores, como o esgotamento dos recursos energéticos e a poluição.

Por sua vez, as ciências humanas e sociais também percorreram seu caminho revolucionário. Uma enorme onda progressista começou com Descartes, que propôs o primeiro sistema filosófico não teológico, no século XVII. É então que a filosofia se desliga da teologia para tornar-se instrumento de conhecimento. A partir daí, as correntes se sucedem quase ao ritmo de uma por geração, fazendo a cada vez o pensamento anterior evoluir e propondo evoluções radicais ou pontos de vista complementares. Hoje, os maiores combates das ciências humanas são provavelmente o igualitarismo, que postula não haver diferenças entre os seres humanos, e a teoria de gênero, que propõe que a identificação masculina ou feminina é independente do sexo da pessoa.

Para compreender a balança conservadorismo/progressismo, nunca se deve esquecer que o pensamento progressista de ontem está na origem do pensamento conservador de hoje. As declarações dos direitos do homem das revoluções francesa e americana foram atos extremamente progressistas, que não só subverteram os códigos estabelecidos como também abriram caminho para a construção de estruturas sociais completamente novas. A Bíblia, o Evangelho e o Alcorão foram textos inovadores, em grande ruptura com seu tempo, propondo visões revolucionárias do homem e da sociedade. No entanto, esses textos hoje constituem a base dos movimentos mais conservadores de nosso mundo (como os talibãs ou o Partido Republicano americano), que os defendem como verdades imutáveis, esquecendo que na origem eram enormes motores de mudança. Do mesmo modo, o impressionismo, o expressionismo e a arte abstrata foram considerados extremamente progressistas, ao passo que o pintor que hoje adere a uma dessas correntes artísticas é considerado muito conservador.

Outro exemplo da evolução do progresso rumo à reação, ao longo do tempo, é o do conservadorismo e do progressismo em política. No século XX, as coisas eram bem claras: a direita era conservadora, e a esquerda, progressista. Cem anos depois, os dois movimentos tornaram-se em grande parte conservadores. Em sua forma mais claramente assumida na França, os movimentos de direita, a Frente Nacional e os Republicanos, bem como os movimentos de esquerda, o Partido Comunista e a França Insubmissa, também são conservadores porque já não preconizam novos modelos de sociedade, mas ideologias antigas já testadas que, diga-se de passagem, mostraram sua relativa ineficácia. Aliás, o campo da inovação progressista em que nossa sociedade é mais deficitária é o dos sistemas políticos. Temos a impressão, justificada, de ter tentado tudo em vão, o que provoca um sentimento de impotência e vai fazendo as novas gerações se afastarem da política, pois, não vendo diferença entre as correntes, deixam até de votar, achando que não adianta nada.

A conclusão que se pode tirar das principais características dos pensamentos conservador e progressista e da troca de papéis entre eles é que a irracionalidade do comportamento humano encontra em um desses dois polos uma de suas expressões mais emblemáticas. Seria o caso de se perguntar se, afinal, nosso corpo não conviveria com duas essências imateriais, em vez de uma só, uma das quais só pode olhar para trás, e a outra, para a frente. A coexistência dessas tendências opostas, na verdade, tem uma origem muito menos esotérica. É, mais uma vez, a coexistência de nossas duas dimensões hedonísticas distintas, a endostase e a exostase, que cria essa espécie de clivagem entre conservadorismo e progressismo.

O pensamento conservador tem origem no sistema endostático e na satisfação que produz a sensação hedonística de felicidade. Vimos que, na endostase, os estímulos externos não são fontes de prazer, mas instrumentos que servem para devolver o organismo ao estado de equilíbrio e assim o manter. O que gera felicidade é o equilíbrio interno, e o modo como se chega a ele importa pouco. Se o estímulo "A" nos permite atingir o equilíbrio, para que buscar um novo estímulo "B"? Se posso atingir equilíbrio interno com maçãs, e se há maçãs à vontade, não tenho nenhuma razão para testar as peras. Isso não só não desperta nenhum interesse, como também representa um perigo. Não conheço o efeito das peras e elas poderiam afastar-me do equilíbrio e da felicidade que a maçã me proporciona. Deduzo daí que a pera ou qualquer nova fruta é absolutamente inútil ou mesmo nociva. As sociedades governadas pela endostase, portanto, terão motivos para ser estáticas e antiprogressistas, em suma, conservadoras. A partir do momento em que se encontra um sistema que possibilita atingir a felicidade endostática, não há por que ir mais longe.

Em contraposição, o pensamento progressista é claramente produzido pelo sistema exostático. Nesse caso, o gozo é resultado da exposição a certos estímulos externos capazes de nos dar prazer. Este, depois de experimentado, é buscado de novo. Por esse motivo é lógico aumentar o catálogo de atividades, objetos e, mais em geral, substâncias que são fontes de prazer. Desde a revolução cognitiva de 50.000 anos atrás, encontraram-se muitas. Por que então buscar outras e, sobretudo, por que ignorar as do passado? Simplesmente porque a novidade de um estímulo aumenta sua capacidade de dar prazer.

Esse efeito amplificador que a novidade tem está relacionado com a liberação, no cérebro, de um neurotransmissor que já encontramos antes: a dopamina. Lembre-se da última vez que comprou um objeto novo, um pulôver, uma bicicleta, um utensílio de cozinha ou um carro. Durante algumas horas, alguns dias, como que puxado por um fio invisível, deslumbrado pelo prazer da nova aquisição, você foi contemplá-lo de vez em quando. Aos poucos, esse brilho inicial e esse atrativo desapareceram. O que aconteceu? Quando o objeto era novo, o fato de vê-lo aumentava a dopamina em seu cérebro; depois, com o hábito, esse efeito foi se abrandando.

O prazer da novidade teve consequências muito vantajosas para a sobrevivência da espécie. Criar reservas, consumindo além da necessidade, é um meio eficaz de enfrentar períodos de carência de recursos. Complementarmente, é útil poder alimentar-se de um número máximo possível de recursos, para que se possa recorrer a outro, se um deles vier a faltar. Mas como fazer isso? Quando não se conhece um produto, é impossível saber se ele será comestível ou fonte de prazer, portanto, em princípio, nenhuma motivação nos impele a ingeri-lo. A solução consistiu em selecionar, ao longo da evolução, indivíduos para os quais todo e qualquer estímulo desconhecido se torna atraente porque, para eles, a novidade em si é fonte de prazer. Por isso uma sociedade com uma dimensão hedonística exostática é obrigatoriamente progressista. Ela simplesmente se baseia na busca da novidade, que amplifica a intensidade do prazer.

Esse prazer da novidade também explica por que a dimensão hedonística exostática é a base da sociedade consumista. Como justificar de outro modo o hábito quase delirante de trocar todos os anos uma parte ainda perfeitamente utilizável das roupas do armário por outras novas, de modelo ou cor diferente? E por que aceitamos, acomodados, a obsolescência programada, que abrevia o tempo útil de praticamente todos os dispositivos mecânicos e eletrônicos? Essa fragilidade já não é fatalidade nem falha tecnológica, pois sabemos perfeitamente fabricá-los com uma confiabilidade impressionante: comparados aos motores dos carros, os dos aviões, por exemplo, são quase perenes. Por que nos contentamos em comprar material de vida curta? Simplesmente porque com isso temos um jeito de trocar de carro, sapatos ou celulares com regularidade. Essa obsolescência programada nos oferece prazer sem remorsos.

Também é por causa da exostase e da endostase que ocorre o jogo de alternância entre o pensamento conservador e o progressista. A exostase impele a buscar outras fontes de prazer e alarga o campo de possibilidades até propor novos instrumentos, novas estruturas sociais que possibilitem um equilíbrio endostático melhor ou mais estável. A endostase assume então o protagonismo, cristalizando esse novo modelo de sociedade que o pensamento conservador vai manter. Essa alternância se vê entre gerações, mas também dentro de uma mesma geração no percurso pessoal de muitos inovadores. Depois de ter sido uma força de progresso e de fazer nossa civilização avançar um passo, eles se tornam elementos conservadores. Se olharmos de novo a história da pintura, veremos que pouquíssimos artistas participaram de várias correntes estilísticas sucessivas. Os pintores impressionistas foram revolucionários, mas com frequência continuaram sendo impressionistas a vida toda e raramente evoluíram para o expressionismo, a abstração ou o cubismo. Em ciências, também, o inovador e o descobridor de hoje muitas vezes se opõem à inovação de amanhã.

Homo exostaticus e *Homo endostaticus*, irmãos inimigos

Hoje se fala muito de comunitarismo, racismo, discriminação entre homens e mulheres. Em geral, pelo menos na superfície, nossa sociedade é unânime em dizer que essas barreiras, essas diferenças não existem de fato e que deveríamos nos encaminhar para uma cultura em que todos os seres humanos, independentemente de gênero, orientação sexual, cor ou origem social, fossem considerados iguais. Há indignação diante de discursos que prefiram ou oponham um modo de vida a outro. Seria inaceitável dizer que comer alimentos *kosher* é imoral, que a religião cristã é superior ao budismo e que, portanto, este deveria ser proibido, ou que uma língua ou uma herança cultural é superior às outras e deveria ser imposta à população mundial.

Enquanto somos intolerantes com relação a certas posições, aceitamos outras sem reclamar. Ninguém se indigna porque algumas religiões proíbem pornografia ou uso de drogas, mesmo lícitas. Ou então quando os ambientalistas preconizam a proibição de disciplinas científicas ou atividades industriais, recorrendo às vezes a verdadeiros atos de guerrilha. Essas diferenças parecem tão inconciliáveis que ninguém teria a ideia de casar uma zadista[1] com um corretor de valores de Nova York ou uma católica fervorosa com um adepto dos clubes de *swing*. Não só não se misturam, como também acham normal travar uma batalha interminável uns com os outros.

Por que essas diferenças de aceitação? Por um lado, certas visões nos parecem inventadas, fruto do medo, como o racismo, enquanto vemos outras como realidades inconciliáveis. A razão disso é que o espiritualismo e o materialismo, ou então o progressismo e o conservadorismo, estão gravados em nossa biologia pelos sistemas exostático e endostático e refletem aquilo que os humanos são de fato.

---

1. Militante engajado na proteção de uma ZAD (*zone à défendre* = zona a defender), com o objetivo de impedir a exploração de certos territórios. [N.T.]

Vimos que a maioria das pessoas possui as duas dimensões hedonísticas e alterna tranquilamente felicidade do equilíbrio e prazer do excesso. De onde vem então essa polarização, essa luta fratricida entre progresso e reação, espiritualismo e materialismo?

Pensando bem, essa oposição só se encontra num número limitado de pessoas, extremistas da endostase ou da exostase, que se tornam líderes de movimentos que tentam arrastar o restante da população. De fato, em nossa espécie, uma minoria de indivíduos só funciona praticamente numa ou noutra dessas duas dimensões hedonísticas. O *Homo endostaticus* busca com exclusividade a felicidade do equilíbrio e será ferozmente conservador e espiritualista. O *Homo exostaticus*, por sua vez, explora sem cessar novos estímulos que possam lhe dar prazer, o que faz dele um progressista materialista.

Essas duas tipologias de indivíduos não só procuram coisas diferentes e tendem a construir civilizações que não se assemelham, como também não podem entender o comportamento do outro, que veem como uma aberração. Se sua única alegria é a felicidade do equilíbrio, o que fazer com toda essa gente que se condena ao sofrimento do excesso? Se, ao contrário, você só entende o prazer propiciado pelo afastamento em relação ao equilíbrio, que visão pode ter desses seres humanos que se fecham numa vida imóvel e insípida, destituída de alegrias, em sua opinião? Você será tentado a salvá-los ou a eliminá-los, o que, afinal, dá mais ou menos na mesma.

Para compreender por que se tem uma minoria de *Homo exostaticus* e *Homo endostaticus*, é preciso dar um salto atrás no tempo, voltar a um período em que os recursos alimentares eram muito variáveis e chegar a milhões de anos antes do advento dos criadores-agricultores. Num ambiente instável, representa importante vantagem para a espécie a presença simultânea de alguns indivíduos com comportamento alimentar regulado principalmente pelo sistema endostático e de outros pelo exostático. Quem só come quando tem fome, o *Homo endostaticus*, é mais ajustado aos períodos em que os recursos alimentares são estáveis. Pode alimentar-se quando precisa e dedicar muito tempo a outra coisa, em especial à reprodução. Ao contrário, o *Homo exostaticus*, que devora a comida sempre que a vê, sobrevive melhor quando os recursos alimentares empobrecem.

Mas, atenção, não se deve esquecer que a população humana era então pouquíssimo numerosa e situava-se em regiões geográficas onde os recursos eram abundantes, o que significa que os períodos de estabilidade podiam durar várias gerações. No entanto, essas condições eram passíveis de mudar subitamente, de uma geração para outra, em razão de acontecimentos imprevisíveis e repentinos, como fortes perturbações climáticas, erupções vulcânicas ou epidemias capazes de destruir a espécie que constituísse o principal recurso alimentar.

O fato de ser pouco controlado pela saciedade e mais pela presença de alimentos permitiu que o *Homo exostaticus* passasse facilmente pelo principal teste de sobrevivência pós-catástrofe da época, o teste do segundo bisão. Imagine-se como um homem pré-histórico, andando tranquilamente à procura de comida. De repente, depara com um bisão que, claro, você vai matar e devorar. No caminho de volta, dá de cara com o irmãozinho dele. O que você faz?

Primeira opção: deixa-o sossegado porque está saciado. Você pode se gabar de ser um perfeito *Homo endostaticus*, regulado para manter o equilíbrio interno e insensível ao prazer do excesso. Em compensação, não passou no teste. Porque, se os bisões são raros, nada garante que seu comportamento ajude muito a sobrevivência de nossa espécie...

Segunda opção: sem parar para pensar, mata o segundo animal também e o come. Parabéns, você é um perfeito *Homo exostaticus*. Graças à sua extraordinária sensibilidade ao prazer, o excesso não o amedronta e você pode guardar reservas. Se já não houver muitos bisões, seu comportamento será utilíssimo para a sobrevivência da espécie. Aliás, a comida lhe é tão atraente que você nem pensa em deixar restos para os bichos carniceiros. Leva tudo, para reservar uma eventual sobra, mesmo que a conservação não seja ideal. Aos poucos, encontrará meios de guardar essa carne comestível o maior tempo possível. Daí a tornar-se criador-agricultor é só um passo, possibilitado pela explosão das capacidades cognitivas há 50.000 anos.

Terá real vantagem a espécie que possuir e mantiver em seu seio indivíduos guiados principalmente pela endostase e outros impelidos pela exostase. É provável que por esse motivo esses dois tipos de indivíduos não sejam específicos do gênero humano, mas encontráveis em várias espécies animais. Esses dois comportamentos alimentares, aliás, estão entre as raras diferenças individuais consideradas significativas pelos evolucionistas. No contexto clássico da teoria da evolução, as diferenças entre indivíduos são vistas como temporárias, como manifestações da capacidade que a biologia tem de propor incessantes variações, mas destinadas a extinguir-se com o tempo. O ambiente deve fazê-las desaparecer progressivamente, dando vantagem aos sujeitos que, estando mais bem adaptados a suas condições, vão aos poucos tomando o lugar dos outros. No entanto, essa alternância de papéis, entre a biologia que põe e o ambiente que dispõe, ocorre numa escala de milhares ou mesmo de milhões de anos. Tal mecanismo, portanto, é totalmente inadequado quando ocorrem modificações drásticas do ambiente no espaço de uma ou duas gerações, tal como as mudanças na disponibilidade de recursos alimentares que acabamos de descrever. Nesse caso, a única solução é manter indivíduos adaptados a ambientes diferentes.

Hoje nossa espécie parece engajada numa corrida cega tipicamente exostática. Grande número de civilizações humanas abraçou o modelo capitalista baseado no crescimento, que consiste em produzir e consumir mais ainda amanhã para compensar os excessos de hoje. Esse modelo espalhou-se como um vírus, inclusive nas sociedades orientais, poupadas até pouco tempo atrás. Consumimos sem dó os recursos disponíveis, poluindo maciçamente e, afinal, pondo nossa sobrevivência em perigo.

Essa constatação evidentemente faz despertar a vontade de responsabilizar a exostase e — por que não? — dizer que nossa sociedade passaria muito melhor sem ela. Chegamos a exercer grande domínio sobre nosso ambiente, cujos recursos estabilizamos, não havendo mais, portanto, real necessidade desse comportamento que nos conduz a uma catástrofe. Talvez estivesse na hora de intervir e fazer desaparecer esse caráter que nos causa cada vez mais problemas, de afastar-se de uma sociedade progressista e consumista, baseada no prazer, e caminhar para uma sociedade endostática, baseada na felicidade, que privilegie a parcimônia e o equilíbrio.

Talvez seja essa sensação inconsciente dos malefícios da exostase que justifica a ascensão dos movimentos conservadores em quase todo o mundo. Contudo, uma sociedade endostática também não tem só vantagens. Inovação e progresso não serão forçosamente suas prioridades, e ela tenderia a nos conduzir a organizações sociais de cunho mais estático e monocultural, opondo-se a qualquer mudança. Tal descrição não é convidativa, ou pelo menos não para todo mundo. Mas o verdadeiro problema de uma sociedade e de uma espécie endostática é outro. Esse problema será representado por mudanças às vezes súbitas, vindas do mundo exterior. Um exemplo que nos vem à mente de imediato é o das catástrofes naturais, das grandes epidemias ou de qualquer acontecimento capaz de destruir ou modificar rapidamente nosso ambiente imediato. Nós os deploramos com frequência em nível planetário. Quando isso acontece, precisamos encontrar novos recursos e temos de funcionar ao máximo numa situação de total desequilíbrio. Além disso, é preciso empenhar-se num processo de reconstrução com base em novas regras, para evitar a repetição do mesmo acontecimento nefasto. Indivíduos que só fossem animados pela endostase teriam muita dificuldade para adaptar-se a essas condições, e é provável que pusessem a espécie em perigo.

Enfim, se houver sempre reservas de homens e mulheres endostáticos e exostáticos, serão maiores as chances de sobrevivência. A espécie se tornará adaptável a ciclos curtos de modificação do ambiente. Poderá tirar mais proveito dos períodos de estabilidade graças ao *Homo endostaticus* e superar mais facilmente as dificuldades graças ao *Homo exostaticus*.

E se o *Homo interstaticus* finalmente se erguesse?

Precisando da coexistência de endostase e exostase, estaremos inevitavelmente fadados às divisões sociais provocadas pelas lutas entre conservadores e progressistas ou entre regimes religiosos e laicos? Não acredito. Saber de onde vêm a oposição e a incomunicabilidade entre essas correntes muda tudo.

Sabemos agora que não se trata de ideologias abstratas, às quais se pode aderir ou não, mas, na verdade, de aspirações geradas por nossa biologia, que incitam alguns a procurar a felicidade do equilíbrio, e outros, o prazer de afastar-se dele. Essas correntes de pensamento produzem culturas que favorecem um ou outro desses estados internos. Desse ponto de vista, os líderes desses movimentos já não se mostram como profetas, seres superiores que iluminam o caminho da humanidade, mas, na verdade, como portadores de um déficit biológico que os impede de ver os dois lados da natureza humana, de sentir os dois prazeres.

Se o progressismo e o conservadorismo ou o espiritualismo e o materialismo não fossem estados superiores, mas, sim, consequência de um desequilíbrio, poderíamos finalmente passar a outra coisa. Poderíamos parar de nos deixar guiar por indivíduos que só enxergam pelo olho da endostase ou pelo da exostase e passar a vez para aqueles que têm dois olhos: o homem novo completo, ao mesmo tempo endostático e exostático, que poderia ser chamado de Homo interstaticus, o Homem do Meio. Onde o encontrar? É muito fácil, basta olhar ao redor, eles estão por toda parte. Constituem a maioria da população humana, a que funciona de modo equilibrado com as duas dimensões. Somos todos nós, você e eu, capazes de buscar felicidades sem ter horror ao prazer ou, vice-versa, de ter vontade de prazer sem achar que a felicidade é mortalmente tediosa.

Mas por que o *Homo interstaticus* ficou silencioso até hoje e deixou todo o espaço para seus irmãos extremistas? A resposta é bastante simples: o *Homo interstaticus* é muito adaptável, portanto, paradoxalmente menos determinado a impor sua visão das coisas. Se você for capaz de respirar ar ou água, raramente terá a ideia de lutar para proibir as civilizações marinha ou terrestre, pois as duas lhe convêm. Em contrapartida, quem tiver apenas uma dessas capacidades vai se opor ferozmente àqueles que só dispõem da outra. Quem tiver necessidade de ar verá como um perigo à sua sobrevivência a proposta de transferir todas as cidades para baixo do nível do mar. É exatamente o que ocorre, por exemplo, com o *Homo endostaticus*, dotado apenas da dimensão hedonística da felicidade. É obvio que ele vai lutar para impor o modo de vida espiritualista e conservador que lhe permite obter a felicidade, ao mesmo tempo que se opõe aos movimentos progressistas e materialistas, portadores dos perigos do desconhecido capazes de arrancá-lo de seu adorado equilíbrio.

Por essas razões, acaba-se ouvindo apenas o *Homo endostaticus* e o *Homo exostaticus* lutando pelos únicos modelos de sociedade nos quais podem viver bem. O *Homo interstaticus*, mais adaptável, por sua vez, cala-se. Seu silêncio criou um círculo vicioso, com uma enorme produção cultural proposta pelos extremos e um deserto no meio. Hoje em dia quem não se reconhece em um dos polos não se acha em lugar nenhum. Quem julga os conservadores tão bizarros quanto os progressistas e não se sente nem espiritualista nem materialista é incapaz de se qualificar. Como não é fácil aceitar o fato de não ser nada, o *Homo interstaticus* que pode viver nos dois mundos acaba por se aliar a uma dessas correntes, criando a alternância entre elas. O que faz a balança pender muitas vezes é a esperança de resolver problemas periféricos, sem vínculo com a essência daquilo que anima os extremos, como a segurança interna ou externa, o desemprego ou a pobreza, ou também os impostos.

A expressão concreta de nossa essência imaterial, de nossa alma, em vez de ser redutora, abre um novo horizonte cultural e talvez uma nova civilização trazida por esse "centrista". O *Homo interstaticus*, o homem completo, pode utilizar todas as capacidades da espécie humana para avançar e abandonar a alternância entre extremos, que nada mais são do que reflexo de uma biologia polarizada. Isso dará o que fazer às ciências humanas e sociais, que finalmente terão novos sistemas filosóficos e sociais para explorar. No entanto, a principal inovação é prática, pois é na resolução dos problemas que nossa sociedade enfrenta, na escolha dos caminhos para seguir que o *Homo interstaticus* poderia ter enormes vantagens.

Tomemos como exemplo um debate que atualmente divide nossa sociedade, o do modelo energético, portanto, do esgotamento dos recursos, da poluição e do aquecimento global. Escolhi esse exemplo por duas razões. Primeiro, trata-se de um assunto crucial que afeta a sobrevivência de nossa espécie. Segundo porque esse problema puramente técnico não deveria desencadear paixões nem incertezas. Como nossos recursos energéticos estão se esgotando, é preciso encontrar outros. Estamos emitindo CO_2 demais. Como reduzir essas emissões? Dificilmente se pode imaginar um debate mais simples. No entanto, esse assunto divide nossa sociedade. É compreensível que não se consiga chegar a um consenso sobre questões teóricas às quais podem ser dadas soluções opostas por capitalistas ou comunistas. Mas, sobre o CO_2... Pensando bem, é simplesmente inacreditável.

Isso se deve ao fato de que o modelo energético é gerido com a oposição — como de costume — entre a visão endostática e a exostática da sociedade. De um lado, os ambientalistas propõem resolver esse problema voltando a uma sociedade de tipo pastoral, a uma civilização distribuída horizontalmente, que funcione com base em circuitos curtos. Isso significa morar em estruturas urbanas pouco povoadas, que possibilitem o uso de energias difusas, trabalhar perto de casa e comer produtos locais. Evidentemente, só se produz e se consome o que é necessário à sobrevivência. Seguir esse raciocínio representa o fim de cidades como Nova York, Paris ou Londres, das viagens e da maior parte dos lazeres modernos. Isto porque, para satisfazer as necessidades energéticas de Paris apenas com energia solar, seria necessário um campo de painéis fotovoltaicos com uma superfície equivalente a três vezes a da capital. Paris tem um consumo médio de 31,5 TWh e uma superfície de 105 km^2. Um dos maiores complexos de painéis solares, o de Benban, no Egito — com um custo de 4 bilhões de euros —, tem uma superfície de 37,2 km^2 e produz 3,8 TWh de eletricidade. Para satisfazer as necessidades de Paris, seria necessária a instalação de 308 km^2 — oito vezes a superfície de Benban —, que custaria várias dezenas de bilhões de euros.

O modelo de sociedade proposto pelos ambientalistas é um nirvana endostático perfeitamente adaptado a um modo de vida baseado na espiritualidade, portanto, causa horror a todos os que precisam do prazer exostático. O resultado é que uma parte população prefere ignorar o problema do CO_2 e das reservas energéticas. Assim que a corrente exostática toma o poder, o aquecimento global se transforma num complô que tem em vista prejudicar a economia e a supremacia de uma nação. Portanto, ele é ignorado e toca-se o barco! Não é muito inteligente, pois, além da elevação da temperatura, essa fuga para a frente tem breve duração. As energias fósseis estarão esgotadas em uma centena de anos. Isso provocará, dessa vez de maneira inescapável, o desmoronamento de nosso modo de vida atual e, com grande probabilidade, um retrocesso ainda mais violento e radical do que o do proposto pelos ambientalistas.

O que faria o *Homo interstaticus*? Simplesmente tentaria resolver o problema valendo-se de uma visão de 360 graus, em vez de se limitar a olhar para a direita ou para a esquerda, na busca exclusiva de uma ou de outra dimensão hedonística. O resultado seria um leque de possibilidades que poderia fazer toda a diferença.

Em primeiro lugar, o *Homo interstaticus* se interessaria por todas as energias não poluentes existentes em grande quantidade. Existem duas maneiras muito diferentes de produzir energia. A primeira consiste em dissipar a matéria. É o procedimento utilizado pela energia solar, a eólica e as outras energias chamadas de renováveis, bem como as fósseis. O segundo método consiste em transformar a matéria em energia. É o que faz a energia nuclear, capaz de produzir, com pouca matéria e baixa emissão de CO_2, grande quantidade de energia concentrada, perfeitamente adequada ao abastecimento de uma cidade. Levando em conta a quantidade de CO_2 gerada pela construção das instalações que produzem diferentes fontes de energia, a quantidade de CO_2 produzida por kWh fornecido é: carvão = 320 g; petróleo e derivados = 270 g; gás natural = 200 g; fotovoltaica = 14–80 g; eólica = 8–20 g; nuclear = 4 g.

Muitas vezes se ouve dizer que a energia nuclear é terrível por causa dos resíduos radioativos que precisam ser estocados durante milênios e dos riscos de acidentes nos reatores. Em suma, que é preciso livrar-se dela. Tudo isso é verdade no que se refere à fissão nuclear, que produz energia quebrando grandes átomos, como o urânio.

Mas existe outra tecnologia, que, tal como o sol, produz energia unindo pequenos átomos. Em sua forma mais bem-sucedida, a fusão nuclear não gera resíduos radioativos e emprega um combustível não radioativo de que temos reservas suficientes para milhões de anos. Além disso, com a fusão nuclear, não pode haver acidente, pois, em caso de mau funcionamento, o reator de fusão para de funcionar. Na forma que poderíamos implantar em breve prazo, a fusão sempre utiliza um isótopo radioativo, o trítio, cuja reciclagem completa exige apenas um século, em vez dos 10.000 anos dos resíduos nucleares atuais.

A fusão nuclear possibilitaria resolver duradouramente e de maneira apropriada o problema da energia, sem nos obrigar a mudar de estrutura urbana e social. Por isso, deveria provocar entusiasmo e investimentos maciços. Existe realmente um projeto internacional de reator de fusão: o projeto Iter, que deveria se concretizar por volta de 2025. Mas quem ouviu falar dele fora dos círculos de especialistas? Cabe dizer que todas as fontes de energia nuclear são alvo da fúria dos movimentos ambientalistas. No caso da fusão, o argumento principal é seu custo exorbitante. É verdade que o Iter custaria 20 bilhões de euros a ser divididos entre Europa, China, Índia, Japão, Rússia, Estados Unidos e Coreia. Mas, para desenvolver o último avião de caça americano, o F-35, foi preciso gastar 400 bilhões de dólares...

A visão de 360 graus do *Homo interstaticus* o levaria também a considerar o rendimento da utilização da energia. Nossa sociedade se baseia amplamente em tecnologias mecânicas que geram muita potência, mas cujo rendimento (a parte realmente utilizada para fornecer um trabalho) é muito pequeno. Por exemplo, o rendimento de um carro movido por um motor de combustão é de 16%. Porque, para se obter gasolina, utiliza-se petróleo por um processo de refinamento que tem um rendimento de 80%. Depois a gasolina é queimada pelo motor com um rendimento de 35%, mas apenas 60% da energia produzida chegam às rodas. Somando-se todas essas perdas de energia, obtém-se um rendimento final de 16%. Em outras palavras, perde-se

84% da energia utilizada por um veículo para ir de um ponto A para um ponto B. Inverter essa relação possibilitaria dividir por quatro o consumo de energia e a poluição. Isso é impossível? Não, pois sabemos construir motores elétricos com um rendimento de 95%. Mas esse assunto nunca fez parte das especificações de nossos desenvolvedores tecnológicos, mais guiados pelo amor exostático à potência.

Outro aspecto do problema é que nossas máquinas utilizam fontes de energia muito concentrada. Praticamente nenhuma delas consegue funcionar com energia solar ou eólica. Uma abordagem bastante revolucionária consistiria em desenvolver tecnologias capazes de utilizar diretamente essas energias difusas. Isso parece impensável, embora tenhamos todos os dias diante dos olhos exemplos desse tipo de máquina. São plantas que se desenvolvem graças à energia solar, um pouco de ar, água e alguns minerais. Portanto, seria possível modificar o funcionamento de certos organismos vivos para fazê-los produzir substâncias que nos são úteis, consumindo apenas energias dispersas. As tecnologias de engenharia genética já permitem realizar isso. Recorre-se muito a ela no mundo da medicina para a fabricação de medicamentos com células geneticamente modificadas. Mas poderíamos ir muito mais longe: plantas que não precisariam de pesticidas nem de fertilizantes químicos, ampolas bioluminescentes e — por que não? — biogeradores de energia térmica ou de eletricidade. Ou ainda super-recuperadores de CO_2 que o convertessem em glicose ou lipídios, transformando assim a poluição em alimento.

Se não dispomos dessas máquinas biológicas, a responsabilidade é principalmente de certos movimentos ambientalistas e conservadores que consideram que os organismos geneticamente modificados representam o demônio. Está claro que o milho da Monsanto, resistente aos pesticidas produzidos pela mesma empresa para vendê-los cada vez mais, é uma aberração absoluta. Mas a oposição dos ambientalistas não diz respeito apenas ao desvio dessas tecnologias. Todas as abordagens de manipulação genética são rejeitadas para preservar o mundo natural que o homem está destruindo, conforme dizem.

O absurdo dessa posição é impressionante. Esses ativistas, cheios de boas intenções, simplesmente esqueceram que as chamadas espécies naturais que eles protegem são domesticadas, estando, portanto, muito afastadas de seus congêneres selvagens, as verdadeiras espécies naturais. Em outras palavras, a genética delas foi modificada para que desenvolvessem características que nos interessem, ou seja, que nos fornecessem alimento em abundância, com regularidade e praticidade. E isso quase nunca é vantajoso para a espécie em si.

Essas espécies foram obtidas com a utilização de uma técnica diferente da engenharia genética, mas que produz o mesmo resultado: o cruzamento. A única diferença entre as técnicas atuais de transgênese e as antigas, baseadas no cruzamento, é o tempo necessário para selecionar ou eliminar um caráter. Passou-se de alguns séculos a alguns meses.

O cruzamento permitiu-nos obter plantas que produzem frutos cada vez maiores ou espécies animais que não podem parir sem ajuda, devido ao tamanho exagerado dos recém-nascidos, mas que têm a vantagem de ser comidos muito mais depressa. Ou obter um trigo cujo modo de reprodução modificamos para que ele conservasse uma mutação letal: os grãos não caem das espigas. Isso impede que a planta se reproduza, mas é muito útil para nós. Imagine o trabalho insano de nossos antepassados pré-históricos que precisavam recolher um a um os grãos caídos no chão.

A verdade é que produzimos animais e plantas geneticamente modificados há 15.000 anos, ainda que mal e devagar. Continuar a fazê-lo bem e depressa, com os instrumentos da engenharia genética de hoje, não deveria escandalizar ninguém, em especial se o objetivo for o de caminhar para um mundo que consuma menos energia e respeite mais o meio ambiente. Não é sonho louco de aprendiz de feiticeiro, por exemplo, o de em breve podermos dispor de um organismo capaz de digerir plástico e limpar os oceanos.

Em resumo, a abordagem do *Homo interstaticus* à ecologia nos leva a soluções múltiplas que não são aquelas de que se fala hoje em dia: 1) a fusão nuclear, de que temos reservas enormes, que é adequada a uma civilização que progride, é limpa e produz a menor quantidade de CO_2; 2) o desenvolvimento de tecnologias centradas no rendimento para consumir menos energia; 3) a aceleração da engenharia genética para ter máquinas biológicas capazes de utilizar energias difusas. Soluções múltiplas, capazes de obter adesão muito mais ampla do que aquelas que nos são propostas.

Descer para a matéria acaba por nos elevar

Pensando bem, o fato de o humano ser feito exclusivamente de matéria apresenta vantagens impressionantes. Livre da miragem da imaterialidade da natureza humana, o homem pode finalmente conhecer-se, descobre então que as grandes correntes de pensamento seguidas por sua espécie não correspondem aos ensinamentos de uma elite, de seres superiores, profetas que se apresentam como os únicos capazes de enxergar e de nos mostrar o caminho por seguir. Esses líderes indomáveis mostram-se então como portadores de uma biologia polarizada, como seres que, só possuindo uma parte da natureza humana, não são capazes de ver a totalidade de sua realidade. Com esse novo conhecimento, o homem do século XXI agora pode afastar-se naturalmente dos extremistas que o afligem e trazer à tona o exemplar mais bem-sucedido de sua espécie, o *Homo interstaticus*. Este é um ser completo que, integrando endostase e exostase, propõe um mundo feito de maravilhamento e esperança, ao qual podemos todos aderir. Trata-se de um homem novo, finalmente capaz de oferecer um futuro, não apenas a alguns de nós, mas à nossa espécie inteira.

6.

A biologia dá sentido à vida

Vida: um catalisador de identidade

A liberdade e a diversão sem dúvida alguma são aspirações fundamentais. No entanto, um dos principais desejos dos seres humanos é o de compreender o sentido da vida, entender qual é nosso lugar no universo. Com toda certeza está aí uma das questões fundamentais de nossa espécie que, exceto para as religiões, continua ainda hoje sem resposta.

Uma das razões para essa incerteza é que, para entender o sentido da vida, precisamos ter uma definição de "vida" em geral. É muito difícil decifrar o sentido de uma coisa se não soubermos o que ela é exatamente, se não formos capazes de reconhecê-la sem hesitação. Ora, não temos definição de vida que seja realmente satisfatória. Tomemos, por exemplo, um vírus. Ele se parece muito com uma célula. Ambos são compostos por moléculas orgânicas, os tijolos que constituem os organismos vivos, e têm estruturas semelhantes: um envoltório exterior que é feito de proteínas e contém DNA. No entanto, uma célula pode criar outra a partir de seu DNA, ao passo que o vírus não é capaz de se duplicar sozinho: ele é obrigado a se valer da maquinaria reprodutora de outro organismo vivo. Podemos considerar que o vírus é uma forma de vida? Ele tem quase todas as características disso, exceto a autonomia de reprodução. As opiniões dos cientistas divergem e, embora os especialistas não cheguem a um acordo, uma coisa é certa: falta-nos uma verdadeira definição de vida.

Como sair desse impasse? Poderíamos tentar extrair uma definição não com base nas características físicas do organismo, mas com base em seus efeitos. Para entender a diferença entre as duas abordagens, tente, por exemplo, definir de modo único os meios de transporte. Usar as características físicas deles é uma operação quase impossível. Quantas rodas, que propulsão, quantos assentos? Alguns veículos não têm rodas, outros não têm motor, em alguns não é possível sentar-se e há até os que são seres vivos. Se, em compensação, a definição usar os efeitos de um meio de transporte, a coisa de repente se tornará mais fácil: "meio de transporte é uma entidade que possibilita à pessoa ou a um objeto ir de um ponto a outro do espaço".

Segundo a mesma abordagem, procuremos os efeitos de um organismo vivo que nos permita diferenciá-lo, sem equívocos, de um objeto não vivo. Podemos fazer isso de duas maneiras. A primeira é comparar dois conjuntos de matéria diferentes, um claramente vivo e outro claramente inanimado, por exemplo, uma célula e uma pedra. A segunda maneira de fazê-lo é comparar dois conjuntos idênticos, cuja única diferença é ser vivo ou não, como, por exemplo, dois gatos gêmeos, um vivo e outro que acaba de morrer. A segunda abordagem, que é a usada pelos pesquisadores em seu trabalho diário, é a mais simples e segura. Ela possibilita eliminar o "ruído de fundo" criado por diferenças que não têm nada a ver com aquilo que nos interessa, isolando o sinal, a verdadeira característica a ser estudada, em nosso caso: a vida.

Contudo, há um erro que não se deve cometer, o de comparar o gato vivo com o gato morto. Encontraríamos com facilidade um grande número de diferenças — o animal morto não respira, seu coração não bate, sua temperatura diminui etc. — que se aplicariam aos gatos e aos organismos semelhantes, como os mamíferos. Em compensação, a comparação não contribuirá em nada para outras formas de vida, como as plantas, os moluscos, os insetos ou mesmo os cogumelos. Nenhum deles respira nem tem coração nem regula sua temperatura. A maneira de fazer isso, portanto, não é comparar dois organismos, mortos ou vivos, mas os ambientes que os contêm. Esse é o meio mais simples de identificar um efeito comum a toda e qualquer forma de vida e de encontrar uma definição para ela.

Como proceder? Precisamos de duas enormes caixas contendo dois pedaços idênticos de ambiente de nosso planeta: ar, água, terra, raio solar... Numa dessas caixas, teremos colocado organismos vivos e, na outra, um número igual de organismos idênticos, porém mortos. Não podemos vê-los nem tocá-los, mas podemos medir o que ocorre nos dois ambientes. Repetindo a experiência com várias formas de vida, vamos identificar rapidamente uma medida que nos permita dizer sem erro onde se encontram os organismos vivos. É o aumento da entropia. Isto porque, como vimos, o organismo vivo é um conjunto de moléculas cujo nível de entropia é muito mais baixo que o das mesmas moléculas em estado não vivo. Mas a entropia não pode diminuir, essa é uma lei à qual é impossível escapar. Você pode fazê-la baixar num lugar, mas à custa de aumentá-la ainda mais ao redor. Esse é o motivo por que o ambiente que contém os organismos vivos terá uma entropia global mais elevada que aquele que os contém mortos. Portanto, para saber se um organismo está vivo ou não, basta medir a entropia de seu ambiente. Se estiver vivo, ela será maior.

A entropia, portanto, fornece-nos uma medida objetiva que nos possibilita determinar facilmente se um conjunto de moléculas constitui um ser vivo ou não. Por exemplo, esse parâmetro nos diz com clareza que os vírus não o são. Se compararmos dois ambientes que contenham ou não vírus, teremos dois resultados possíveis. Se os vírus tiverem sido postos num ambiente no qual não podem se reproduzir, a entropia não mudará. Isso indica que os vírus em si não são organismos vivos. Se, em compensação, o ambiente possibilitar que os vírus se reproduzam, a entropia será mais baixa, pois, no fim, ele conterá menos vida. Isto porque, para se reproduzir, o vírus injeta seu DNA numa célula que começa a produzir bilhões de vírus até explodir e morrer. Portanto, os vírus não só não são seres vivos como também agem mais como antivida.

Agora podemos utilizar as variações de entropia para dar uma definição da vida que poderia ser assim formulada: "ser vivo é um estado da matéria orgânica que faz aumentar mais a entropia do ambiente que a contém do que a mesma matéria em qualquer outro estado". Agora que temos uma definição geral de vida, também é possível atribuir-lhe um sentido e dizer que a vida nada mais é do que um catalisador entrópico. Catalisador é um elemento capaz de acelerar uma reação que, sem ele, demoraria mais tempo para se realizar. É exatamente o que faz a vida com a entropia e a desordem: ela acelera, catalisa seu aumento.

A aceleração da entropia, portanto, é o sentido da vida, mas será que isso lhe dá realmente um sentido e permite compreender nosso lugar na ordem das coisas, no universo? Acredito que sim.

Vejamos o que o universo faz a partir do momento de seu aparecimento, ou, se preferirem, de sua criação. O universo nasceu há cerca de quinze bilhões de anos de uma singularidade que modificou um estado anterior. Desde então o universo não parou de dispersar-se e desordenar-se, em outras palavras, de aumentar sua entropia. O nascimento do universo, portanto, é também o nascimento da entropia. Com efeito, em seus primeiros instantes, havia uma concentração inconcebível de massa e energia, e as estrelas, os planetas e as galáxias não estavam separados como hoje. Tudo estava concentrado e muito próximo de um ponto zero de entropia. Recuando ainda mais no tempo, antes do nascimento do universo, ninguém sabe exatamente o que havia. É possível que se estivesse então num estado de ordem absoluta, de entropia zero. Um estado em que tudo era "uno", portanto, em termos humanos, nada existia. Para que exista, uma coisa precisa ser diferenciável de outra. Se tudo é uno, na verdade tudo está lá, mas nada existe. O sentido do universo poderia então ser o de produzir cada vez mais identidade. Como chegar a isso? Simplesmente separando as coisas. Em princípio, a identidade máxima será obtida quando cada átomo, cada partícula tiver sido separada do restante. O universo terá então atingido seu estado máximo de desordem e entropia. Seria possível então considerar a entropia uma medida da identidade. Por essa razão, a entropia não pode diminuir, pois o sentido de nosso universo é o aumento da identidade, portanto, da entropia.

O que dizer de um estado da matéria, como a vida, que age como um catalisador de entropia que acelera sua produção? É um estado que ajuda o universo a caminhar para seu cumprimento, o de se dispersar para criar o máximo possível de identidades, portanto, de entropia. A vida seria então um catalisador de identidades, um sentido feito apenas de matéria, que me parece nada ter a invejar do sentido oposto até hoje pela existência de uma essência imaterial.

Um homem sempre único

Se o sentido geral da vida é catalisar a entropia e a identidade, o que fazer da vida dos seres humanos e de sua sensação de serem únicos, diferentes de todos os outros seres vivos? Vimos no começo deste livro que uma das causas fundamentais da lenda de uma essência imaterial, de uma alma, é nossa sensação de sermos seres à parte, não só superiores aos outros organismos vivos, mas qualitativamente diferentes. Podemos continuar fazendo essa afirmação se somos feitos da mesma matéria e se nossa vida tem o mesmo sentido da vida de qualquer outro ser vivo? Nossa proverbial presciência não estaria excepcionalmente equivocada? Não, ela enxergou corretamente. A maneira como os seres humanos tratam a produção de entropia é tão diferente da dos outros organismos vivos que os coloca numa categoria realmente à parte. Todos os seres vivos produzem entropia quase exclusivamente para sobreviver. O homem é o único que parece gostar de criá-la e a faz aumentar apenas para se divertir.

Mais uma vez, podemos atribuir essa particularidade da espécie humana à revolução cognitiva que lhe permitiu conceituar as sensações hedonísticas e começar a buscá-las por si mesmas. Essa busca nos levou a desenvolver grande número de atividades recreativas, cuja única função é nos tornar felizes ou nos dar prazer. Mas elas provocam o consumo de muita energia, portanto, produzem muita entropia. Logo, os seres humanos são os únicos que, além de produzir entropia para sobreviver, criam entropia para se divertir. Parecem até ter desenvolvido uma estética entrópica. Ou seja, eles gostam mais ou gostam menos das coisas em função da entropia que elas produzem. Para entender isso, observemos três características que agem como amplificador de prazer: raridade, ordem e potência.

Os seres humanos sempre foram fascinados pelos objetos raros, e as joias são um bom exemplo disso. Imagine que você precise escolher entre dois presentes, dois braceletes que lhe parecem absolutamente idênticos. Você experimenta um, acha que lhe caiu muito bem, está contente. Se lhe explicarem que essa joia é de platina adornada de diamantes, seu prazer irá às nuvens. Em compensação, se ficar sabendo que se trata de metal e vidro, seu prazer desabará. No entanto, continua sendo o mesmo bracelete, e a única diferença é a raridade dos materiais que o compõem. Você poderia dizer que não é a raridade que está valendo, mas o preço, que prefere receber uma joia de platina de diamantes em razão de seu valor.

Tomemos então outro exemplo: você se inscreve num desses clubes cujos membros ficam olhando passarinhos com binóculos e anotando observações num caderninho. Já na primeira saída, percebe que o prazer de seus novos camaradas é maior quanto mais raro for o pássaro avistado. Isso ocorre mesmo que ele não seja o mais bonito, mesmo que a observação não seja rentável. A raridade, portanto, é capaz de aumentar o prazer gerado por objetos muito diferentes, preciosos ou não. Qual é a característica comum aos objetos raros? Sua obtenção exige esforços maiores, buscas mais demoradas, extrações mais complicadas. Obtê-los consome, portanto, mais energia e produz muito mais entropia.

O nível de ordem é também um elemento capaz de aumentar o prazer. Entre um aposento completamente desorganizado e outro perfeitamente arrumado, é evidente que você prefere o segundo. Mesmo aqueles que não são maníacos por arrumação sabem muito bem que, a partir de certo nível de desordem, começa-se a estar pouco à vontade e a sentir uma necessidade imperiosa de organizar. Não se engane, essa necessidade nada tem a ver com a higiene ou a limpeza, que em geral são associadas aos lugares organizados. Não, o que nos atrai é realmente a configuração visual associada à ordem.

Imagine uma dessas magníficas bibliotecas antigas, que constituem um ponto de atração turística em grande número de cidades. Em seu interior, você admira aquelas fileiras de livros que, em ordem perfeita, alinham-se quase ao infinito. Imagine agora o mesmo aposento, mas com estantes meio vazias e livros espalhados pelo chão. O efeito não é de modo algum o mesmo, a biblioteca torna-se quase repugnante, embora o aposento, os livros e a limpeza relativa do local não tenham mudado. Qual é a principal diferença entre ordem e desordem, entre concentração e dispersão? Você já a conhece. Criar ordem é impossível, por conseguinte, o fato de arrumar, concentrar as coisas num local faz aumentar a desordem e a entropia em outro local.

Potência e força são outras características dos objetos que nos dão prazer. Quando se constrói uma máquina para realizar um trabalho, é possível ter em vista o rendimento ou a potência. O rendimento, como vimos, mede a quantidade de energia necessária para realizar uma tarefa. Quanto menor essa quantidade, mais elevado é o rendimento. Em contrapartida, a potência é a quantidade de trabalho que se pode produzir numa unidade de tempo, de modo independente da energia consumida. Quanto maior o trabalho produzido, mais elevada é a potência. Por exemplo, num automóvel, o rendimento se expressa pelo número de litros consumidos para rodar 100 km. A potência, por sua vez, é dada pelo número de segundos para passar de 0 a 100 km/h. Em geral, as máquinas muito possantes têm pequeno rendimento e vice-versa. Essas duas dimensões são tão diferentes que ninguém constrói uma máquina de alto rendimento e uma máquina de grande potência da mesma maneira. Não há nada a ver entre, de um lado, uma Ferrari ou um Concorde, que são objetos de grande potência, e, de outro, um Clio ou um planador, cujo rendimento é bem superior. Os dois primeiros são julgados mais estéticos por quase todas as pessoas.

A potência, ou força, não atrai apenas no mundo mecânico. Compare a foto de um touro com a de uma vaca, a de um gato com a de um tigre, ou a de um tubarão com a de um peixinho vermelho. Também nesse caso, o animal mais forte é julgado mais bonito, mais atraente. A potência nos seduz tanto que algumas pessoas passam uma parte do tempo livre a olhar as corridas de F1 ou de moto, ou a acompanhar aviões decolando. As amantes da força gostam de seguir a pista das feras em safáris. Qual é a característica comum aos objetos potentes ou fortes? Mais uma vez, é sua produção de entropia extremamente elevada.

Preferimos, portanto, os objetos raros, organizados e potentes. No entanto, seria muito mais lógico fazer exatamente o contrário, ou seja, preferir os objetos ou os materiais comuns disponíveis em quase todos os lugares seria muito mais prático e demandaria menos esforços. Do mesmo modo, se nos sentíssemos mais à vontade na desordem, evitaríamos muito trabalho. De que adianta querer arrumar tudo quando a ordem natural das coisas tende à desordem? Por fim, em vez de sermos atraídos pelos objetos mais potentes, haveria inúmeras vantagens em sê-lo por aqueles cujo rendimento é mais elevado. Estes são menos perigosos e possibilitam usar por muito mais tempo o mesmo recurso energético, produzindo menos poluição.

Mas por que esse amor insensato pelos objetos que produzem muito mais entropia? Provavelmente, a raridade, a ordem e a força — assim como a novidade — foram selecionadas como fontes de prazer porque aumentariam as chances de sobrevivência dos indivíduos. Para entender isso, é preciso voltar mais uma vez à época em que éramos caçadores-coletores. O período mais longo da evolução de nossa espécie. Na época, procurávamos nutrientes que não estavam sempre disponíveis e podiam faltar temporariamente. A atração pela raridade aumentava então nossa capacidade de encontrar recursos alternativos. Gostar de concentrar os recursos, organizando-os num local, apresentava a vantagem suplementar de nos incentivar a aprender a fazer reservas. Por fim, quanto mais força tivéssemos, mais depressa podíamos constituir tais reservas, diminuindo o risco de que nossos concorrentes as roubassem.

Ensinam-nos que Deus criou o universo e tudo aquilo que o contém, dando espaço especial ao homem, que ele fez à sua imagem e semelhança. Portanto, foi Deus que criou a entropia. Visto que faz as coisas por amor, ele deve gostar de ver a entropia aumentar. O homem seria de fato feito à sua imagem, pois é o único ser vivo que produz entropia não só para sobreviver, mas também e sobretudo porque gosta.

Únicos, sim; superiores, talvez

Somos claramente diferentes dos outros organismos vivos. Mas somos mesmo superiores? A essa pergunta, um dos pilares das crenças humanas, todos respondem que sim, sem muita hesitação. De fato, o homem parece superior. Basta olhar para a arte, a tecnologia, a ciência ou a filosofia: nenhum outro ser vivo sabe fazer isso. O problema dessa visão é seu enorme viés humanocentrista. Nós classificamos as espécies usando como unidade de medida aquilo que nos distingue, a complexidade de nosso comportamento. Portanto, não é de surpreender que nos situemos bem no alto. Mas basta mudar de parâmetro para que a hierarquia seja bem diferente. Se cada espécie pudesse escolher seu critério de classificação, inevitavelmente se localizaria bem no alto da escala.

Isso lhe parece impossível? Você acha que certas espécies são francamente inferiores, seja qual for o critério? Tome as bactérias, por exemplo. Elas são feitas de uma única célula e nem sequer têm núcleo. Portanto, uma bactéria jamais poderá ser superior ao homem. Pois bem, está errado, é apenas uma questão de perspectiva. Os seres humanos precisam de milhares de anos para modificar-se e adaptar-se a novas condições do ambiente, ao passo que as bactérias são capazes de fazê-lo em alguns dias. Aliás, se continuarmos esse exercício, considerando todas as características que em geral são levadas em conta para avaliar positivamente um indivíduo, como, por exemplo, a altura, a longevidade ou a resistência às agressões, os seres humanos quase nunca chegam ao topo da classificação. Em compensação, a forma de vida que se encontra na maioria das vezes na primeira posição é a das plantas, em especial as árvores, que produzem as espécies mais duradouras (>5.000 anos), maiores (>100 metros) e mais resistentes de nosso planeta. As plantas, aliás, constituem 82% de toda a biomassa, seguidas pelas bactérias (13%) e pelos cogumelos (2%). Os animais estão na lanterna, com 0,5%. Os sete bilhões de seres humanos que somos representam apenas 0,01%.

É um pouco perturbador, mas sempre se pode objetar que o comportamento é a característica mais importante de uma espécie e suficiente para tornar os seres humanos superiores. Se você é superior na função mais elevada, forçosamente está no topo. De fato, ser capaz de um comportamento complexo permite-lhe criar estratégias que lhe garantem ter sempre à disposição recursos alimentares e, portanto, sobreviver melhor. Especialmente porque os outros seres vivos de que você se alimenta têm o desagradável costume de esconder-se e fugir. Mas imaginemos por um instante que você não tenha necessidade de se alimentar de vida para sobreviver, que por mágica possa utilizar apenas recursos difusos e onipresentes para subsistir e prosperar, como, por exemplo, a energia do Sol, um pouco de gás como o CO_2, um pouco de água e alguns minerais. Você já não teria necessidade de um comportamento complexo para obter comida, e sua espécie provavelmente não o teria desenvolvido.

Todos nós gostaríamos de poder usar recursos difusos e renováveis, mas é extremamente complicado e, a despeito de nossas proezas tecnológicas, ainda não conseguimos. Sem dúvida é muito difícil para nós, mas, em termos absolutos, não é impossível, pois outros seres vivos conseguem isso sem nenhum problema. Esses mágicos, mais uma vez, são as plantas, que, para viver e desenvolver-se, usam precisamente a energia solar, o CO_2, um pouco de água e alguns minerais. Não precisando procurar alimentos, as plantas têm um comportamento muito limitado. Aliás, é interessante perguntar, a respeito delas, quem é o ovo e quem é a galinha. Em outras palavras, o comportamento complexo é sinal de superioridade ou de desvantagem? As espécies em desvantagem, como as plantas, que não são dotadas de comportamento complexo, são obrigadas a utilizar as energias difusas, como a solar. As espécies superiores, como a nossa, que o têm muito desenvolvido, podem consumir energia concentrada. Mas poderia perfeitamente ser o contrário. A espécie superior poderia muito bem ser aquela que consegue fazer a coisa mais difícil, portanto, utilizar a energia difusa, e as espécies inferiores, aquelas que só sabem utilizar energia muito concentrada. Essas espécies inferiores tiveram de desenvolver um comportamento complexo para compensar sua desvantagem. Portanto, quanto mais vasto for o repertório comportamental de uma espécie, maior será sua desvantagem. Desse ponto de vista, as plantas estão no alto da escala, e nós, os seres humanos, estagnamos bem embaixo.

Felizmente, temos sensações conscientes e pensamentos que podemos comunicar por meio da linguagem, que é a verdadeira marca da superioridade de nossa espécie. O problema é que a linguagem nada mais é que um comportamento, portanto, também passível de ser um sinal de desvantagem, e não de superioridade. Além do mais, não é indubitável que as plantas não tenham sensações, consciência ou mesmo algum meio de comunicação entre si. Ao contrário, talvez tenham uma dimensão de consciência bem mais complexa que a nossa, mas que nos é inacessível.

Nós raciocinamos demais com base naquilo que nossos sentidos podem perceber e temos tendência a ignorar o restante. Por exemplo, achamos que os roedores são uma espécie silenciosa, animais bem simpáticos, porém mudos. Ora, eles não param de falar, são inacreditavelmente tagarelas, mas utilizam frequências muito agudas que nosso ouvido não capta. As plantas também poderiam muito bem comunicar-se entre si, mas valendo-se de variações de energia tão sutis em intervalos de tempo tão longos que não as percebemos.

Todas as religiões postulam a existência de estados de consciência que nos escapam, conforme vimos. A crença numa dimensão que nos é inacessível, na qual se encontram as divindades, os seres superiores, é uma das mais disseminadas na espécie humana. Partindo daí, é interessante olhar de novo o método adotado por praticamente todas as religiões para se aproximar dessa realidade superior. Ele consiste em consumir o menos possível de recursos de entropia baixa, como, por exemplo, animais, e em meditar, portanto, em permanecer imóvel e esvaziar a mente, ou seja, eliminar toda e qualquer atividade. Em outras palavras, as técnicas mais comuns para chegar à ascese visam a nos aproximar o máximo possível do modo de existência das plantas. Poderíamos quase imaginar que a dimensão espiritual que sentimos presente, mas nos escapa, seria a das plantas. Levando talvez um pouco longe demais esse raciocínio, poderíamos perguntar se não são as árvores os deuses.

Evidentemente, essa hipótese no mínimo provoca incredulidade e, em todo caso, alguns sorrisos irônicos. Pois nós descendemos dos deuses, foram eles que nos criaram à sua imagem, e não as plantas. Esse argumento, aparentemente muito convincente, na realidade é o mais fraco, pois, observando bem, derivamos de fato das plantas.

A vida nasceu há aproximadamente 3,5 bilhões de anos, no período Pré-Cambriano, na forma de organismos unicelulares simples, chamados procariotos ou, mais simplesmente, bactérias. No começo, elas utilizam diretamente ATP, o combustível universal, para produzir energia e manter baixa sua entropia. Não precisam produzi-la, como agora, pois ela está presente na sopa primordial. Mas, ao cabo de certo tempo, todo o ATP disponível foi consumido. Portanto, foi preciso aprender a utilizar outra molécula maior, também abundante, a glicose. Eis que a vida então recolhe glicose da sopa primordial e a quebra para obter ATP. Porém, mais uma vez, como é muito gulosa, consome toda a glicose disponível. Essa diminuição da glicose cria um verdadeiro problema que poderia levar à extinção das formas vivas. No entanto, há uma bactéria que realiza um pequeno milagre e aprende a utilizar a energia do Sol e o CO_2 para construir glicose, que ela em seguida pode degradar e obter o ATP, que, por sua vez, vai fornecer energia. A vida inventou a fotossíntese, que nada mais é que a síntese da glicose a partir da luz e do CO_2. No início, esse processo é realizado com um mecanismo um pouco arcaico, cujo rendimento é pouco elevado. Depois, uma mutação provoca uma pequena mudança no modo de produzir glicose: nossa bactéria aprende a fazê-lo a partir do CO_2 com água, liberando oxigênio. Trata-se de um processo bem mais eficiente que o anterior.

As consequências são enormes, pois a atmosfera de nosso planeta modifica-se substancialmente, enriquecendo-se muito em oxigênio. Isso parece genial, pois nós usamos esse oxigênio para viver. No entanto, em nível químico, não foi exatamente uma dádiva. Trata-se de uma molécula muito reativa, que tem capacidade de reagir com muitas outras moléculas, desestabilizando-as. A palavra "oxidante" lhe diz alguma coisa? Pois bem, é o oxigênio que oxida, que degrada outras substâncias. Uma das oxidações mais conhecidas é a do ferro, na origem da ferrugem. Aliás, foi justamente a ferrugem depositada no fundo dos oceanos que possibilitou datar com precisão o aparecimento desse novo processo metabólico que produz oxigênio há 2,5 bilhões de anos.

O oxigênio não ataca apenas o ferro; pode também ser utilizado para metabolizar a glicose, a fim de obter ATP. Esse processo, que produz ATP a partir de glicose, utilizando O_2 e liberando CO_2, é muito mais eficaz e gera 38 vezes mais energia que a produção de ATP a partir da glicose na ausência de oxigênio. Vejamos como se desenvolveu um organismo muito eficiente que fornece ATP com um rendimento enorme. Esse organismo tem dois sistemas metabólicos. O primeiro utiliza a energia do Sol, o CO_2 e o H_2O para produzir a glicose, deixando oxigênio (O_2) como resíduo. O segundo utiliza o O_2 e a glicose para produzir ATP, liberando CO_2. Esse organismo arcaico quase perfeito é a planta, que, em sua parte exposta ao sol, produz glicose a partir do CO_2, liberando oxigênio graças à fotossíntese. Depois essa glicose é distribuída por toda a planta, inclusive nas partes não expostas ao sol, para fornecer ATP com o uso do oxigênio, liberando CO_2.

A fauna que aparece no período Cambriano, há 500 milhões de anos, nada mais é que um parasita da flora, a saber, das plantas. A primeira linhagem desses parasitas são os herbívoros, que se alimentam apenas de plantas. Felizmente para estas, pelo menos no início, desenvolve-se uma segunda linhagem de parasitas, os carnívoros, que comem os herbívoros. Por que dizer que a fauna é um parasita da flora? Simplesmente porque a verdadeira diferença entre as duas é que a fauna, tendo apenas um dos dois sistemas metabólicos da flora, não sabe fazer fotossíntese, portanto, produzir glicose a partir de H_2O, de CO_2 e da energia solar. Ela só sabe utilizar glicose para fabricar ATP, usando oxigênio. Os animais, nós, inclusive, são, na realidade, plantas defeituosas, vegetais aos quais falta um pedaço. A fauna, portanto, é dependente da flora e da glicose que ela produz para sobreviver.

As plantas utilizam uma energia muito difusa e onipresente, podendo construir-se a partir de elementos inorgânicos. Elas são criadoras de vida, ao passo que, tal como os outros animais, somos consumidores, parasitas.

Sem entrar em considerações morais, ser parasita dos outros seres vivos começa a nos criar sérios problemas. Para viver bem, o parasita não pode consumir a totalidade de seu hospedeiro. Se ele for voraz demais, correrá o risco de acabar numa situação em que não haverá mais hospedeiro, e sua sobrevivência estará em perigo. Esse é o caso do homem, que está consumindo toda a biosfera. Portanto, nós nos encontramos como as bactérias no início da evolução da vida, quando consumiram inicialmente todo o ATP, depois, toda a glicose. O que fazer? Pois bem, poderíamos agir da mesma maneira que esses organismos unicelulares, que aprenderam a utilizar fontes de energia cada vez mais difusos. Poderíamos tentar empregar energia solar e CO_2 como fazem as plantas.

Haverá chance de sucesso? Esperar que as mutações espontâneas da biologia realizem esse milagre parece bem ilusório. Seria necessário grande número de mutações para que o *Homo sapiens* adquirisse essas características e aprendesse a fazer fotossíntese. Portanto, é bem pouco provável e, de qualquer modo, isso demoraria vários milhões de anos. Em compensação, poderíamos decidir fazê-lo nós mesmos, modificando diretamente nosso patrimônio genético. Hoje em dia não dispomos de tecnologia para isso, mas em futuro relativamente próximo poderíamos aprender a fazê-lo. Nos últimos vinte anos, desenvolvemos uma capacidade incrível de modificar o patrimônio genético de outros seres vivos, para fazê-los realizar coisas naturalmente impossíveis. Chegamos a isso transferindo genes de uma espécie para outra ou então criando proteínas artificiais, resultado da fusão de pedaços de genes diferentes. De imediato, essas tecnologias não possibilitam transferir para nós a capacidade de fotossíntese que as plantas têm. Contudo, se decidirmos dedicar a isso os recursos necessários, teoricamente nada impediria que conseguíssemos. Em quanto tempo? Diante da evolução espetacular das técnicas de engenharia genética dos últimos anos, o prazo necessário para dar a um animal a capacidade de produzir glicose por fotossíntese é contado em décadas.

Se aceitamos a ideia de nos dotar dessa capacidade, ocorre imediatamente uma pergunta: teríamos interesse nisso? Infelizmente não é uma pergunta tão absurda. Nossa espécie está realmente num impasse. Os recursos da Terra têm se tornado cada vez mais insuficientes para um número de seres humanos que cresce de maneira exponencial. Todas as soluções são boas. Aliás, pensando bem, essa seria a abordagem ecológica mais completa, mais radical e talvez também mais eficiente. Ela não consiste em encontrar tecnologias para reconcentrar as energias difusas, como tentamos fazer hoje, mas em nos tornar capazes de utilizá-las diretamente.

Tal evolução de nossa espécie sem dúvida teria enorme influência sobre sua estrutura sociocultural. Provavelmente haveria uma transferência das populações para as zonas mais ensolaradas e uma modificação radical na maneira como nos vestimos, para permitir que nossa pele ficasse exposta ao sol. Haveria também uma obsolescência progressiva de grande número de atividades em torno das quais nossa civilização se construiu, em especial a pecuária e a agricultura. Como a necessidade de produzir ou obter bens de primeira necessidade diminuiria muito, as guerras desapareceriam progressivamente, a não ser aqueles destinados a ganhar um lugar ao sol. De modo que haveria mais tempo e recursos para atividades recreativas, arte, ciência e medicina, evoluindo-se assim para uma espécie mais criativa e pacífica que faria melhor uso de sua inteligência. Mas durante quanto tempo? Isso porque essa solução não deixa de vir acompanhada de uma pesada espada de Dâmocles, a da perda ou da grande redução, em longo prazo, da complexidade de nosso comportamento e de nossas capacidades cognitivas. O que ocorrerá depois de algumas dezenas de milhares de anos? A pergunta é realmente cabível, porque, em geral, um caráter que se tornou inútil à sobrevivência deixa de ser selecionado nas reproduções sucessivas e aos poucos desaparece. Perderíamos nosso comportamento exuberante para adquirir outro mais minimalista, como o das plantas.

Essa evolução hipotética de nossa espécie tem outro aspecto perturbador: ela permite explicar o paradoxo de Fermi. Segundo esse célebre físico, é praticamente impossível, em razão da extensão do universo, que não haja outras formas de vida inteligente, e é também inverossímil que, se essas formas de vida existem, ainda não as tenhamos encontrado. No entanto, é o que ocorre. A não ser que a evolução máxima das espécies inteligentes consista em ensinar sua biologia a utilizar, para manter-se viva, energias difusas e onipresentes como a do Sol e que essa modificação as leve a perder a complexidade de seu comportamento e, por conseguinte, a tornar-se estáticas. A crise energética que atravessamos hoje talvez seja uma etapa comum a todas as espécies inteligentes. O comportamento desenvolve-se de início para aprender a utilizar cada vez melhor as fontes de energia concentrada. Esse aprendizado leva a espécie mais avançada do planeta a consumi-la cada vez mais e a reproduzir-se cada vez mais, até o ponto de ruptura energética com o qual nossa sociedade se confronta hoje. A solução mais acessível a todas as espécies, a única que lhe permite sobreviver, talvez seja modificar sua biologia para aprender a utilizar diretamente as fontes de energia difusos. As espécies mais avançadas que nós, que já chegaram a isso, talvez tenham perdido progressivamente um comportamento complexo, que se tornou cada vez menos útil. Por esse motivo, não as vemos: elas ficaram em casa, parecem-se muito com as plantas, e planta é coisa que não viaja.

Em conclusão, os homens são superiores aos outros seres vivos em função do critério que usamos. Superioridade não passa de valor relativo. De que servem essas discussões, então? Não passariam de elucubrações inúteis? Não acredito. Elas têm o mérito de suscitar uma duvidazinha quanto à pretensa superioridade sobre as outras formas de vida que habitam a Terra. Essa dúvida não está aí para nos importunar ou desestabilizar, mas deveria servir para nos fazer desenvolver uma qualidade de que carecemos muito: o respeito. Respeito pelas outras formas de vida que nos cercam. Poderíamos começar com as árvores e dizer que não somos tão superiores a elas assim, apesar de toda a nossa tecnologia. Se chegássemos a adquirir essa abertura de mente, não só as cortaríamos menos, como também talvez, aos poucos, os homens deixariam de se considerar superiores às mulheres, os brancos, aos negros, os heterossexuais, aos homossexuais... Perceber simplesmente o caráter ilusório de nossa superioridade talvez pudesse nos fazer evoluir tanto quanto todas as futuras manipulações genéticas.

III.

Os excessos

7.

Normas, normalidade, vícios e doenças

A concepção dualista de corpo biológico mais essência imaterial, ou alma, tornou muito complexo nosso julgamento sobre o comportamento humano ao longo da história. Ela continua tornando incompreensíveis as medidas que implantamos para guiar nossa ação e provocam um número enorme de controvérsias quando queremos modificá-las. Recentemente, os avanços do conhecimento das bases biológicas do comportamento complicaram ainda mais a situação, levando ao choque de dois âmbitos que eram completamente separados até o século XIX: o da moral e o da medicina.

As coisas eram bastante simples: tinha-se uma essência imaterial, uma alma, responsável por nossos atos, e um corpo, vaso biológico que lhe possibilitava movimentar-se no mundo físico, enquanto ela não migrasse para a dimensão imaterial. A medicina cuidava do corpo, e a moral — religiosa ou laica —, de nossa essência imaterial. As duas disciplinas, porém, tinham um objetivo muito semelhante, o de manter o corpo ou a essência imaterial na normalidade e intervir quando um dos dois se afastasse dela.

Esse desvio em relação à norma assume, em medicina e em moral, duas conotações muito diferentes. Em medicina, faz-se o diagnóstico das doenças, enquanto a moral identifica vícios, pecados ou crimes.

As doenças seriam desvios do corpo; os outros seriam desvios da alma ou de nossa essência imaterial. Portanto, à primeira vista, os vícios e as doenças são duas faces da mesma moeda, pois definem nada mais do que desvios em relação à normalidade dos dois componentes do homem, o material e o espiritual. Na realidade, os dois tipos de desvio recebem um tratamento social completamente diferente: as patologias são tratadas, enquanto os vícios e os crimes são punidos, o que não é em absoluto a mesma coisa. Se uma pessoa tem uma doença, cuidam dela, e nossa sociedade pode gastar muito dinheiro para livrá-la dessa afecção. Se ela tem vícios, se comete pecados ou crimes, é banida da sociedade, vai para a prisão nesta vida ou para o inferno na próxima. A razão fundamental dessa diferença é que não nos consideramos responsáveis pelas doenças do corpo, ao passo que somos responsáveis pelas ações de nossa essência imaterial. E isso é um pouco normal, pois o corpo é um vaso utilizado por nossa essência imaterial, mas não constitui realmente nossa identidade, ao passo que nossa essência imaterial é simplesmente nós.

Mas por que as doenças do corpo são tratadas e as de nossa essência imaterial são castigadas? De onde provém essa diferença abissal e realmente paradoxal? É mais ou menos como se, depois de um acidente de trânsito, o socorro pelejasse para consertar o carro estragado, tentando salvá-lo a todo custo, enquanto o motorista fosse rebocado sem muita cerimônia para um desmanche. A resposta a essa pergunta, a esse comportamento absurdo, nós vimos no capítulo dedicado à liberdade. Na cultura judaico-cristã, o mérito — ou a culpa — desse tratamento oposto dos vícios e das doenças cabe a Santo Agostinho e a seu conceito de livre-arbítrio, capacidade dada por Deus ao homem de fazer, ou não, a seu bel-prazer, o bem e o mal. Trata-se de uma faculdade inventada integralmente para preservar a total bondade e perfeição de um Deus que, no entanto, criou seres humanos capazes de todos os males. Graças à sua vontade e seu livre-arbítrio, o Homem torna-se o único responsável por seus vícios, eximindo assim Deus de toda e qualquer responsabilidade.

Enquanto as esferas da alma e do corpo estavam bem separadas, as coisas eram bastante claras: de um lado, uma medicina que trata da saúde do corpo e, do outro, leis e uma moral religiosa ou laica que mantêm a alma ou nossa essência imaterial no caminho certo. No entanto, quanto mais progrediram os conhecimentos da biologia, mais tênues se tornaram as fronteiras entre vícios da alma e doenças do corpo, até gerar uma confusão enorme entre as afecções que devem ser tratadas e os vícios que é melhor punir.

Essa incerteza sobre nossa maneira de tratar vícios e doenças será ainda mais perturbadora se integrarmos à nossa maneira de pensar as descobertas da biologia do século XXI, pois elas mostram que todas as ações humanas têm origens biológicas. Qual é então o âmbito dos vícios, da responsabilidade do indivíduo? Teríamos deixado hoje de ser responsáveis por nossos atos e passado a ser apenas vítimas de uma doença biológica, seja lá o que façamos? A resposta a essa pergunta é, obviamente, não. A biologia não nos exime de nossa responsabilidade, não metamorfoseia as falhas de comportamento em doenças inevitáveis. Ver nossa essência imaterial como biológica não nos leva a abandonar o conceito de vontade e de livre-arbítrio, mas a reconsiderar os limites entre os vícios e as doenças.

Para diferenciá-los, precisamos primeiramente definir outras duas dimensões muitas vezes confundidas: normas e normalidade.

Normas e normalidade

A diferença entre normas e normalidade é provavelmente ainda menos clara que a diferença entre vícios e doenças. Por quê? Com muita frequência, usam-se as normas para definir a normalidade, criando-se assim as condições para o clássico raciocínio circular inextricável. Em outras palavras, pensa-se muitas vezes que um comportamento normal é aquele que respeita as normas, e que um comportamento anormal é aquele que não as respeita. Na realidade, normas e normalidade não têm nada a ver uma com a outra. Compreender a diferença entre as duas é essencial para definir a diferença entre vícios e doenças. Como se verá mais adiante neste capítulo, os vícios ou os crimes são desvios das normas, ao passo que as doenças são desvios da normalidade.

As normas definem linhas vermelhas, limites para nosso comportamento. Determinam o que é bom ou mau em termos morais, mas não o que é normal ou anormal do ponto de vista médico. Podem variar consideravelmente de uma sociedade para outra e, embora as diferentes culturas sejam normativas em maior ou menor grau, não existe nenhuma que não seja regida por normas.

Em geral, as campeãs de todas as categorias da abordagem normativa são as religiões que, em livros na maioria das vezes longos, contêm regras de comportamento. Estas vão desde instruções bem genéricas, como "ama teu próximo", até ditames extremamente precisos sobre o que é permitido comer, o modo de vestir-se e mesmo atividades específicas prescritas em função dos dias da semana. Essas instruções não são a normalidade, e todas as religiões admitem que nossa natureza humana nos impele a afastar-nos dos ensinamentos divinos e a saciar nossos vícios e cometer pecados. As regras religiosas existem para nos guiar, a fim de evitarmos certos comportamentos, normais para nossa espécie, mas que desagradam ao Deus que honramos.

As sociedades laicas não são menos normativas que as religiosas. Também são regidas por uma série de normas, mais ou menos explícitas, que devem ser seguidas por quem quiser ser aceito pelo grupo. Assim como as das religiões, as principais normas laicas estão consignadas em livros, códigos civil e penal. Existem categorias profissionais cuja única função é criar as normas, promulgá-las, obrigar a respeitá-las, decidir a punição infligida àqueles que as transgridam e, por fim, garantir que essa punição seja bem executada. Na França, por exemplo, uma parte significativa do orçamento do Estado é dedicada às instituições que preparam e votam leis, à polícia e aos gendarmes, que as fazem respeitar, aos magistrados, juízes e advogados, que decidem as punições que o sistema penitenciário aplica. Se as normas existissem apenas para descrever o comportamento normal, seria inútil ter toda essa parafernália para criá-las, promulgá-las e fazê-las respeitar.

Se as normas não definem a normalidade, como determinar o que é um comportamento "normal"? Na perspectiva científica, normalidade nada mais é que aquilo que fazemos e podemos fazer quando nosso cérebro funciona como deve. Segundo o mesmo raciocínio, o comportamento anormal "patológico", que caracteriza uma doença, é observado quando o cérebro não consegue realizar sua função fisiológica habitual. Essa definição nos possibilita distinguir com mais facilidade se um comportamento que pode parecer anormal é de fato normal, mas imoral, porque é proibido por uma norma, ou se é sintoma de uma doença. Nosso cérebro não evolui de fato há pelo menos 5.000 anos, desde a invenção da escrita. Além disso, ele é praticamente idêntico para toda a espécie humana. Por conseguinte, o que é normal hoje era normal há 3.000 anos, e o que é normal em Paris deve ser normal em Riade, Nova York ou numa aldeia da floresta amazônica. Do mesmo modo, um comportamento patológico, uma doença do comportamento que decorra de um funcionamento incorreto do cérebro, provavelmente é idêntica ao longo dos tempos e em todo o planeta.

A normalidade, portanto, não consiste em agir corretamente, e a patologia, em fazer aquilo que não se deveria fazer. Normalidade é aquilo que somos capazes de realizar quando nosso cérebro trabalha corretamente, ao passo que um comportamento patológico é observado quando o cérebro deixa de funcionar como deve. Por essa razão, o comportamento normal, na perspectiva científica, é transcultural e constante no tempo.

Se levarmos em conta essa perspectiva temporal e geográfica, constataremos que as normas não possibilitam em absoluto definir a normalidade. Elas evoluíram muitíssimo no passado e são bem diferentes de uma cultura para outra. Basta deslocar-se um pouco no tempo para ver que certos comportamentos considerados criminosos hoje eram julgados absolutamente normais há não muito tempo e que, ao contrário, comportamentos como a homossexualidade, considerados normais hoje, eram vistos como vícios inqualificáveis ainda recentemente. Também é instrutivo fazer uma pequena viagem no espaço. Pois o que é considerado normal hoje em dia em Riade, por exemplo, o apedrejamento, é visto como um castigo bárbaro e desumano em Paris, ao passo que, inversamente, um comportamento como o adultério, que não causa nenhum espanto em Paris, é passível de pena de morte em Riade.

No entanto, o funcionamento normal do cérebro não evoluiu nada durante os últimos milênios, e o cérebro do parisiense não difere do cérebro de quem nasceu em Riade. São normais alguns comportamentos estigmatizados como crimes ou vícios num caso e aceitos no outro caso; ocorre que eles estão em maior ou menor sintonia com as normas da sociedade que os abriga em função de ditames culturais e/ou religiosos.

Para resumir, enquanto a normalidade é transcultural, as normas e os vícios que ela define são relativos e mudam profundamente ao longo da história e de uma cultura para outra.

Haverá quem diga que mais uma vez estou exagerando, que as normas fundamentais realmente não evoluíram no tempo e continuam as mesmas, seja qual for a cultura. De fato, parece bem razoável e tranquilizador acreditar que, afinal de contas, as principais normas existem para nos lembrar daquilo que somos, do que é a normalidade do ser humano, mas essa ideia tem o grande defeito de ser absolutamente falsa.

Vícios: comportamentos desequilibrados infelizmente normais

Para aqueles que consideram, como eu, que as normas não descrevem o comportamento normal, mas, ao contrário, em geral se opõem a ele, os parágrafos a seguir talvez não sejam necessários. Para aqueles que acreditam que, no essencial, as normas descrevem a normalidade, ler o que segue é indispensável, ainda que minhas palavras venham a parecer extremamente provocadoras. Infelizmente, o que deve causar espanto não sou eu nem minhas palavras, mas, sim, a "normalidade" da natureza humana.

Tomemos alguns comportamentos emblematicamente normais, que esperaríamos ver regulados de maneira estável há muito tempo e em todas as culturas, para passá-los no crivo da história e da geografia. Por exemplo, a preservação da espécie e a do indivíduo.

Comecemos com um comportamento que diz respeito à esfera reprodutiva e é considerado não só anormal, como também pavoroso e passível de prisão: impor um ato sexual a outrem sem consentimento. As relações sexuais forçadas são de vários tipos e englobam dois exemplos característicos: o estupro e o casamento forçado. A bem da verdade, não vejo muita diferença entre os dois, afora alguns detalhes que podem ser assim resumidos:

— o número de pessoas que entram em entendimento para impor uma relação sexual forçada, em geral maior no caso dos casamentos forçados;

— o meio de coação utilizado com mais frequência: violência física no caso do estupro e psicológica no caso do casamento forçado;

— o tempo que se dá à vítima para preparar-se para sofrer o ato sexual não consentido, bem mais longo no casamento forçado;

— por fim, a quantidade de atos sexuais impostos à vítima: em geral alguns no caso do estupro e inúmeros após as núpcias não escolhidas.

Impor relações sexuais é proibido em grande número de países. Mas esse comportamento, por acaso, é anormal em termos médicos, é gerado por um mau funcionamento do cérebro que caberia tratar? Você já entendeu, a resposta é não. Trata-se de atos imorais, vícios terríveis ou crimes, mas não de patologia. Para nos convencermos disso, vamos submeter o estupro e o casamento forçado à prova do tempo e da geografia.

Em primeiro lugar, o estupro e as agressões sexuais entram no Código Penal francês em 1810, no capítulo "Atentados aos bons costumes". O estupro é abordado no artigo 331, sendo descrito como crime passível de prisão, que pode chegar a ser perpétua. No entanto, o estupro só é qualificado se o sexo de um homem penetrar o de uma mulher e se houver recurso à violência. Por conseguinte, os homens não podem ser estuprados, e as penetrações anais, bucais ou digitais são atentados ao pudor, punidos com multas e uma prisão de três meses a um ano.

Antes de 1810, o estupro era condenado, porém o que se punia não era o ato em si, e sim as circunstâncias nas quais ele era praticado. Por exemplo, o estupro em tempos de guerra era tolerado e até amplamente utilizado como recompensa para as tropas do vencedor. O estupro de uma mulher adulta não casada não levava aos tribunais. Em compensação, a posição social do estuprador e a da vítima eram muito importantes. O fato de um patrão abusar sexualmente da empregada só dava ensejo a uma compensação financeira se dessa união resultasse um filho ilegítimo. Ela não indenizava o ato em si, mas o fato de que aquela mulher que se tornaria mãe já não poderia se casar. De qualquer maneira, o estupro não era qualificado na ausência de violência física no momento da relação e acreditava-se que um homem sozinho não conseguia estuprar uma mulher se ela se opusesse totalmente a isso. As violências antes do ato não eram levadas em conta. Por exemplo, uma empregada doméstica que apanhasse do patrão e fosse ameaçada de demissão, caso não se dobrasse às suas exigências sexuais, e acabasse por ceder, não era considerada estuprada. Foi preciso esperar o ano de 1994 para que surgissem, no Código Penal, as ameaças como meio utilizável pelo estuprador para impor o ato sexual. De modo análogo, no tempo da escravidão, ter relações forçadas e violentas com uma escrava não era considerado infração, mas, ao contrário, um direito do senhor.

Exceções interessantes: sodomia e incesto, que são punidos por si mesmos até o século XVIII, sem distinção entre autor e vítima do estupro (seja qual for sua idade). Todos recebem a mesma pena. Atualmente, o incesto continua formalmente proibido, ao passo que a sodomia, pelo menos na França, é considerada uma prática sexual normal. É possível até comprar em lojas especializadas diversos instrumentos que permitem dedicar-se a essa prática com parceiros ou sozinho.

Em algumas centenas de anos, a tolerância com relação a certos comportamentos, portanto, foi radicalmente modificada. Contudo, nesse curto lapso de tempo, o cérebro não mudou nada. Ele funcionava tão bem nos sodomitas e nos estupradores do século XVII quanto hoje.

Quanto ao casamento forçado, que nada mais é que um estupro organizado pelas famílias da vítima, a história é muito semelhante à do próprio estupro, ainda que tenha caído em desuso, especialmente nos países ocidentais. De fato, em oposição às práticas romanas e germânicas antigas, a Igreja católica, com a reforma gregoriana do século XI, tende a impor o livre consentimento dos noivos no momento do casamento. Em compensação, o casamento forçado continua sendo prática corrente, legal e aceita em grande número de países, em especial na Ásia, na África, no Oriente Médio e no Leste Europeu, com variantes. Em certos casos, pede-se o parecer dos futuros esposos, ainda que isso seja puramente consultivo. Em outros casos, os noivos não são absolutamente consultados, e o casamento é decidido pelas famílias bem antes da maturidade sexual dos jovens. Algumas vezes o futuro esposo compra diretamente a futura mulher ao pai desta.

Em conclusão, se a imposição de uma relação sexual a uma pessoa contra a vontade desta for um comportamento anormal em termos médicos, pode-se dizer que a França foi vítima de uma epidemia que fez muitos estragos até o século XIX. Desde então, tivemos a sorte de controlar esse fenômeno, o que não ocorre em grande número de outros países.

Haverá quem faça a objeção de que as práticas sexuais não são bons exemplos para diferenciar norma e normalidade, pois elas constituem assunto de grande controvérsia, sobre o qual os indivíduos e as sociedades parecem incapazes de entrar em acordo.

Talvez as normas sejam mais estáveis e descrevam melhor a normalidade se lidarmos com um assunto menos controvertido, como a preservação da vida e da integridade dos seres humanos.

Passemos então a outro comportamento considerado horrível e anormal: o assassinato. É verdade que o homicídio é punido em praticamente todas as culturas, desde a Antiguidade. No entanto, se observarmos melhor, veremos que o assassinato não era e ainda hoje não é considerado um comportamento imoral ou patológico. O que cria ainda mais problemas são as condições nas quais ele é cometido.

Tomemos também aqui exemplos concretos. Na Antiguidade, o assassinato de um escravo pelo senhor não era julgado crime nem comportamento patológico. Na história antiga, mas também moderna, as chacinas eram consideradas procedimentos eficazes para garantir uma vitória — por exemplo, após o assédio de uma cidade —, para resolver conflitos étnicos e para diminuir o alcance da contestação política. Mas é verdade que o conceito de crime contra a humanidade foi introduzido no século passado para tentar frear esse tipo de prática. Apesar disso, as matanças por razões étnicas ou políticas não são tratadas da mesma maneira que os assassinatos perpetrados individualmente. Se, após um golpe de Estado, o regime que tiver chegado ao poder matar uns trinta oponentes em cerca de três anos, quase ninguém perceberá. A informação não irá para a primeira página dos jornais. Em compensação, se, no mesmo lapso de tempo, alguém matar trinta pessoas porque elas têm ideias diferentes das suas, a ação será amplamente divulgada pela mídia, e o autor será considerado um assassino em série e psicopata.

Haverá quem faça a objeção de que matar ou ferir um ser humano pode se justificar se for para proteger um bem superior, como, por exemplo, uma guerra destinada a defender a integridade territorial de uma nação ou o ideal de um modo de vida. Portanto, cabe concluir que a possibilidade de divertir-se também é um bem superior. Levanto essa dúvida porque o fato de olhar pessoas se matando ou ferindo era e continua sendo uma forma de divertimento muito apreciada. Espetáculos de seres humanos sendo devorados por feras ou de duelos mortais por gladiadores eram muito populares na Roma Antiga. A tradição de lutas nas quais era regra ferir-se e a morte era possível perdurou durante toda a história até nossos dias. Se você achar que os esportes de luta se tornaram shows técnicos com violência simbólica, convido-o a assistir ao UFC. A possibilidade de ver esportistas feridos e ensanguentados é um elemento capital do sucesso mundial dessa competição. Por outro lado, talvez seja importante lembrar que as execuções só deixaram de ser públicas na França em 1939... E isso especialmente em razão da perturbação da ordem pública pela multidão que ia assistir ao espetáculo. O vídeo da última execução francesa, a de Eugène Weidmann, aliás, está disponível no YouTube.

A tortura é outro comportamento que se poderia tender a considerar patológico. As torturas mais conhecidas provavelmente são as da Inquisição, para verificar se o suspeito estava possuído pelo demônio. Esses atos bárbaros eram realizados de maneira bem "profissional", com um pessoal treinado e instrumentos às vezes muito complexos, concebidos expressamente para isso. Não se deve acreditar que a tortura seja uma prática de outros tempos. É verdade que na França o "interrogatório preparatório", eufemismo da época para designar a tortura, foi abolido por Luís XVI, em 24 de agosto de 1780, quando sua prática já se tornava cada vez mais rara. Mas nos Estados Unidos o uso da tortura para obter informações relativas à segurança nacional foi um dos argumentos de campanha do novo presidente. Para se ter uma visão mais internacional do assunto, basta olhar um dos últimos relatórios da Anistia Internacional, que publica a longa lista de países que praticam regularmente a tortura ainda hoje.

Portanto, nem mesmo a tortura é um comportamento anormal em si. Aqui, mais uma vez, é importante saber quem se tortura, e não o ato em si. A prática foi considerada aceitável durante muito tempo, e hoje ainda alguns países estimam que é possível utilizá-la, desde que o pessoal seja bem treinado, devidamente certificado, e que se trate de obter informações essenciais. Em compensação, se a tortura for destinada a satisfazer uma vontade, uma necessidade pessoal, será considerada crime, e o torturador, um sádico inqualificável.

Evidentemente, haverá ainda quem faça a objeção de que nossas sociedades evoluíram, melhoraram, e que aquelas cujas práticas nos parecem hoje inaceitáveis são atrasadas e menos civilizadas. O problema é que, em certos casos, as normas não evoluem de modo linear em direção ao progresso. Ao contrário, elas avançam e recuam, num movimento atordoante.

É o que ocorre com a homossexualidade, que flutuou entre normalidade, como na Grécia e em Roma, na Antiguidade, foi crime até a metade do século XIX na Inglaterra e doença psiquiátrica até meados da década de 1990, voltando finalmente à normalidade em quase todos os países ocidentais no século XXI. Chegamos até a desenvolver a teoria do gênero para explicar que a identificação com um gênero é um processo que se desvincula do determinismo XY, portanto, do sexo biológico do indivíduo. E assim terminamos com um sexo ligado aos cromossomos e um gênero que é função de uma identificação própria. Em outras palavras, é normal ser homem XY e identificar-se como mulher, pois o gênero não deriva do sexo, mas de outro processo. Seja qual for o construto teórico que utilizemos, num número crescente de países os casais do mesmo gênero agora podem se casar e adotar crianças. Avançamos ou recuamos? Direi que giramos em círculo, indo do branco ao preto, passando por todas as nuances de cinza. E, durante esse tempo, nosso cérebro não variou nem um pingo... A única coisa que se pode dizer é que são as normas, e não a normalidade, que guiam nossas decisões, e que o modo como olhamos as maneiras de ser nem sempre evolui com lógica.

A lista dos comportamentos normais "imorais" poderia ser prolongada, mas esse não é nosso propósito. Aqui, tento simplesmente mostrar que norma não define normalidade, mas, sim, a aceitabilidade de comportamentos geralmente definidos como anormais em nossa sociedade — como, por exemplo, o estupro, o assassinato e a tortura. Estes são sem dúvida abomináveis, mas infelizmente normais, porque são aceitos em função do contexto, do período e da civilização. Essa constatação não implica absolutamente a inutilidade das normas, que mudam o tempo todo e negam nosso comportamento normal. Ao contrário, essa análise reforça a necessidade e a importância delas, justamente porque o comportamento normal da espécie humana é bastante assustador.

Doenças: comportamentos normais completamente desequilibrados

Acabamos de ver que os comportamentos que infringem as normas são em geral comportamentos normais, nos quais incidem pessoas cujo cérebro funciona corretamente. Quais são agora as características dos comportamentos patológicos, os que observamos quando o cérebro começa a mostrar falhas?

Esquematicamente, mas com bastante fidelidade à realidade, as doenças do comportamento podem ser divididas em duas categorias principais: afecções neurológicas e patologias psiquiátricas.

Quais são as diferenças entre elas? Para muitos, trata-se das diferenças entre doenças do corpo (orgânicas e neurológicas) e doenças de nossa essência imaterial (psicológicas e psiquiátricas). Essa distinção — medieval e ultrapassada — ainda é usada por certos terapeutas. As razões dessa obstinação muitas vezes, como vimos, são uma grande fé, um pouco de má-fé e certa dose de senso comum. Esses são três fatores que podem ser justificados por quem não esteja a par do verdadeiro funcionamento da biologia deste início do século XXI. Obtidos esses conhecimentos, fica evidente que tanto as doenças psiquiátricas quanto as neurológicas afetam o cérebro. O que as distingue na maioria das vezes é o tipo de disfunção desse órgão insubstituível.

Neurologia e psiquiatria entre excesso e insuficiência

As doenças neurológicas começam, em geral, quando o cérebro não faz suficientemente aquilo que deveria fazer. Os neurologistas dedicam boa parte de sua atividade a combater patologias durante as quais o cérebro vai perdendo progressivamente uma ou várias de suas funções. No mal de Alzheimer, muitas vezes é a memória que começa por se mostrar deficiente, antes da perda da maior parte das capacidades cognitivas, até o momento em que o paciente já não tem nenhuma autonomia e não consegue entrar em relação com seu ambiente. No mal de Parkinson, outra afecção neurológica bem conhecida, é o controle dos movimentos que vai sendo afetado aos poucos até desaparecer quase completamente.

Em contraposição, nas doenças psiquiátricas, o cérebro faz coisas demais. Evidentemente, há exceções, mas na maioria das vezes os psiquiatras passam o tempo lutando contra a expressão excessiva e invasiva de emoções e comportamentos perfeitamente normais. A ansiedade, por exemplo, nada mais é que a exacerbação — muitas vezes injustificada — de um comportamento útil para a espécie: o medo. Do mesmo modo, a depressão poderia ser considerada uma tristeza irreprimível que assume o controle do indivíduo. Mas nem o medo nem a tristeza são emoções patológicas. É muito útil ter medo em situações perigosas e ameaçadoras, para fugir delas ou combatê-las. Do mesmo modo, após a perda de um elemento importante de nossa vida, fazem parte do processo de luto certo desespero, o desinteresse pelo mundo exterior e a dificuldade de sentir alegria ou prazer. Com isso podemos nos reconstruir, afastando-nos de um ambiente que não nos convém, à espera de dias melhores.

Por isso, em se tratando da mesma função, psiquiatras e neurologistas tratam na maioria das vezes de disfunções opostas. Consideremos a memória. Para o neurologista, um dos principais inimigos por combater é a perda, a anulação do passado que nos confina num presente demencial. Ao contrário, para o psiquiatra, é a incapacidade de libertar-se de certas lembranças que constitui o pivô de várias patologias. O exemplo mais emblemático dessa falha de esquecimento é a lembrança de experiências traumáticas do passado que invade o presente a ponto de tornar impossível a vida normal.

A motricidade é outro exemplo dessa visão especular que o neurologista e o psiquiatra têm sobre o mau funcionamento do cérebro. A perda das capacidades motoras sem dúvida é o inimigo número um do neurologista, como no caso do mal de Parkinson. Para o psiquiatra, ao contrário, o problema é a agitação motora, observada em várias afecções, até a hiperatividade paroxística das crianças que sofrem de TDAH (transtorno do déficit de atenção e hiperatividade).

Em resumo, na maioria das vezes os neurologistas combatem o "insuficiente", e os psiquiatras, o "excessivo", o que torna a vida do neurologista muito mais simples que a do psiquiatra. É muito mais fácil detectar o aparecimento de um déficit do que a manifestação de um excesso. Se você fosse capaz de escrever com uma bela caligrafia bem redonda e, de repente, ela se tornasse cada vez menor, não seria complicado para você e os que o cercam perceber que há um problema. Assim também, se você começar a esquecer o nome de seus filhos, a deixar de reconhecer sua mulher ou de encontrar o caminho do trabalho, logo terá a sensação de que está se desenvolvendo alguma doença. Por conseguinte, quem procura o neurologista não está querendo saber se está doente ou não, pois em geral já sabe a resposta, mas apenas para saber a patologia exata e as possibilidades terapêuticas.

Para o psiquiatra, a situação é um pouco mais complexa. Quem o consulta muitas vezes o faz porque quer saber se está doente de fato. Determinar o excesso é mais difícil do que entender que existe uma insuficiência. Provavelmente essa é também a razão pela qual grande número de doenças psiquiátricas não é detectado e muita gente vive mal por falta de diagnóstico. De qualquer modo, é bom deixar claro que, para esses pacientes, a diferença entre normal e patológico às vezes é difícil de estabelecer. Como dizer se a tristeza e o desespero que sentimos após a morte de um ente querido fazem parte de um processo de luto compreensível ou traduzem uma depressão? Como saber se a dificuldade que temos para falar com os outros numa reunião é um sinal de timidez ou fobia social? Os exemplos são quase infinitos.

Quando o excesso se torna doença

O primeiro trabalho de um bom psiquiatra, portanto, é entender se o paciente está doente ou não. Como ele faz isso? De modo geral, os psiquiatras usam três critérios: causa razoável; frequência; invasão.

Estabelecer uma "causa razoável" consiste simplesmente em determinar se um comportamento ou uma emoção é proporcional e ajustado à situação que lhe deu origem. Por exemplo, se você está tomado por uma ansiedade profunda que atinge a intensidade de um ataque de pânico quando está na frente de um leão visivelmente faminto, pode-se afirmar com bom grau de certeza que tudo está bem com seu cérebro, pelo menos até o bote da fera. Em compensação, se a mesma reação for desencadeada quando você cruzar com um coelho, é bem provável que você sofra de algum transtorno de ansiedade. Consultar um psiquiatra sem dúvida é uma excelente ideia. Em outro registro, se lhe roubarem o carro, sua mulher fugir com seu melhor amigo e, além do mais, sua casa pegar fogo, e você se sentir triste ou mesmo amargurado e perder a alegria de viver, nisso não haveria nada de preocupante nem de anormal. No entanto, se você tiver cada vez mais dificuldade para se levantar de manhã, mesmo estando acordado desde muito tempo, e se a ideia de ir trabalhar se tornar cada vez mais insuportável, sem que você consiga encontrar uma causa para o rumo desagradável que seu comportamento está tomando, é bem provável que esteja apresentando os primeiros sinais de depressão.

Evidentemente, trata-se de exemplos caricaturais nos quais a diferença entre normal e patológico é fácil de estabelecer. Na vida real, todos temos inúmeras razões para nos sentir preocupados, frustrados, ameaçados, pois regularmente perdemos pessoas queridas e objetos a que somos apegados. Por esse motivo, se estamos tristes, ansiosos ou agitados, muitas vezes é bem difícil dizer se essa reação é normal ou patológica. Consultar um especialista frequentemente é o único modo de chegar a um julgamento justo e entender se nosso cérebro reage de modo normal à situação presente ou se ele está reagindo demais por causa de um mau funcionamento.

A frequência de um comportamento é o segundo critério de distinção entre normal e patológico. É bastante pertinente quando a ausência ou a presença de uma razão provável é difícil de determinar. Por exemplo, muito mais gente do que se imagina realiza pequenos gestos, como lavar frequentemente as mãos, verificar várias vezes se uma porta está bem fechada ou evitar andar sobre as juntas das lajotas. Esses comportamentos não têm justificativa especial. Só quando se repetem com muita regularidade é que se começa a desconfiar de um transtorno obsessivo-compulsivo, o famoso TOC. O mesmo se diga sobre a ansiedade e a depressão. Independentemente das causas, justificadas ou não, ter medo, estar triste ou desmotivado não são sinais de doença em si. É só quando uma dessas manifestações se torna frequente e intensa demais que se pensa num estado patológico.

Nenhum psiquiatra digno desse nome fará o diagnóstico de doença psiquiátrica numa pessoa que manifeste de vez em quando um comportamento sem causa razoável. Muita gente tem medo irracional de camundongos. Racionalmente, é uma loucura, pois é o camundongo que deveria ter um ataque de pânico toda vez que visse um ser humano de perto. No entanto, pouquíssimas pessoas que têm fobia desses roedores são consideradas doentes e passam por tratamento. Os camundongos não são tão frequentes, e os camundongófobos na maioria das vezes tem uma vida serena e alegre.

O terceiro critério é a interferência entre o modo de agir suspeito e o restante da vida da pessoa. Ou seja, o comportamento não só é frequente, como também assume o lugar de outras atividades que se tornam cada vez mais difíceis ou mesmo impossíveis. Desta vez, em razão de uma tristeza profunda ou de um medo mortal, você já não é capaz de se levantar, vestir-se e ir trabalhar, ficando em casa. Ou então já não lava as mãos apenas duas ou três vezes pela manhã antes de ir trabalhar, mas repete esse ritual a ponto de não conseguir sair de casa antes que o dia termine. Outra possibilidade: você não se sente apenas pouco à vontade e intimidado toda vez que um desconhecido lhe dirige a palavra, mas desiste pura e simplesmente de pôr o nariz porta afora porque apenas a ideia de que alguém possa se aproximar lhe é insuportável. Quando um comportamento se torna assim invasivo e irreprimível, o diagnóstico de doença psiquiátrica não deixa dúvida.

Esses três critérios — ausência de causa razoável, frequência excessiva do comportamento e a sua invasão na esfera de outras atividades da vida cotidiana — combinam-se de maneira diferente e têm intensidade variável, dependendo do indivíduo. Por essa razão, afora os casos extremos, na maioria das vezes precisamos de um especialista para entender não só a patologia de que sofremos, como também, simplesmente, se estamos doentes ou não.

Entre doença e vício, o câncer psicossocial das dependências

O fato de o órgão que está na origem de nosso comportamento não ter praticamente mudado há milênios e de ser fundamentalmente o mesmo em todos os seres humanos serve de fio condutor bastante simples para distinguirmos entre comportamento normal e doenças. Se uma conduta for aceita por uma cultura e rejeitada por outra que a considera vício, trata-se com muita probabilidade de um comportamento normal, a não ser que se considere que os seres humanos de toda uma civilização têm cérebro doente. Em compensação, as doenças do comportamento são transculturais e transgeracionais, pois se trata de desvios provocados por uma disfunção do cérebro, que é comum a todos.

Com esse raciocínio, deveria ser bastante simples diferenciar vícios e doenças. Infelizmente, nossa sociedade os confunde com muita frequência, assim como confunde normas e normalidade. Às vezes não é grave. Mas, em outros casos, essa indefinição cria verdadeiros cânceres psicossociais que causam enorme sofrimento às pessoas envolvidas e custam muito caro à sociedade.

A dependência sem dúvida é a rainha de todas as categorias de nossa incapacidade de distinguir vícios de doenças. Essa palavra-ônibus, que abrange mais ou menos tudo hoje em dia, define em geral comportamentos incontroláveis de consumo que redundam num superconsumo nocivo ao indivíduo. Trata-se de um verdadeiro flagelo para nossa sociedade e nosso sistema de saúde. Tomemos os dois principais superconsumos, o de drogas, lícitas e ilícitas, e o de alimentos. Se os somarmos e calcularmos seus custos, veremos que sem nenhuma dúvida se trata do principal ônus econômico e social de nossa sociedade. Essa constatação não é espantosa em vista do número de pessoas envolvidas. Na França, cerca de 22% da população é obesa, e 60% têm sobrepeso. Contamos também cerca de 30% de fumantes regulares e 20% de indivíduos que fumam mais de dez cigarros por dia. A isso se devem acrescentar 8,8% de pessoas que ingerem álcool de maneira crônica e arriscada, além de 4,5% que são dependentes do álcool. Por fim, contam-se cerca de 1,5 milhão de fumantes regulares de maconha e cerca de 1 milhão de indivíduos que são dependentes dela. Ou seja, no total, uma porcentagem bastante grande da população francesa.

O problema das dependências é tal que deveria ter sido encontrada alguma solução há muito tempo. Mas nada disso aconteceu. O sobrepeso e a obesidade aumentam inexoravelmente e, embora alguns países consigam reduzir o consumo de uma ou outra droga, sua dependência não para de progredir em âmbito global. Não sabemos como abordar esse problema, provavelmente por causa das opiniões díspares que existem sobre o assunto. Trata-se de um erro social para uns, de uma fraqueza individual que vai do pecado ao crime, passando pela doença, para outros.

No entanto, parece bem simples. Uma das principais funções de nosso cérebro, como vimos, é instaurar comportamentos destinados a gerir e a fazer desaparecer nossas dependências primordiais com relação ao ar, à água e aos alimentos, três elementos de que precisamos permanentemente para manter baixo nosso nível de entropia e continuar vivendo. Portanto, não é surpreendente que, se funcionar mal, o cérebro que se desenvolveu para satisfazer dependências insuperáveis venha a se enganar de objeto e adquira dependência com relação a outra coisa.

Sabemos hoje que as dependências são claramente doenças do cérebro. No entanto, alguns especialistas das ciências humanas e sociais, assim como as religiões, obstinam-se em afirmar o contrário. Isso é mais espantoso porque, entre todas as afecções psiquiátricas, a única cujas bases biológicas conhecemos é realmente a dependência, ao passo que os desarranjos cerebrais que dão origem à depressão, à ansiedade e à esquizofrenia não são realmente conhecidos. Ora, é muito raro ouvir dizer que alguém que sofre de alguma fobia é pusilânime e que um bom serviço militar fortaleceria sua natureza. Do mesmo modo, raramente se censura um deprimido dizendo-lhe que é preguiçoso, que quer viver às custas da seguridade social, e ninguém lhe diz que é melhor se levantar e ir trabalhar, caso contrário vai se dar mal. Costuma-se admitir que se trata de doenças, que o cérebro dessas pessoas não funciona corretamente e que é preciso fazer de tudo para ajudar esses infelizes a sair dessa situação.

Em compensação, quando se afirma que a dependência é uma doença biológica, as resistências são muito grandes. Para as religiões, é uma fraqueza moral, um vício que vem da falta de força de vontade; em outras palavras, é simplesmente um pecado. O catolicismo, para escolhermos uma religião próxima de nós, considera que é um pecado mortal dos tempos modernos, no mesmo nível do aborto. Eis aí uma visão, cabe admitir, bastante distanciada da visão de doença. Para algumas correntes da psicologia e das ciências humanas, a dependência seria, antes, um problema psicológico, cultural e social, que sem dúvida não se explica pela biologia. Todos já ouviram falar da dependência psicológica, que, na teoria, é anterior e conduz à dependência química;

também ouviram falar das drogas que apenas geram dependência psicológica. Em outras palavras, o ser humano é levado à dependência por sua psicologia, portanto, por sua essência imaterial. Essa concepção de dependência como consequência da fraqueza da essência imaterial, da alma, provavelmente explica o destino que nossa sociedade reserva aos toxicômanos, que são obrigados a prostituir-se, roubar, infectar-se e, com frequência, morrer para obter os produtos dos quais são escravos. Pois, afinal de contas, que mais poderiam fazer pecadores sem propósito, destinados a ir para o inferno? Se eles já amargam um pouco do inferno na terra, haverá quem diga que não faz mal. Isso já os prepara para aquilo que os espera no além.

Os argumentos a favor do caráter não biológico da dependência podiam ainda ser audíveis há trinta anos, porém não mais hoje. Não só porque, durante as últimas décadas, foi identificado o mecanismo biológico da passagem do consumo recreativo das drogas para uma verdadeira dependência, como também se mostrou que a denominada dependência psicológica é 100% biológica. Várias descobertas do início do século XXI deram o golpe de misericórdia na visão espiritualista ou não biológica da dependência. Por exemplo, em 2004, com um grupo de pesquisa, publicamos na revista *Science* a demonstração de que a dependência não afeta apenas os seres humanos, mas também animais, como os ratos. Não só esses roedores estão dispostos a trabalhar para obter droga, como também, depois de um mês desse consumo "recreativo voluntário", alguns deles desenvolvem o verdadeiro comportamento de dependência totalmente idêntico ao do ser humano. A porcentagem dos animais que se tornam dependentes, cerca de 20%, é semelhante à dos consumidores humanos da mesma droga, que terminam sendo toxicômanos. Além disso, a substância em questão era a cocaína, uma das drogas que supostamente só criam dependência psicológica.

Por que essa descoberta é incompatível com a ideia de que a dependência é uma doença de nossa essência imaterial? Simplesmente porque, para a facção espiritualista, os animais não têm essência imaterial nem alma. Por conseguinte, não podem desenvolver essa patologia. No entanto… os ratos ficam, sim, viciados. Portanto, somos forçados, mais uma vez, a concluir que a dependência não é uma fraqueza da alma humana, mas uma doença biológica.

Quais são as origens dessa obstinação contra as dependências? Por que se costuma admitir que a depressão tem bases biológicas, embora ainda não tenham sido identificadas, enquanto se refuta essa base no que se refere às dependências, mesmo sendo elas conhecidas? A razão é simples: as dependências, bem mais que as outras patologias do comportamento, afetam um dos elementos centrais da concepção de essência humana imaterial, a liberdade. Liberdade e dependência estão de fato estreitamente ligadas, ainda que se tenha pouca consciência dessa relação.

Para compreendê-la, perguntemos quais são os inimigos da liberdade. Os primeiros elementos que nos vêm à cabeça são uma série de ameaças externas, de coerções regulamentares e estruturas sociais: as leis divinas ou terrenas, evidentemente os regimes totalitários ou mesmo a escravidão. As relações entre lei e liberdade não são unívocas, pois dependem completamente do sistema político. Na França, como nos regimes democráticos em geral, a lei visa a reduzir a liberdade de alguns para proteger a de todos. Sem essa força, esse equilíbrio seria difícil de obter, pois a busca de liberdade de uns tenderá a esmagar a de outros. Em compensação, nos regimes totalitários, a lei não protege a liberdade de todos, está lá para reduzir a de alguns e favorecer a de outros. O paradigma disso é a escravidão, que permite que uma pessoa se aproprie de outra para satisfazer todos os seus desejos e suas necessidades.

Por fim, quase unanimemente, acreditamos que a liberdade dos outros é o principal inimigo da nossa. Isso é esquecer a grandíssima ameaça à nossa liberdade que provém do interior de nós mesmos. Alguém não está percebendo do que quero falar? No entanto, todo mundo conhece esse inimigo interno, tão nefasto quanto a escravidão ou a ditadura: é a dependência. Uma dependência que nos obriga a cometer, sem que possamos resistir, os atos destinados a obter um objeto e consumi-lo. Esse comportamento assume progressivamente o lugar das outras atividades, para tornar-se quase exclusivo e obrigatório. Perdemos a possibilidade de escolher... Comparar a dependência a uma forma de escravidão, portanto, está bem próximo da realidade, pois, no plano individual e social, ambas são o oposto da liberdade.

A relação entre liberdade e dependência ainda é mais perturbadora quando se observa a principal conquista da liberdade moderna: o direito à diversão dos seres humanos. Agora dispomos de comidas saborosas e entretenimentos múltiplos. Podemos ter relações sexuais sem reprodução, praticar esportes radicais, comprar coisas não necessariamente úteis, mas cuja posse nos torna felizes, bem como consumir legalmente drogas, como o álcool, o tabaco ou mesmo, em alguns países, a maconha. Esses meios de diversão podem nos levar ao excesso e mesmo à dependência. Em outras palavras, parece que nos sentimos livres quando realizamos todas essas atividades capazes de nos privar desse direito tão custosamente conquistado. A dependência seria, na verdade, não apenas um inimigo interno da liberdade, como também uma consequência dessa busca, um risco que se corre para ser livre.

Entendem-se melhor, então, as razões da resistência a admitir que a dependência é biológica. Como a falha de uma faculdade imaterial, dada por Deus à alma do homem, poderia ser biológica? Improvável, senão a liberdade também deveria ser biológica. Verifica-se, como já vimos, que é exatamente isso que ocorre: a busca de liberdade é o princípio organizador da biologia, mas era importante compreender por que essa ideia é de difícil aceitação por aqueles que acreditam numa essência humana imaterial. Com efeito, se a dependência e, por conseguinte, a liberdade são biológicas, o que restará à alma, à nossa essência imaterial?

Outra razão da dificuldade de nossa sociedade resolver o problema das dependências é que aí se encontra um terreno de conflito emblemático entre o *Homo endostaticus* e o *Homo exostaticus.*

Diante do problema das dependências, o homem endostático, espiritualista e conservador, tende claramente a proibir todas as atividades ou as substâncias capazes de acionar esse tipo de engrenagem. É bastante lógico, pois as drogas representam em geral o arquétipo do prazer exostático, portanto, um perigo enorme para a busca da felicidade endostática. O problema é que essa proibição vai de encontro às aspirações de grande parte da população, que não está pronta para renunciar ao prazer exostático. Ninguém estaria de acordo em prescindir de um vinho Sauternes com *foie gras*, unicamente para evitar o alcoolismo ou a obesidade. Além disso, a proibição, que já foi amplamente praticada, quase não funcionou. Ela gera um enorme mercado negro e uma criminalidade difíceis de frear, apesar dos grandes e custosos esforços. Isso sem falar da forte oposição que encontra por parte dos *lobbies* implicados, tais como a indústria do vinho e dos destilados, a dos jogos de azar, do sexo ou mesmo do tabaco, que alegam consequências econômicas desastrosas da proibição de seus produtos.

A segunda solução, oposta à anterior, proposta pelo homem exostático, progressista e materialista, é de liberar tudo. Para ter prazer, o risco da dependência não lhe parece impeditivo. Aliás, visto que numerosas atividades arriscadas, entre as quais grande número de esportes, são bem aceitas em nossa sociedade, por que não as drogas? Essa posição evidentemente depara com forte oposição da parte das correntes espiritualistas e conservadoras. A Igreja católica, como vimos, considera as dependências pecado e as põe no mesmo plano do aborto, e os movimentos conservadores laicos desaprovam fortemente o uso de drogas. Além disso, na Europa e na França, considera-se que o Estado deve proteger os cidadãos. Por conseguinte, é dificilmente concebível que ele possa lhes dar acesso a produtos ou atividades perigosas como o consumo de drogas.

Mais uma vez, presa no turbilhão da oposição ideológica entre homens endostáticos e exostáticos, nossa sociedade movimenta-se em círculos e, incapaz de encontrar uma solução lógica e coerente, trata o assunto caso a caso. Em outras palavras, faz bobagens. É assim que o álcool e o tabaco, que sem dúvida estão entre as drogas mais perigosas para a saúde, acabam sendo lícitos. Em paralelo, nossas autoridades sanitárias afirmam combater a obesidade, mas o Estado nada faz contra uma indústria alimentícia que transforma o alimento em droga. Conhecemos os estragos do jogo patológico, mas os jogos de azar são legais; o Estado é um de seus principais operadores e dele extrai lucro por meio de impostos.

Então, entre proibição e liberação, fazemos prevenção, tentando convencer as pessoas a não consumir ou a consumir com moderação os produtos que lhes vendemos. Trata-se de um esforço colossal, extremamente caro e, ainda por cima, quase ineficaz em muitos países, entre os quais a França. Não é surpresa, pois entregar-se ao prazer exostático por todos os meios é um comportamento normal de nossa espécie.

Por acaso podemos fazer coisa melhor ou temos de continuar a viver nesse conflito entre redução de nossa liberdade e aceitação de nossas dependências? Estamos destinados a debates sem fim, a cada vez que os movimentos libertários quiserem despenalizar uma droga ou uma atividade até então proibida, ou quando os movimentos conservadores quiserem proibir ou limitar atividades até então legais? Como sair desse impasse?

Uma solução, mais uma vez, é abordar esse problema utilizando a visão de 360 graus do *Homo interstaticus*: tentar entender realmente esse fenômeno e aceitar sua realidade. Poderíamos então parar de alternar entre visões monoculares opostas, proibir tudo ou liberar tudo, para então atacar o fundamento do problema e assim resolvê-lo.

Nos próximos capítulos, abordaremos, portanto, sob o prisma do *Homo interstaticus*, o superconsumo de alimentos: a obesidade, em primeiro lugar, e depois a dependência das drogas. Outras dependências, como as que se referem ao sexo, ao videogame ou ao esporte, estão cada vez mais sob os holofotes, mas, além do interesse que provocam, os principais problemas com os quais nossa sociedade se confronta são de fato a obesidade e a toxicomania.

8.

Obesidade: um cérebro doente de seu ambiente

Engordamos porque somos inteligentes demais

Visto que comer é uma das três dependências primordiais, o que fazer da obesidade, muitas vezes vista como resultante de uma forma de dependência da comida? Dependência de uma dependência...? Isso não tem nenhum sentido. Na verdade, a obesidade não é uma nova dependência, mas apenas uma dependência primordial que deu errado.

Como um indivíduo chega a ter grande sobrepeso? Comendo demais, ou, mais exatamente, além de suas necessidades. Durante muito tempo, do ponto de vista da endostase, consideramos a obesidade uma doença da saciedade, ou seja, uma falha dos sistemas de controle responsáveis por nos fazer parar de comer. Hoje em dia é vista sobretudo como decorrente do sistema exostático, que nos incita a ingerir mais que o necessário, para criar reservas na forma de gordura, o que, no século XXI, parece ter como função principal fazer-nos engordar. Mas como a evolução pôde selecionar um sistema biológico que provoca um estado, a obesidade, associado a numerosas patologias, tais como a diabetes ou as doenças cardiovasculares? A resposta é muito simples: a evolução não selecionou nada, pelo menos não recentemente.

Já vimos que os sistemas exostático e endostático foram selecionados em condições ambientais que duraram o suficiente para ser significativas em nível de evolução: os quatro milhões de anos durante os quais os humanos eram caçadores-coletores e não tinham nenhum controle sobre o ambiente. Em um meio instável, a presença de indivíduos cujo comportamento alimentar é regulado principalmente pelo sistema endostático — que os faz alimentar-se quando têm fome — e outros indivíduos regulados pelo sistema exostático — que os faz comer sempre que veem comida — representou uma vantagem indubitável para a espécie.

Mas isso é história antiga, as coisas mudaram bastante e já não existe problema de incerteza de recursos, pelo menos nos assim chamados países civilizados. Então por que não nos adaptamos? Será porque a evolução à qual nos referimos incessantemente deixou de cumprir sua tarefa? Não. A evolução funciona muito bem e continua sua progressão em todas as espécies. Mas precisa de tempo, muito tempo, milhares de anos para poder introduzir suas modificações.

Por isso cabe examinar de outra forma a "inexplicável" epidemia de obesidade que, há trinta anos, invadiu nosso planeta na esteira da ocidentalização das sociedades. Nenhuma desregulagem súbita de nosso sistema biológico provocou falha em nosso mecanismo de saciedade. Tampouco houve degradação repentina do córtex pré-frontal, nosso moralizador cerebral, que nos levaria a não conseguir resistir ao pecado da gula. Não, nada se desregulou em nós. Ao contrário, se nos tornamos obesos, é porque nossa biologia continua funcionando muito bem.

No caso do sobrepeso, o problema não se situa em nós, mas fora de nós, no ambiente atual. É ele que se tornou patológico, tornando permanentemente disponíveis recursos alimentares, algo a que nossa biologia não está preparada. Mas fomos nós que o tornamos patológico. A evolução, classicamente, seleciona os indivíduos mais bem adaptados às características do ambiente: aqueles que sobrevivem com mais facilidade podem se reproduzir mais e tornam-se cada vez mais representados na espécie. Há aproximadamente 15.000 anos, os homens inverteram essa relação, modificando suas condições de vida para adaptá-las às suas necessidades, em especial com a invenção da agricultura e da pecuária. Esse período, que alguns cientistas chamam de Antropoceno, redundou no ambiente hiperestável dos tempos modernos, ao qual alguns sistemas biológicos nossos não estão adaptados.

Dedicamos uma quantidade impressionante de tempo e esforços a produzir, estocar e distribuir recursos de que não temos necessidade imediata. Em qualquer rua do centro da cidade, conte as mercearias, padarias, lanchonetes, restaurantes, ou qualquer outro local em que a alimentação está imediatamente disponível. Olhe os campos: dos 55 milhões de hectares do território francês, 53,3% estão destinados à agricultura (para produção vegetal e animal); a silvicultura (para madeira) ocupa 28,3% desse território. Os lagos, a urbanização e a infraestrutura, 12,7%; e apenas 4,6% são superfícies agrícolas não cultivadas. Em outras palavras, modificamos 95% do território francês para que ele atenda às nossas necessidades assim que se manifestem. O poder da exostase, que nos leva a nos prevenir das necessidades futuras, é realmente enorme e parece ter forjado a dinâmica da civilização ocidental.

A obesidade, portanto, é um tipo bem particular de afecção, caracterizada pelo fato de que o sistema biológico em causa não sofre de nenhuma desregulagem, funciona perfeitamente. Em geral, ficamos doentes quando nosso corpo não funciona bem. Dessa vez, em decorrência das modificações do ambiente, o funcionamento "normal", que já não é vantajoso para nós, torna-se patológico. Muitas vezes se acredita que em biologia a normalidade é uma característica absoluta para a qual tendem os organismos, como que para atingir um ideal abstrato. É falso: em biologia a normalidade depende completamente do ambiente.

Os pulmões, por exemplo, são órgãos extraordinários, de uma eficiência impressionante em sua função fisiológica de extração de oxigênio e eliminação de CO_2. Trata-se de uma máquina biológica quase perfeita. Se, de repente, o ambiente muda, se caímos de um barco sem saber nadar, se ficamos de cabeça na água, nada mais funciona. Os pulmões são incapazes de extrair o oxigênio da água. No entanto, os peixes vivem muito bem no mar. O afogamento seria uma doença dos pulmões? Todos acharão essa ideia ridícula. Pois bem, também estúpido é considerar a obesidade uma disfunção do sistema exostático. Para este, o ambiente no qual a comida está sempre presente e abundante é tão inadministrável quanto o meio aquático para os pulmões.

Com a obesidade, portanto, estamos diante de um novo tipo de patologia: doenças nas quais tudo funciona normalmente, mas nada vai bem. Trata-se de afecções decorrentes de mudanças drásticas no ambiente. O sobrepeso é completamente diferente do afogamento, que ocorre por acidente quando estamos num meio no qual não deveríamos estar. Na obesidade o que mudou foi o ambiente no qual vivemos, e o pior é que nós mesmos o modificamos. Logo, esse mal talvez seja um exemplo de um novo tipo de afecção que se pode chamar de "doenças da evolução proativa". Estas são devidas à inversão de nossa relação evolutiva com o ambiente. Já não é ele que nos modifica para que fiquemos cada vez mais bem adaptados, somos nós que o modificamos para que ele corresponda da melhor maneira a nosso ideal cognitivo de nós mesmos. Mas, atingido o objetivo, nossa biologia às vezes já não está adaptada.

Em outras palavras, seria possível dizer sem grande risco de errar que engordamos porque somos inteligentes demais.

Por que nem todo mundo é obeso?

Todos temos um sistema endostático e um sistema exostático, então por que não somos todos obesos? Isso decorre das diferenças de patrimônio genético e da singularidade das vivências individuais, que vão determinar a intensidade da expressão dos genes. Portanto, é normal que sejamos todos diferentes, ou seja, exostáticos ou endostáticos em maior ou menor grau.

As variações entre indivíduos possibilitam à evolução selecionar os caracteres mais vantajosos para a espécie. Se, por exemplo, para colher a maioria dos frutos for preciso medir no mínimo 1,70 m, apenas as pessoas que tenham atingido essa altura acabarão subsistindo, e as outras terão muita dificuldade para alimentar-se. No caso do comportamento alimentar, em condições estáveis, a vantagem é dos indivíduos endostáticos e, em condições instáveis, dos exostáticos. A passagem de uma condição de suprimento para outra pode ser muito rápida e ocorrer em poucas gerações ou mesmo em uma só, ou seja, em lapsos de tempo que não possibilitam selecionar um caráter. Por conseguinte, a espécie que puder, a qualquer momento, dispor de representantes desses dois perfis poderá enfrentar rapidamente a modificação drástica entre períodos de abundância e de carência e sobreviver melhor a todas as situações. Mas, quando os recursos alimentares são abundantes e estáveis, quase além do razoável, como hoje, os indivíduos exostáticos serão levados a comer todos os dias além das necessidades e terão um risco maior de desenvolver obesidade.

Acumular gordura é um programa biológico refinado

Pode-se pensar que o acúmulo de recursos energéticos é um fenômeno passivo, que todas as vezes que comemos mais do que precisamos imediatamente nosso organismo conserva o excedente, pois este há de ir para algum lugar. Ao contrário, estimular ativamente o armazenamento de energia é uma das finalidades fisiológicas específicas do sistema exostático. Este último não nos faz apenas comer demais, mas também orienta nosso metabolismo para a constituição de reservas. Conservar energia, portanto, é um fenômeno ativo, resultante de uma coordenação impressionante entre grande número de órgãos diferentes: evidentemente, o cérebro, mas também o trato gastrointestinal, o fígado, o pâncreas, os músculos e o tecido adiposo.

Um dos sistemas biológicos que realizam essa coordenação é o sistema endocanabinoide, cujo receptor principal, o CB1, age como verdadeiro maestro a reger a atividade de grande número de órgãos para o acúmulo de energia. Para entender bem seus efeitos, observemos, órgão por órgão, a função teórica do sistema exostático e comparemos essa função com o que sabemos sobre a ação do sistema endocanabinoide.

No nível dos órgãos do sentido e do cérebro, o sistema exostático deveria, idealmente, aumentar a sensação de prazer propiciada pela comida e, por conseguinte, sua capacidade de nos atrair. Deveria também ser capaz de nos fazer comer em condições de saciedade. Em outras palavras, deve aumentar a atratividade dos alimentos, inibindo a sensação de plenitude.

O sistema endocanabinoide age ao mesmo tempo sobre a visão e o olfato, a fim de aumentar a atração do alimento. Está presente, por exemplo, na retina, onde sua ativação parece melhorar o contraste visual e, sobretudo, a visão noturna. Por esse motivo, na Jamaica, para detectar melhor os peixes à noite, os pescadores usam maconha, cujo princípio ativo, o THC, estimula o receptor CB1. No sistema olfatório, a ativação do sistema endocanabinoide também possibilita aumentar a percepção do alimento, portanto, sua atração e, depois, sua ingestão. Por fim, esse sistema age diretamente sobre as células gustativas, aumentando a percepção do açucarado.

Para essas ações coordenadas, o sistema endocanabinoide faz o alimento parecer mais apetitoso, cheiroso e saboroso. Continua sua ação no cérebro, onde é capaz de aumentar o prazer propiciado pelos alimentos e, agindo sobre o sistema dopaminérgico, aumenta o desejo de ingeri-los. Portanto, não é muito espantoso que um dos efeitos conhecidos da maconha, cujo princípio ativo, o THC, estimula o receptor CB1, seja o de provocar enorme vontade de comer alimentos açucarados.

O sistema endocanabinoide aumenta também a ingestão alimentar por meio das ações coordenadas sobre o hipotálamo, centro integrador do sistema endostático. Ele inibe os centros da saciedade e ativa os que incitam a alimentar-se. Chega a modificar certos neurônios, provocando a produção dos neurotransmissores que incitam a comer, em vez dos sinais de saciedade originais. Por fim, também no nível do hipotálamo, ele aumenta o impacto de sinais periféricos, como o do hormônio grelina, que estimula a ingestão alimentar.

No trato gastrointestinal, o sistema exostático deve, idealmente, aumentar a absorção dos alimentos.

No sistema digestivo, a ingestão de alimentos, especialmente os ricos em gorduras, aumenta a taxa de endocanabinoides, o que provoca absorção maior de alimentos, não só porque os endocanabinoides tornam mais lenta a motilidade (os movimentos) do intestino e o esvaziamento gástrico, como também por sua ação anti-inflamatória sobre o próprio trato gastrointestinal: este fica permanentemente em um estado de inflamação que diminui a absorção de alimento.

No fígado e no pâncreas, o sistema exostático teoricamente deve facilitar a produção de lipídios a partir dos alimentos absorvidos, pois são as substâncias que conseguimos armazenar em maior quantidade.

Além das gorduras que ingerimos diretamente com os alimentos, o fígado é capaz de produzi-las a partir dos carboidratos absorvidos. Para tanto, utiliza enzimas que transformam glicose em ácidos graxos.

Os endocanabinoides podem aumentar a produção dessas enzimas. Também são capazes de fazer o fígado funcionar em atividade máxima, aumentando a quantidade de glicose que lhe chega por meio da diminuição da absorção dela pelas células musculares. Em paralelo, agem diretamente sobre o pâncreas e provocam o aumento do nível de insulina, hormônio que estimula fortemente a produção de lipídios pelo fígado.

Em outros termos, se compararmos a produção de lipídios a um automóvel, veremos que o sistema endocanabinoide aumenta a cilindrada do motor (a quantidade de enzimas hepáticas), garante que haja sempre gasolina no tanque (mais glicose) e cuida para que o acelerador esteja sempre pressionado (mais insulina).

No tecido adiposo, o sistema exostático deve teoricamente facilitar a entrada de gorduras nas células, os adipócitos. Ao contrário do que se pode imaginar, o armazenamento de lipídios nos adipócitos não é um fenômeno passivo. Ele exige a ativação de um transportador específico que "abre as portas". Também nesse caso o sistema endocanabinoide desempenha papel muito importante. Abrindo essa porta, possibilita que a gordura entre nas células e nelas se acumule. Também modifica os adipócitos, aumentando seu número e sua capacidade de armazenamento.

Por fim o sistema exostático idealmente deveria reduzir o consumo de energia, o que aumenta mecanicamente o armazenamento. O sistema endocanabinoide pode fazê-lo de várias maneiras. Em primeiro lugar, inibe o sistema nervoso autônomo, cuja função é aumentar o consumo de energia, estimulando a termogênese (produção de calor). Em paralelo, também age diminuindo a atividade da mitocôndria, organela intracelular que produz nossa fonte principal de energia, o ATP, degradando carboidratos e lipídios.

Finalmente, armazenar gordura e engordar nada tem de fatalidade decorrente do empilhamento progressivo de um excedente que se acumularia em nosso tecido adiposo como bolinhas de gude no fundo de um saco. Ao contrário, ficar gordo poderia ser comparado a uma forma de arte, a um balé muito bem coreografado, durante o qual diferentes órgãos se põem em uníssono para agir de tal maneira que nosso organismo possa não só criar reservas de gordura, mas sobretudo produzi-la a partir dos alimentos que consome.

Cada vez mais obeso: é normal não saber parar

Quando um sistema biológico é ativado de maneira intensa e repetida, seus efeitos diminuem progressivamente. Esse tipo de adaptação, chamado tolerância, também caracteriza os sistemas que regulam a ingestão de alimentos e a utilização de recursos alimentares. Por exemplo, um organismo regularmente submetido a níveis elevados de insulina torna-se aos poucos insensível, resistente a esse hormônio. Esse mecanismo parte da "boa intenção" de nos permitir suportar melhor estímulos excessivos e, sem dúvida, tem consequências positivas em curto prazo. No entanto, a tolerância muitas vezes dá origem a mecanismos patológicos.

No caso do acúmulo de energia, a tolerância diz respeito ao sistema de saciedade. Em outras palavras, quanto mais comemos e acumulamos gordura, menos eficaz é nosso sistema de saciedade e mais se torna difícil parar de comer. Por exemplo, quanto mais engordamos, mais insensível nosso cérebro se torna aos efeitos do hormônio leptina, que perde progressivamente a capacidade de inibir a ingestão alimentar.

Se os sistemas que estimulam a ingestão alimentar se tornassem tão tolerantes quanto os que regulam a saciedade, tudo deveria equilibrar-se. Ora, não é o que acontece. Especialmente na obesidade, a atividade do sistema endocanabinoide não mostra sinais de tolerância. Ao contrário, um dos marcadores da obesidade é o aumento dos endocanabinoides no sangue. Mas, enquanto os efeitos da leptina vão diminuindo, os dos endocanabinoides continuam inalterados e até aumentam. Quanto mais engordamos, mais os produzimos, mais os endocanabinoides nos fazem comer, transformar nossos alimentos em lipídios, permitindo-nos também armazená-los em maior quantidade. Trata-se de um verdadeiro círculo vicioso.

Gordo e feliz? A resiliência do excesso

É bem interessante constatar que os obesos ou as pessoas que têm sobrepeso muitas vezes parecem passivos ou mesmo despreocupados com seu estado. Ao contrário do que leva a crer o lugar-comum, não é uma questão de fraqueza moral ou de falta de força de vontade. Ao contrário, trata-se de outro efeito do sistema exostático, em especial do sistema endocanabinoide, que provoca forte resiliência nesses indivíduos, em especial à sua situação.

Resiliência é um conceito que está na moda e invade cada vez mais o campo da psicologia. Durante muito tempo, considerou-se que era principalmente passiva a relação com nossas vivências. Tive a sorte de ter pais maravilhosos, não conheci agressões, nem a guerra... Minhas chances de ter um bom equilíbrio psicológico são grandes. Se, em compensação, meu passado tivesse sido semeado de experiências negativas e traumáticas, eu teria fortes probabilidades de desenvolver problemas psicológicos. Recentemente, percebeu-se que grande número de indivíduos é capaz de superar acontecimentos negativos sem guardar vestígios deles. Essa resiliência, que nos dá capacidade de resistir, de esquecer os sofrimentos, de ignorar a adversidade, hoje é considerada um grande trunfo para o indivíduo.

Na sociedade atual, a resiliência é fácil de entender. Se você foi agredido uma vez, os riscos de ser atacado de novo são cada vez menores. A capacidade de esquecer esse trauma, portanto, é sem dúvida salutar. No entanto, nossos sistemas biológicos se instalaram num período em que nosso controle do ambiente era inexistente. As ameaças e as agressões não eram acidentes isolados. Nesse contexto, a incapacidade de superar a experiência de um perigo ao qual se teria escapado era claramente uma vantagem, e a função positiva da resiliência, bem mais difícil de entender.

Para esclarecer esse paradoxo, é preciso levar em conta o papel do sistema exostático, que é pôr o organismo numa situação de excesso e de estresse fisiológico, a fim de incitá-lo a criar reservas. Portanto, não é surpreendente que certos mecanismos desse sistema procurem proteger o indivíduo dos perigos aos quais seu funcionamento o expõe.

Desse ponto de vista, entende-se por que certas funções do sistema endocanabinoide, que podem parecer completamente independentes de seus efeitos sobre o armazenamento dos recursos energéticos, exercem ação indireta sobre essa função. A ativação desse sistema diminui a sensação de dor, opõe-se ao estresse e reduz o medo. Todas essas propriedades parecem não ter vínculos com a possibilidade ou não de armazenar alimentos. No entanto, pensando bem, um indivíduo exostático não vai apenas ingerir mais alimentos quando os vê, mas também fica mais motivado a encontrá-los. Procurar o que comer num ambiente não controlado aumenta a possibilidade de ficar exposto a situações perigosas, com a dose de sofrimento e medo que elas acarretam. Quem sente menos os efeitos do estresse e tem menos angústia e dor tem mais condições de explorar regularmente novos ambientes, portanto, de encontrar o que comer. Além disso, se o alimento não for digesto ou for consumido em grande quantidade, poderá provocar náuseas e estados inflamatórios. Portanto, é muito útil que o sistema endocanabinoide, além de todas as suas funções, também aja contra a náusea, o vômito e as inflamações.

Por fim, assim como o prazer, a resiliência provavelmente foi selecionada pela evolução para facilitar nossa capacidade de acumular recursos internos, a despeito dos perigos que isso comportava. Com recursos instáveis, que era preciso colher ou caçar, o risco de tornar-se obeso era muito pequeno, e a capacidade de superar a experiência de um perigo sem dúvida era uma vantagem. Na situação atual, no século XXI, o sistema endocanabinoide extremamente estimulado provoca obesidade crescente e induz resiliência a esse estado, portanto, pouca motivação para evitá-lo.

E se desenvolvêssemos regimes ajustados às necessidades de cada um?

Ao ver a obesidade e sua evolução, ficamos impressionados com dois elementos. Por um lado, seu aumento epidêmico e, por outro, nossa total incapacidade de resolvê-lo. No entanto, em princípio é simples resolver esse problema: coma menos e emagrecerá. Além disso, você não é obrigado a fazê-lo sozinho, pois uma horda de nutricionistas, livros e blogs propõe mil e uma receitas para perder alguns quilos com facilidade e equilíbrio. Existem até sociedades em que se entregam refeições dietéticas em domicílio. Já nem há necessidade de fazer compras ou cozinhar.

Apesar desse exército benevolente, o resultado não está à altura das expectativas, e a obesidade continua progredindo. Pois a conjunção de dietas hipocalóricas e exercícios físicos não funciona. Claro, se você comer menos e se mexer mais, só poderá emagrecer, mas, se essas medidas não dão os resultados esperados, é simplesmente porque as pessoas não as seguem. Portanto, é necessário perguntar-se por que a grande maioria dos obesos é incapaz de fazer a coisa mais simples do mundo para perder uns quilos: comer menos e mexer-se mais.

Uma das respostas a essa pergunta é a dos conservadores endostáticos que difundem a ideia de que a obesidade é resultado de um vício, de uma fraqueza, de falta de força de vontade. Alguns chegam a sugerir que a sociedade deixe de pagar pelas consequências sanitárias da obesidade: as principais, diabetes e doenças cardiovasculares, custam caríssimo. Se você não quer fazer a coisa mais simples, que é comer um pouco menos, não há nenhuma razão para que nós, que fazemos o esforço de controlar nosso peso, tenhamos de pagar suas faturas de remédios e hospitalização.

Essa concepção da obesidade é errônea, mas perfeitamente coerente com a visão de mundo endostática, para a qual a obesidade é absolutamente incompreensível. O homem endostático só come quando tem fome, e apenas aquilo de que precisa para voltar ao estado de equilíbrio. Para ele, é um mistério que algumas pessoas incidam no excesso alimentar e percam a saúde. No entanto, a obesidade é de fato uma doença, uma doença da exostase.

Sem dúvida é uma afecção um tanto especial, pois não é provocada por uma falha de um sistema biológico, como no mal de Parkinson ou de Alzheimer. No caso da obesidade, o cérebro faz exatamente o que deveria fazer. O que não funciona é sua adequação ao ambiente extremamente estável de hoje, pelo qual o obeso, individualmente, não é responsável em absoluto.

O que fazer, então? Uma primeira etapa é reexaminar as medidas dietéticas por esse novo prisma de leitura. Aí, grande surpresa: essas medidas são todas estruturadas em torno de princípios de regulação do sistema endostático. Portanto, não é de surpreender que não funcionem. A maioria dos especialistas sempre considera que a obesidade resulta de um defeito da endostase, em especial do mau funcionamento dos sistemas de saciedade. Os regimes aconselhados hoje, portanto, destinam-se a ajudar um sistema endostático deficiente, e não a criar uma armadilha para um sistema exostático que funciona a pleno vapor. Como esperar que os seres humanos, sobretudo exostáticos, programados para o excesso, possam segui-los? Não podem porque aquilo que os faz comer não é a necessidade, como ocorre com o *Homo endostaticus*, mas a presença de alimento. E comida existe em todo lugar!

O que fazer? O que faria o *Homo interstaticus*, que não é guiado pela ideologia e vê a realidade em sua globalidade? Simplesmente tentaria imaginar medidas dietéticas ajustadas ao sistema exostático, à biologia daquele que deve seguir o regime. Sabemos muito bem o que ativa o sistema exostático. Portanto, podemos imaginar regimes que funcionem como uma armadilha para ele, diminuindo sua atividade e levando com mais facilidade as pessoas obesas a alimentar-se menos. Quais seriam os princípios gerais desse novo tipo de medida dietética? A filosofia básica, evidentemente, é levar a comer menos. Mas, em vez de impor uma redução na ingestão calórica, o objetivo é dar vontade de limitar a quantidade de alimentos ingeridos. Os meios de chegar a isso baseiam-se em três perguntas fundamentais: o que comer, como comer e com quem comer?

A primeira regra para reduzir a atividade do sistema exostático é diminuir as propriedades apetitivas do alimento. Essa perspectiva pode parecer um pouco triste. Ninguém tem vontade de ter de se contentar com pratos pouco apetitosos. Mas não é disso que se trata. Podemos, em compensação, tentar evitar os alimentos cujas propriedades apetitivas tenham sido artificialmente aumentadas com o acréscimo de três tipos de substância química: açúcar, sal e lipídios. A indústria alimentícia é a campeã de todas as categorias dessa prática. Todos os produtos ricos demais em açúcar, sal e gorduras constituem aquilo que se chama de *junk food*, tão frequentemente associado à obesidade. Na verdade, não se trata necessariamente de comida nociva, mas de uma que foi preparada para estimular de maneira artificial o sistema exostático e, portanto, levar-nos a consumi-la além de nossas necessidades. É lógico que quem vende alimentos incentive as pessoas a comer cada vez mais e que tenham encontrado meios eficientes para isso.

Logo, é preciso banir todos os pratos preparados fora de casa e, em geral, todos os alimentos industrializados. Para simplificar, deixar de comprar pratos prontos só para aquecer, molhos industrializados, nenhuma carne reconstituída etc. Só utilizar produtos brutos, não necessariamente frescos, podem ser congelados, e eliminar os manipulados pelos outros.

Isso nos leva a fazer perguntas sobre inúmeros pratos que não são industrializados, mas são preparações às vezes artesanais: derivados de laticínios, queijos, manteiga, iogurtes etc., e óleos de origem vegetal. Idealmente, também seria preciso abandoná-los, ainda que isso possa se tornar muito complicado, pois também são produtos que passaram por preparação com o objetivo de concentrar o teor de gordura. Portanto, proponho eliminar todos os laticínios concentrados, ou seja, o queijo em todas as suas formas, o creme de leite e a manteiga, e ficar apenas com o leite e os óleos vegetais que estejam entre as gorduras menos nocivas.

É realmente importante controlar rigidamente o açúcar, o sal e as gorduras, os três aditivos alimentares que mais estimulam o sistema exostático e estão presentes em praticamente todas as mesas e em todas as cozinhas. O açúcar de mesa nada mais é que sacarose em estado puro, seja qual for sua forma, seu nível de refinamento (açúcar branco ou mascavo) e sua origem (cana-de-açúcar ou beterraba). O mesmo se diga sobre o sal de cozinha, quer ele provenha da terra ou do mar. Por fim, a manteiga e os óleos vegetais são extratos gordurosos extremamente concentrados. Esses três aditivos não são problemáticos em razão de suas propriedades nutricionais próprias, mas porque propiciam prazer e nos incitam a comer mais. Acrescentar óleo ou manteiga sobre batatas aumenta o número de calorias, mas, sobretudo, incita a comer mais. Por fim, a indústria alimentícia não é a única a utilizar essas três "bombas exostáticas"; nós também recorremos a elas em nossa cozinha.

Idealmente, para evitar estimular o sistema exostático e assim reduzir de forma espontânea a quantidade de alimento ingerido, basta privilegiar os alimentos não refinados, carnes, frutas e legumes sem acréscimo de sal, açúcar e gordura. Claro, é complicado. Então, o que fazer? Primeiro, podemos eliminar completamente o açúcar ou pelo menos não o acrescentar aos alimentos que, na maioria, já o contêm. Mesmo se o tirarmos dos doces, ele realmente não nos faltará. Eliminar completamente o sal é bem mais complicado. Podemos, em contrapartida, acrescentar apenas aquilo que é preciso para tornar os alimentos saborosos segundo nossos critérios atuais, depois ir reduzindo progressivamente as doses. Você verá que sentirá cada vez menos necessidade dele. Mas, sobretudo, é preciso usá-lo durante o cozimento e eliminá-lo da mesa. Quanto às gorduras, óleo ou manteiga, também é fundamental fazê-los desaparecer da mesa onde incitam comer mais pão. Devemos também tentar diminuir a quantidade de óleo, manteiga ou margarina durante o cozimento. É mais fácil do que o sal, pois diferentes métodos permitem fazê-lo, conservando o sabor. Uma maneira muito eficiente é terminar o cozimento dos alimentos tostados com água, deixando-a evaporar aos poucos. O gosto final é exatamente o mesmo dos alimentos cozidos exclusivamente na gordura, mas a quantidade necessária desta é bem menor.

Por fim, cuidado com os molhos, que em geral são emulsões que contêm grandes quantidades dos três elementosacima. É preciso concentrá-los o mínimo possível, usar apenas o necessário e, principalmente, deixá-los na cozinha.

Outro elemento importante é a composição da refeição, pois a variedade e a novidade aumentam muito a atividade do sistema exostático. Por conseguinte, a estrutura clássica, com uma entrada, um prato e uma sobremesa, incita a comer mais do que um prato único. Esse fenômeno bem conhecido é observado tanto nos animais quanto no ser humano. Se você oferecer a pessoas quantidades ilimitadas de três pratos sucessivos diferentes ou se você oferecer o mesmo prato três vezes em seguida, as que tiveram acesso aos alimentos variados comerão muito mais que as outras. É um exemplo que já utilizamos, mas que é muito eloquente: mesmo que você esteja completamente satisfeito no fim da refeição, sempre encontrará um lugarzinho para a sobremesa. Por quê? Porque a visão ativa o sistema exostático, que nos faz superar a sensação de saciedade. Aliás, a estrutura clássica da refeição parece apoiar-se com conhecimento de causa no funcionamento desse sistema: as três partes têm, na maioria das vezes, propriedades apetitivas crescentes. Começa-se com a menos tentadora, uma saladinha, seguida por uma carne ou um peixe com seu acompanhamento e acaba-se com o queijo e as sobremesas, produtos artificiais, ricos em sal, gordura e açúcar. Se começássemos a refeição com o queijo e a sobremesa, seguidos pela carne e finalmente pela salada, esta última seduziria pouco. A refeição de um regime exostático, portanto, deve ser idealmente composta de um único prato. Mesmo que você tenha vários alimentos no prato, sempre comerá menos do que se eles fossem servidos um após o outro. No entanto, seria preciso evitar combinar apenas alimentos muito apetitosos, como batatas salteadas com cogumelos, peito de pato e vagem dourada na manteiga. O ideal é que o produto que tenha poder apetitivo maior seja acompanhado por alimentos pouco calóricos.

Também é importante preparar os pratos na cozinha e evitar pôr no meio da mesa um prato do qual cada um possa se servir várias vezes. Isto porque a visão da comida ativa o sistema exostático, que vai nos impelir a repetir só porque ela está ali, e não porque temos fome.

Até agora falamos de comida, mas o que beber? O ideal é que se beba água. Os refrigerantes precisam ser absolutamente proscritos durante as refeições ou pouco antes, pois contêm muita glicose, que é utilizada por nosso organismo para calcular quanto estamos comendo e produzir as quantidades necessárias de insulina. Os alimentos não refinados contêm pouca glicose, portanto, se você acrescentar açúcar, as estimativas serão falseadas. Seu organismo reagirá como se você tivesse comido muito mais do que a realidade e produzirá muito mais insulina do que necessário. O principal problema dos refrigerantes e do acréscimo de açúcar durante a refeição ou ao fim não está ligado às calorias deles, mas ao fato de que incitam o organismo, por meio da produção de insulina, a transformar os alimentos recém-ingeridos em gordura e a armazená-la no tecido adiposo. Se você quiser de qualquer maneira tomar refrigerante, isso deve ser feito fora das refeições. O mesmo se diga sobre café, leite, chá ou infusões no fim da refeição. Ou são bebidos sem açúcar ou é melhor dispensá-los.

Se agora temos uma ideia precisa daquilo que devemos comer e beber, a questão restante é saber com quem. A resposta, em princípio, é bem simples: sem ninguém. Pois a presença de outra pessoa nos incita a comer mais. Esse comportamento provavelmente se desenvolveu nos períodos antigos, durante os quais nós e nossos congêneres competíamos pelos mesmos recursos. O que não era comido logo era tomado pelos outros. Portanto, era preciso mantê-los a distância. Hoje, se seguirmos um regime, compartilhar a refeição vai impelir a comer mais. Se, além disso, os amigos ou parentes puderem encher alegremente seus pratos com alimentos bem mais apetitosos do que aquele a que temos direito durante nosso regime, correremos o risco de enlouquecer nosso sistema exostático e transformar esse momento numa verdadeira tortura. Digo que é até desaconselhado comer sozinho diante da televisão, pois ela também nos expõe — claro que de maneira virtual — a outros seres humanos, o que também pode impelir nosso sistema exostático a nos fazer comer mais.

Por último, um truque para diminuir a vontade de comer: trocar os horários das refeições. Isto porque a ingestão de alimentos segue um ciclo circadiano ao qual estamos habituados desde a infância. Ele faz nosso corpo preparar-se, aumentando, antes da hora fatídica, todos os sinais biológicos que nos incitam a nos alimentar. Mudar esses horários, portanto, possibilitará diminuir nossa motivação para comer e a quantidade de alimento que vamos ingerir. O ideal é adiantar o horário habitual de sentar-se à mesa em pelo menos uma hora. Sei que pode não ser prático e nem sempre é aplicável, mas de qualquer maneira às vezes é realizável.

Agora você dispõe de uma série de medidas que lhe permitirão — caso seja exostático — seguir um regime sem sofrer muito. Todas essas estratégias evidentemente não excluem o fato de que, se você não reduzir a ingestão calórica diária, continuará engordando. Elas servem apenas para ajudar a diminuir a vontade de comer e, portanto, a comer menos no fim das contas.

Obesidade, uma doença nada igual às outras

A obesidade, portanto, é principalmente uma doença do sistema exostático. Não é devida a uma disfunção desse sistema — o cérebro do obeso funciona perfeitamente —, mas resulta de uma inadaptação de parte de nossa biologia ao ambiente alimentar tão abundante que conhecemos hoje em dia. Em vez de ser uma fatalidade, ela é resultado da revolução cognitiva que mudou nossa relação com a evolução. Já não permitimos que o ambiente selecione os indivíduos mais aptos, mas o transformamos para que ele corresponda a nossas necessidades. Para retomarmos uma visão dicotômica corpo-alma, diremos que a obesidade não é uma doença infligida pelo corpo à sua essência imaterial, mas, sim, uma doença que a essência imaterial impôs ao corpo.

O desafio para encontrar uma terapia da obesidade é muito complexo, pois não se trata de consertar uma biologia defeituosa, mas, sim, de deter um sistema que funciona normalmente e serve para muitas coisas. Por exemplo, seria muito complicado usar uma molécula farmacológica clássica que bloqueasse o sistema endocanabinoide — um dos principais substratos da exostase —, porque esse sistema é necessário para nosso funcionamento normal. Os efeitos indesejáveis, portanto, seriam numerosos. No entanto, as pesquisas recentes dão uma esperança, pois identificaram moléculas que possibilitam inibir seletivamente a atividade excessiva do sistema endocanabinoide; seria uma nova farmacologia que visasse o excesso patológico, mas preservasse o funcionamento normal.

Por fim, enquanto não se encontra uma terapia, a única coisa por fazer é seguir os conselhos do *Homo interstaticus* e estabelecer medidas dietéticas ajustadas ao funcionamento do sistema exostático. Elas serão seguramente mais eficazes que as preconizadas hoje, que foram preparadas para quem não precisa delas, ou seja, aqueles que são principalmente regulados pela endostase. Falar uma língua que as pessoas compreendam em geral funciona muito melhor para transmitir uma mensagem. Para ajudar nossos irmãos sobretudo exostáticos a controlar melhor a ingestão de alimentos, portanto, a emagrecer sem sofrimento e, principalmente, não engordar, é preciso lançar mão de medidas ajustadas à sua fisiologia.

9.

Toxicomania: um cérebro cada vez mais doente

Toxicomania, câncer psicossocial

A dependência de drogas é um exemplo emblemático da zona cinzenta entre vício e doença, na qual o comportamento humano navegou no século XX, provocando inúmeros debates no século XXI. Mais uma vez encontramos uma oposição clássica entre a visão endostática e a visão exostática da vida. A Igreja católica, como já notamos, coloca as dependências entre os pecados mortais modernos, e os movimentos conservadores preconizam a proibição de todas as drogas. Os movimentos progressistas e libertários, ao contrário, lutam para legalizar o maior número possível delas. Essas duas concepções opostas redundam num crisol legislativo no qual, em função do país e dos produtos, se encontra praticamente de tudo e seu contrário. Em dado lugar, o consumo e o comércio de drogas são passíveis de pena de morte, ao passo que em outro as mesmas substâncias são legais. Além da situação legislativa, mesmo em um país progressista como a França, o modo como a sociedade vê a toxicomania apresenta muitos contrastes, e grande parte da população continua considerando que se trata de falta de força de vontade, de um vício pelo qual o indivíduo é responsável.

O toxicômano, aliás, em quase todos os lugares é considerado de maneira ainda mais negativa que o obeso. Não que a droga cause mais estragos que o excesso de alimentação, seria até o inverso. Não, a verdadeira razão é que se considera a ingestão de alimentos um comportamento indispensável que às vezes pode levar à obesidade, mas do qual nossa espécie não pode prescindir. O sobrepeso, portanto, é um mal que deriva de um bem necessário, um preço por se pagar para a sobrevivência da espécie. A toxicomania é outra história. As drogas não só fazem mal como também não servem para nada, não têm nenhuma função fisiológica. É um comportamento inútil, cujo único objetivo é o prazer, uma verdadeira perversão da alma.

Na realidade, esse argumento aparentemente racional é de todo falso. O fato de alguma coisa não servir para nada e ser arriscada nunca acarretou sua abolição de nossa sociedade. Ao contrário, tendemos a venerar os representantes mais ilustres de atividades inúteis e perigosas, como o esqui, o alpinismo, o paraquedismo ou mesmo a corrida de automóveis. Não ocorreria a alguém propor que se negasse tratamento ao esquiador que tivesse quebrado uma perna, alegando que isso acontecera quando seu único objetivo era obter prazer. Ninguém considera o piloto de Fórmula 1 acidentado um pecador vicioso que não merece nossa ajuda.

Também não se pode afirmar com certeza que a abolição das drogas esteja ligada apenas à sua capacidade de nos tornar dependentes. Observando bem, veremos que não combatemos todas as drogas, mas apenas algumas delas que, em outras culturas, são perfeitamente lícitas e parte integrante dos rituais sociais. Infelizmente, as drogas que toleramos não são menos tóxicas nem menos capazes de causar dependência, inclusive verifica-se que estão entre as mais perigosas.

Com relação à toxicomania, nossa sociedade, portanto, adotou no século XX um de seus comportamentos mais irracionais, que persiste até hoje. Isso não deixa de ter consequências, em razão do enorme custo social. Trata-se de um problema grave para o qual é importante encontrar solução. Mais uma vez, vamos pedir ajuda ao *Homo interstaticus*. Esquecendo ideologias, vamos olhar a realidade estereoscopicamente, ou seja, com nossos dois olhos, e não somente com o da endostase ou o da exostase. Com essa abordagem, a dependência revela sem ambiguidade sua verdadeira natureza. Não se trata de um vício, mas simplesmente de uma doença. Ela pode ser mais grave que um vício, mas é possível compreendê-la e tratá-la

Por que quase todo mundo usa drogas?

As principais drogas são organizadas em cinco categorias que contêm substâncias bastante diferentes:

1. Derivados do tabaco, cujo principal princípio ativo é a nicotina.
2. Bebidas alcoólicas, cuja substância ativa é o álcool.
3. Opioides, dos quais os mais conhecidos são a heroína e a morfina.
4. Psicoestimulantes, dos quais os mais disseminados são a cocaína e as anfetaminas; a mais corrente destas é o ecstasy, ou MDMA.
5. Canabinoides, cânabis e seus derivados, cujo princípio ativo é o THC, mas também produtos com o K2 e o Spice, que contêm canabinoides sintéticos muito mais poderosos que o THC.

Todas essas substâncias têm estruturas e formas muito variadas e agem sobre nosso cérebro e sobre nosso organismo ligando-se a alvos com estruturas e funções muito diferentes. Em razão dessa ação sobre substratos biológicos distintos é que cada droga tem efeitos próprios.

Essas cinco famílias de substâncias são consideradas drogas porque têm três propriedades comuns: efeitos agradáveis que incitam o consumo; efeitos nefastos que deveriam nos dissuadir de usá-las; capacidade de provocar dependência em alguns indivíduos, que deixam de ter a escolha de consumi-las ou não. A intensidade desses três efeitos varia fortemente segundo as substâncias, por razões que logo veremos.

Todas as drogas agem sobre nosso cérebro, modificando pares neurotransmissor-receptor. Não só cada categoria visa pares diferentes, como também pode haver variação no modo como essa perturbação se exerce, a depender da família de drogas. Em função do tipo de interação, é possível dividir esses produtos em duas grandes categorias:

1. O tabaco, os opioides e a cânabis substituem os neurotransmissores, exercendo efeitos semelhantes, porém mais intensos, sobre os receptores.
2. Os psicoestimulantes e o álcool intensificam o efeito dos neurotransmissores, aumentando sua quantidade ou a sensibilidade de seus receptores.

Por ter alvos e mecanismos de ação próprios, cada família de drogas propicia sensações agradáveis específicas, que podem ir do prazer intenso a outros efeitos muito mais sutis e difíceis de descrever com exatidão.

Nicotina, opioides e canabinoides substituem os neurotransmissores

A nicotina, principal substância ativa do tabaco, é uma cópia do neurotransmissor acetilcolina. A acetilcolina é fundamental para o bom funcionamento de nossa memória e de nosso estado de vigília, mas também para transmitir o impulso do cérebro aos músculos. Sem ela, qualquer movimento é impossível. Quando alguém fuma, a nicotina ocupa o lugar da acetilcolina, ativa seu receptor e estimula as funções normais desse neurotransmissor. Por essa razão, cada cigarro dá uma sensação de ânimo, de estímulo geral agradável, como se tudo fosse um pouco mais acessível ao nosso redor. Daí a sensação de vigilância e antiestresse descrita pelo fumante.

Os opioides, como a morfina, a heroína e certos analgésicos, ocupam o lugar de outra substância endógena — a encefalina — que é principalmente responsável pela sensação de prazer e pela analgesia, ou seja, pela resposta de nosso organismo para reduzir a dor. As drogas opioides, portanto, vão substituir as encefalinas e ativar seus receptores. Estimulam, assim, de maneira muito intensa, os circuitos do prazer e provocam um êxtase semelhante ao do orgasmo. Entende-se então a sua faceta atraente.

O THC, princípio ativo da cânabis, e os canabinoides sintéticos presentes no Spice e no K2 substituem principalmente outra molécula endógena, a anandamida, da palavra *ananda*, que quer dizer "felicidade" em sânscrito. A anandamida é uma das peças mestras do sistema exostático e desempenha papel importante no prazer ligado à ingestão de alimentos, mas também exerce efeitos relaxantes e ansiolíticos que diminuem a percepção das ameaças, ajudando-nos a esquecer acontecimentos negativos. Portanto, é lógico que a cânabis ou o Spice sejam sentidos como muito agradáveis e provoquem um estado de paz, de relaxamento.

Os psicoestimulantes e o álcool aumentam a atividade dos neurotransmissores

Os psicoestimulantes aumentam os níveis, portanto, a atividade, de um grupo de neurotransmissores bem conhecidos: a dopamina, a serotonina e a noradrenalina. Embora a cocaína, as anfetaminas e o ecstasy ajam sobre esses três neurotransmissores, cada droga tem sua preferência: a cocaína prefere a dopamina; o ecstasy, a serotonina; as anfetaminas, de maneira semelhante, a noradrenalina e a dopamina. As funções desses neurotransmissores são múltiplas, e cada psicoestimulante, portanto, tem suas especificidades, mas todas essas drogas têm efeitos comuns. A dopamina, a noradrenalina e a serotonina aumentam a vigilância e a atenção, assim como certas formas de memória. Também facilitam a motricidade e dão energia, diminuindo a sensação de fadiga. Induzem um estado afetivo muito positivo e tornam o ambiente mais atraente. Por isso, a cocaína e as anfetaminas são muito usadas à noite. Tudo parece mais bonito e pode-se dançar até o amanhecer. Algumas dessas substâncias, em especial as anfetaminas, mas também a cocaína, estão presentes em certos meios profissionais e estudantis para possibilitar o trabalho e o estudo durante longas horas.

O álcool age sobre outro neurotransmissor: o GABA. Não aumenta seu nível, como a cocaína, mas exacerba a sensibilidade do receptor. Sua principal função é inibir a atividade do cérebro. Quando se bebe, as taxas de GABA não são modificadas, mas seus efeitos são amplificados. Um aumento da atividade do GABA provoca forte relaxamento, diminui a pressão das coerções exteriores e reduz o estresse e a ansiedade. Portanto, não é de surpreender que o álcool seja a droga pós-trabalho por excelência, conferindo ao drinque seu poder mágico de mostrar um mundo um pouco mais cor-de-rosa, mesmo depois de um dia duro.

Um efeito atrativo comum

Se essas substâncias têm consequências agradáveis, mas muito diferentes, por que classificá-las na mesma categoria, como drogas? Simplesmente porque elas também têm um efeito biológico comum que lhes confere uma característica extra de poder nos levar para o caminho da dependência. Para isso, elas aumentam fortemente a liberação de dopamina, o que as torna mais atraentes. O efeito prazeroso próprio a cada uma delas nos incita a obtê-las. A dopamina confere brilho ao objeto do prazer, tornando-o mais atraente e minimizando as dificuldades muitas vezes associadas à sua busca. Já vimos que o aumento da dopamina não é característica exclusiva das drogas. Ela guia nosso cérebro para estímulos naturais, como a compra de um *croissant* de manhã. Nessas condições, por que é mais raro ficarmos dependentes de uma guloseima do que das drogas? Em primeiro lugar, porque as drogas ativam a dopamina nitidamente mais do que os estímulos naturais, mas, principalmente, porque a liberação de dopamina em resposta a um mesmo estímulo natural diminuiu progressivamente com o tempo. Em compensação, com as drogas, ela não enfraquece com a repetição; ao contrário, cresce. Para entender melhor essa diferença, é preciso lembrar outro papel importante da dopamina no dia a dia: ela torna atraentes os estímulos novos. Um novo relógio, um carro novo ou mesmo uma caneta nova têm um atrativo muito forte. No entanto, aos poucos, esses objetos atraem cada vez menos nossos olhares, pois a produção de dopamina que eles provocam fica estagnada.

Logo, as drogas têm uma vantagem consequente: não provocam nenhum fenômeno de habituação, mas, ao contrário, acarretam uma produção crescente de dopamina por um processo de sensibilização. Essas substâncias, portanto, são comparáveis a um carro cujo modelo pareceria cada vez mais novo ao longo dos anos. Se existisse, esse veículo logo estaria no ápice das vendas... Tal como as drogas.

Por que deveríamos evitar as drogas?

Consumidas de maneira repetida e excessiva, as drogas têm efeitos nefastos para nosso corpo. No entanto, é importante observar que essa não é uma característica exclusiva dessas substâncias, mas, sim, um princípio geral. Quase todos os elementos exteriores a nosso organismo, aos quais nos expomos de maneira excessiva e prolongada, podem ter consequências negativas. Tomemos três exemplos do dia a dia: o açúcar provoca diabetes; a carne vermelha, crises de gota; e os raios de sol, apesar de serem a base da vida, acarretam o envelhecimento acelerado da pele e certas formas de câncer.

As razões pelas quais todas as drogas são tóxicas, de uma maneira ou de outra, decorrem de um mecanismo geral comum e de mecanismos específicos a cada substância.

Todas as drogas exageram

Acabamos de ver que todas as drogas modificam a atividade do cérebro, ocupando o lugar de um de seus neurotransmissores ou mesmo aumentando seus níveis. No entanto, há diferenças importantes entre o modo de ação das drogas e o dos neurotransmissores naturais. Os neurotransmissores são regulados pelo cérebro de maneira muito estrita no espaço e no tempo, ao passo que as drogas são substâncias estranhas a nosso organismo, e o cérebro não sabe controlar com precisão a localização, a duração e a intensidade dos efeitos. Esse modo exagerado de agir das drogas é uma das causas principais de seus efeitos tóxicos.

Vamos tentar entender melhor como o cérebro regula os neurotransmissores e como a ação das drogas escapa completamente a essas regras.

Em geral, nossas respostas são apropriadas às injunções do mundo exterior ou às modificações que podem ocorrer em nosso corpo. Por exemplo, ativaremos nossos sistemas cerebrais de defesa e fuga se depararmos com um leão, mas não quando à mesa chega um bolo delicioso. Em compensação, se comermos um pedaço dele, o sistema exostático se porá em marcha imediatamente, produzindo toda uma série de hormônios, como a insulina, para absorver e integrar em nossas células a gordura e o açúcar ingeridos. Da mesma maneira, é raríssimo tirarmos a roupa depois de comer um bolo, ao passo que é bem comum tirarmos o pulôver quando estamos com calor.

A resposta não só é apropriada à circunstância, como também sua duração é estritamente regulada, para que ela seja ajustada à tarefa. Não produzimos a mesma quantidade de insulina depois de termos engolido um biscoitinho ou três quartos de um rocambole. Do mesmo modo, não procuramos abrigo com a mesma velocidade quando cai um aguaceiro ou quando caem bombas do céu. Por fim, se o leão que nos persegue mudar de ideia e parar de nos caçar, nós também pararemos de fugir e voltaremos rapidamente ao estado normal.

Nosso organismo também vai modificar sua atividade seletivamente na zona cerebral ou no órgão necessário à execução da tarefa. Pois as mesmas moléculas químicas são frequentemente utilizadas pelo cérebro como neurotransmissores para regular o comportamento e realizar diversas outras funções, como regular o metabolismo, o sistema imune, a pressão arterial ou mesmo a frequência cardíaca. Por conseguinte, os efeitos das moléculas químicas produzidas por nosso organismo não se devem apenas à forma delas, mas também ao lugar — cérebro ou outro órgão — no qual elas agem. Por esse motivo, a dopamina tem funções muito diferentes: a depender da zona do cérebro na qual ela intervém, é responsável pela motivação, pela motricidade, pela sensação de náusea ou pela regulação da lactação. Portanto, é fundamental que a secreção de um neurotransmissor só aumente na estrutura implicada na tarefa que deve ser efetuada.

Em resumo, as substâncias naturais que o cérebro e os outros órgãos produzem e utilizam para modificar sua própria atividade só entram em ação em resposta ao estímulo apropriado, nas quantidades e na duração necessárias, especificamente na estrutura ou no órgão interessados. Pode-se dizer então que a atividade do cérebro ocorre apenas quando é preciso, faz apenas o que é preciso e onde é preciso.

Ao contrário, usamos drogas em situações que, na maioria das vezes, não têm nada a ver com aquelas que vão desencadear os transmissores cujos efeitos essas substâncias imitam. As drogas, portanto, vão agir sobre nosso cérebro e sobre os outros órgãos num contexto não apropriado e provocar reações não ajustadas. Depois de fumar maconha, podemos, por exemplo, ver tranquilamente nosso aproveitamento escolar degringolar. Olhar um objeto, mesmo bonito, raramente provoca um orgasmo, a não ser que tenhamos acabado de usar heroína. Discutir com alguém que normalmente evitamos porque ele está sempre repetindo as mesmas coisas pode tornar-se uma experiência muito enriquecedora se tivermos usado cocaína.

Assim que consumimos uma droga — seja qual for seu modo de absorção: ingerida, fumada, aspirada ou injetada —, ela atinge o cérebro e os outros órgãos pela circulação sanguínea. Esse modo de distribuição não nos permite controlar o destino dessas substâncias e sua quantidade. Elas chegam, na maioria das vezes, ao mesmo tempo em todos os órgãos do corpo e em todas as estruturas do cérebro; ademais, chega em quantidades muito maiores do que as atingidas pelos neurotransmissores naturais. Além disso, essas substâncias perduram no organismo e agem durante muito mais tempo que as moléculas naturais. Não as conhecendo, o corpo não tem instrumentos para inativá-las tão rapidamente quanto as moléculas que ele mesmo produz.

Em razão desses efeitos exagerados, as consequências nefastas das drogas sobre o comportamento ocorrem frequentemente de três maneiras:

1. Afetando as capacidades cognitivas, a motivação e a motricidade, o que diminui o desempenho do indivíduo e sua faculdade de funcionar normalmente.
2. Afetando o julgamento, com a exposição a riscos e comportamentos não ajustados à situação (relações sexuais não protegidas, condução perigosa de automóveis, agressividade etc.), que têm repercussões negativas em nível social, judicial e médico.
3. Aparecimento de sintomas psiquiátricos, como ansiedade, alucinações, estados maníacos e paranoicos.

Pode-se dimensionar objetivamente esses efeitos gerais das drogas por sua implicação em 40% dos acidentes mortais de trânsito. Em mais de 3.500 mortes anuais no trânsito na França, o álcool e/ou a maconha são encontrados em cerca de 1.400 casos (700 para o álcool, 350 para a maconha sozinha e 350 para os dois juntos). As outras drogas, isoladamente ou com álcool, estão implicadas em 70 mortes

(2%). Essa predominância do álcool e da maconha é, evidentemente, decorrente da grande prevalência dessas drogas, mas também do fato de que elas reduzem a vigilância e a coordenação motora bem mais do que a pessoa tem consciência.

Esses efeitos comuns das drogas sobre o comportamento são devidos a seu modo de ação e variam amplamente em intensidade, segundo as substâncias. Cada droga também tem efeitos deletérios específicos que vamos descobrir agora.

Cada droga com seus efeitos tóxicos

Tabaco

O tabaco representa uma exceção notável em relação às outras drogas. Praticamente não tem nenhuma consequência negativa sobre o comportamento dos fumantes adultos. Ao contrário, os efeitos de seu princípio ativo mais importante, a nicotina, são até que positivos. Os problemas só aparecem quando ocorre a suspensão dessa intoxicação nas pessoas dependentes. Eles se apresentam na forma de dificuldades de concentração, agressividade, fome excessiva e estados depressivos às vezes severos, enfim, toda uma série de inconvenientes que frequentemente incitam os ex-fumantes a voltar a fumar.

A nicotina, embora não seja tóxica para o cérebro adulto e até, em certos casos, proteja suas células nervosas, mata os neurônios dos bebês, donde a proibição absoluta e completamente justificada do hábito de fumar durante a gravidez.

Por fim, a inalação regular do fumo é extremamente tóxica para outros órgãos e aumenta muito o risco de bronquite crônica, câncer (sobretudo dos pulmões) e doenças cardiovasculares.

O tabaco mata a cada ano 0,6% dos fumantes habituais. Na França, estima-se que em 49 milhões de pessoas com idades que vão de 11 a 75 anos, 38 milhões fumaram pelo menos uma vez na vida e 13 milhões o fazem todos os dias. Portanto, o tabaco é responsável por cerca de 80.000 mortes por ano (mais de 250 por dia) na França e de 6 milhões no mundo. Ou seja, 16% dos óbitos anuais, somadas todas as causas.

Álcool

Os efeitos negativos do álcool dependem muito da quantidade ingerida. Enquanto o consumo moderado não é claramente prejudicial ao organismo, a partir de vários copos por dia o álcool sem dúvida nenhuma é a droga mais tóxica que existe.

Em nível comportamental, provoca rapidamente um déficit de julgamento e prejudica as interações sociais com uma intensidade que aumenta em função da dose. Sob efeito do álcool, a pessoa diz e faz o que talvez não dissesse nem fizesse quando sóbria e, a depender de suas características e dos momentos, torna-se expansiva ou agressiva demais. Com doses sucessivas, a coordenação motora se reduz, o que se associa à diminuição da vigilância, que pode progredir para o estupor, seguido pela perda de consciência e chegando até o coma.

Se a ingestão excessiva se tornar regular, o álcool provocará uma degenerescência cerebral muito grande, com a morte progressiva dos neurônios, que pode levar até a demência. Nessas condições de consumo diário intenso, o fígado também é fortemente afetado. Os danos são progressivos, manifestam-se inicialmente pelo aumento de alguns marcadores da atividade hepática, seguido pelo acúmulo de gordura no órgão (esteatose), e pela morte progressiva das células do fígado (cirrose), que leva ao óbito. Trata-se também de um terreno muito favorável ao desenvolvimento de cânceres hepáticos.

O número total de mortes atribuídas ao álcool é um pouco menor que o do tabaco, mas ele mata mais seus usuários habituais do que a nicotina. Na França, estima-se que, entre 49 milhões de pessoas de

11 a 75 anos, 46,7 milhões beberam pelo menos uma vez na vida e 3,5 milhões ingerem álcool todos os dias. O álcool mata anualmente 1,4% de seus consumidores diários, ou seja, mais que o dobro do tabaco (0,6%). Cerca de 50.000 mortes por ano (aproximadamente 130 por dia) na França e 3 milhões no mundo são devidas ao álcool, que é responsável por 8% dos óbitos anuais, somadas todas as causas.

Psicoestimulantes: cocaína, ecstasy e anfetaminas

As anfetaminas e a cocaína provocam a desorganização imediata do comportamento, o que pode ter consequências bem desagradáveis. A primeira e principal delas é o forte déficit de julgamento. Tudo parece fácil, tudo parece permitido e, sobretudo, a pessoa se sente capaz de tudo. Esse estado de onipotência, associado à hiperatividade e à infatigabilidade, é a situação ideal para o cometimento de atos arriscados, ou seja, para fazer besteiras. Além do mais, os usuários habituais podem desenvolver um estado paranoico em que têm a sensação de serem vistos com maus olhos, de que querem prejudicá-los, dando origem a comportamentos agressivos. Por fim — o que é mais raro, porém sempre possível —, a verdadeira crise psicótica leva o usuário de psicoestimulantes às urgências psiquiátricas.

Aspirar cocaína com frequência provoca quase sistematicamente uma lesão no septo nasal. O compartilhamento do cachimbo de craque (que nada mais é que uma cocaína que se pode fumar) provoca com muita frequência lesões nos lábios e nos dedos, o que facilita a transmissão de infecções virais, em especial a hepatite C. Podem ocorrer também convulsões de tipo epiléptico, bem como complicações pulmonares nos fumantes de craque.

Os psicoestimulantes também facilitam a morte dos neurônios, tanto diretamente (como no caso do ecstasy) como de maneira mais ou menos indireta. A cocaína e as anfetaminas aumentam enormemente a tolerância ao álcool e permitem beber quantidades insanas de bebidas alcoólicas sem sentir seus efeitos sedativos. Por conseguinte, a degenerescência cerebral muitas vezes observada nos cocainômanos é mais devida ao álcool do que à própria cocaína.

Os psicoestimulantes também causam uma vasoconstrição que aumenta a pressão arterial e, no usuário habitual, em especial de cocaína, o espessamento dos vasos. Isso pode provocar complicações cardíacas, além de acidentes vasculares cerebrais. Outro efeito tóxico grave dos psicoestimulantes é a síndrome de hipertermia maligna, que é um curto-circuito do sistema de regulação da temperatura do corpo, que sobe ilimitadamente, levando às vezes à morte.

Apesar desses possíveis e graves efeitos indesejáveis, o número total de óbitos atribuídos aos psicoestimulantes é pequeno na França. Estima-se que, entre 11 e 75 anos, 4,7 milhões de pessoas consumiram algum deles pelo menos alguma vez na vida: 2,2 milhões, cocaína; 1,7 milhão, ecstasy; 800.000, as outras anfetaminas. Aqueles que consomem um desses psicoestimulantes uma vez ao ano são: 450.000, cocaína; 400.000, ecstasy; 130.000, outras anfetaminas (cerca de 1 milhão no total). Sem estatísticas sobre o uso diário ou problemático dessas drogas, é difícil calcular o número de toxicômanos. No total, cerca de 43 mortes por ano são devidas aos psicoestimulantes na França (28 devidas à cocaína e 15 ao ecstasy e às outras anfetaminas). Portanto, essas drogas matam 1.750 vezes menos que o fumo e 1.000 vezes menos que o álcool.

Opioides: heroína, sucedâneos e analgésicos

Também neste caso, os efeitos negativos dependem da dose. No entanto, não é possível ter um controle apurado das quantidades de heroína, como ocorre com as do álcool. Com os opioides, o consumo que objetiva sentir efeitos agradáveis sempre é acompanhado por um estado de grande sedação, de sensação de sonolência, às vezes de náusea, vertigens e retardamento do ritmo cardíaco. É quase impossível funcionar normalmente sob o domínio dos opioides em doses que dão prazer.

Aumentando-se a quantidade, ocorre a perda de conhecimento, depois a inibição dos centros motores da respiração. É um efeito bastante desagradável... e mortal. As superdosagens não são muito raras, porque a dose letal não está muito afastada da dose que propicia prazer. Às vezes basta uma melhoria da pureza da heroína no mercado ou a associação com outras substâncias sedativas — álcool ou ansiolíticos — para desencadear a overdose.

Os opiáceos também têm efeitos prejudiciais indiretos que aparecem quando essas drogas são injetadas na circulação sanguínea. A prática do intercâmbio de seringas facilita em especial as infecções e a transmissão de infecções graves, como as hepatites B e C, além do HIV.

A maioria dos óbitos decorrentes dos opioides resulta da parada respiratória por superdosagem, pois essas drogas não têm realmente outros maus efeitos orgânicos conhecidos. Na França, o número de mortes devido ao seu consumo é muito menor em relação ao tabaco e ao álcool, mas superior em relação aos psicoestimulantes. Estima-se que, entre os 11 e os 75 anos, 600.000 indivíduos experimentaram heroína uma vez na vida, e 180.000 são usuários regulares. Anualmente se contam cerca de 300 mortes causadas por opioides; cerca de 40 delas são devidas à heroína; cerca de 200, aos seus sucedâneos (mais à metadona do que à buprenorfina), e mais ou menos 40, aos opioides normalmente utilizados como analgésicos e anestésicos. Os opioides matam, portanto, 0,12% de seus usuários regulares a cada ano, cinco vezes menos que o tabaco (0,6%) e mais de dez vezes menos que o álcool (1,4%). Portanto, levando-se em conta o número total de mortes, os opiáceos matam 300 vezes menos que o tabaco e 186 vezes menos que o álcool.

Cânabis, Spice e K2

A cânabis provoca enfraquecimento da memória, perturbações da atenção, dificuldade para levar a termo qualquer tarefa e diminuição da coordenação motora. No fumante regular, observa-se também desmotivação, um estado zen associado ao desinteresse pelos compromissos habituais da vida social. O uso de maconha também pode ser acompanhado pelo aparecimento de transtornos psiquiátricos, em especial de tipo depressivo, ansioso ou psicótico. Aliás, não é rara a chegada aos setores de urgência de fumantes de cânabis com crises de angústia muito intensas ou em estado psicótico, com alucinações e delírios. Essas crises psiquiátricas agudas são muito frequentes com o Spice e o K2, pois o princípio ativo dessas drogas é muito mais poderoso do que o da cânabis. As crises de angústia ligadas à maconha em geral são reversíveis em algumas horas. As crises de alucinação e delírio também podem desaparecer em algumas horas ou alguns dias, mas, na maioria das vezes, duram algumas semanas e podem até evoluir para uma esquizofrenia crônica. Por fim, mais raramente, a cânabis provoca durante alguns dias vômitos intensos e resistentes aos medicamentos antieméticos.

Dois dos principais efeitos negativos da maconha — diminuição da memória e da motivação — têm consequências mais ou menos importantes segundo a idade do fumante. Para o adolescente e o jovem adulto, num período da vida em que tudo está por ser aprendido e construído, isso pode revelar-se catastrófico. Imagine os efeitos de uma droga que leva a esquecer aquilo que se está tentando memorizar e que torna a pessoa a tal ponto zen que ela deixa de entender por que precisaria se estressar e cansar para atingir dado objetivo. Nessas condições, são poucas as chances de alguém ser bem-sucedido. Essa previsão é confirmada por estudos americanos que mostram dez vezes menos probabilidade de obter um diploma universitário e três vezes mais desemprego entre os fumantes diários de cânabis. Outros estudos mostram uma diminuição de cerca de dez pontos no QI de quem fuma cânabis regularmente desde a adolescência.

A situação é completamente diferente nos fumantes quadragenários. Nessa faixa etária, encontramos uma parte dos fumantes regulares que consome cânabis principalmente à noite, após o trabalho. Durante o dia, o aprendizado certamente não é a atividade principal deles. Nessa idade, funcionamos mais com base naquilo que já aprendemos. E o que serve de incentivo no dia a dia não é a conquista de uma nova fronteira, mas a gestão das frustrações e dos problemas. O consumo de cânabis, que leva a pessoa a esquecer a labuta diária e a torna zen, funciona então mais como tratamento miraculoso do que como veneno perigoso.

Provavelmente é por isso que as pessoas que tomam decisões, em geral com mais de quarenta anos, veem essa droga como um produto sem efeitos negativos. É verdade que a cânabis talvez tenha poucas consequências negativas sobre elas. Infelizmente, não são elas que consomem mais, e sim os indivíduos entre 16 e 22 anos. Entre estes, 50% experimentaram a droga pelo menos uma vez e quase 10% a usam regularmente. Mas em nossa sociedade é tradição não pensar muito nos jovens, a não ser para dizer que eles precisam crescer depressa. No caso da cânabis, de fato é interesse deles apressar-se.

Quanto às consequências negativas sobre outros órgãos além do cérebro, ainda não foram muito estudadas, mas nenhuma delas é conhecida de maneira indubitável.

Quanto aos efeitos fatais, a cânabis é realmente a última da fila. Na França, calcula-se que, entre os 11 e os 75 anos, 17 milhões de pessoas a experimentaram pelo menos uma vez na vida, 1,5 milhão a consomem regularmente, e 700.000, todos os dias. A cada ano, a cânabis mata apenas 0,002% dos seus consumidores diários, portanto, 300 vezes menos que o tabaco e 700 vezes menos que o álcool. Na França, ocorrem anualmente quinze mortes atribuídas a esse produto (quase todas por problemas cardíacos), portanto, 3.000 vezes menos que as atribuídas ao álcool e 5.000 vezes menos que as devidas ao tabaco.

Prazer para uns, vício para outros

Entre os efeitos nefastos das drogas, o mais conhecido é sem dúvida sua capacidade de provocar dependência.

Embora todas as substâncias possam viciar, a maneira como isso ocorre é diferente para cada uma. Em geral, avalia-se sua capacidade de provocar dependência calculando-se o número de pessoas que se tornaram dependentes entre as que experimentaram a droga pelo menos uma vez no ano anterior. O campeão de todas as categorias é o tabaco, em especial o cigarro, cuja porcentagem de conversão em toxicomania é superior a 33%. Em seguida vêm, com pequenas porcentagens, a cocaína, a heroína e o álcool, que têm uma taxa de conversão entre 20% e 25%. A cânabis fecha a fila com uma taxa de 10%.

Ao contrário do que se acredita em geral, os diferentes níveis de risco de toxicomania não estão ligados à intensidade da crise de abstinência observada com a suspensão do consumo nos usuários crônicos. A síndrome de abstinência, como se verá, desempenha papel desprezível na formação da dependência. Mas varia segundo as drogas. A mais forte e grave é observada na abstinência do álcool, com alucinações, convulsões epilépticas seguidas às vezes de morte. A seguir, vêm a da heroína e a da morfina, talvez a mais conhecida, com um fortíssimo mal-estar acompanhado de dores abdominais, suores, vômitos etc. As síndromes de abstinência das outras drogas são menos explosivas, mas nem por isso inofensivas. A da nicotina caracteriza-se por perturbações cognitivas importantes, agressividade e grande voracidade. A da cocaína manifesta-se por fortíssima depressão. A suspensão do uso da cânabis, por sua vez, provoca forte ansiedade, dificuldade para alimentar-se e grande perturbação do sono.

Por fim, o nível de risco de cada droga de provocar toxicomania não prediz a gravidade da dependência, que pode ser medida com base nas taxas de recaída após uma primeira parada. Essa taxa, muito semelhante para as diferentes drogas, aproxima-se dos 90%.

Drogas legais e ilegais: como e por quê?

Com base no que acabamos de descrever, vamos tentar entender por que algumas drogas são legais e outras não. Era de esperar que o legislador, em sua sabedoria, tivesse autorizado os produtos inofensivos e proibido os mais perigosos. Pois bem, não é nada disso, mas exatamente o contrário.

Em termos de toxicidade para o organismo no consumo regular, os campeões de todas as categorias são o tabaco e o álcool, seguidos pela cocaína, depois pela cânabis e, por último, pela heroína. Surpresa? No entanto, é uma das coisas mais claramente estabelecidas.

Não tendo atentado para os efeitos negativos sobre nosso corpo, o legislador talvez tenha se baseado em outro perigo das drogas: sua capacidade de provocar toxicomania. Ora, também não foi isso que ele considerou. Como vimos antes, o produto mais capaz de provocar dependência é a nicotina, ao passo que a cocaína, o álcool e a heroína têm efeitos comparáveis entre si, enquanto a cânabis fica no fim da fila.

Portanto, mistério. De onde então tiraram essa divisão entre drogas legais e ilegais? Talvez se trate de razões históricas. Algumas substâncias já estavam muito enraizadas na sociedade, sendo, portanto, impossível proibi-las, ao passo que foi possível agir em tempo com outras drogas. Pois bem, também não é esse o caso, pois o ópio e a cocaína, muito usados durante certos períodos, foram proibidos sem grandes problemas. Os interesses econômicos também não justificam a divisão entre drogas legais e ilegais. Nos dois casos, estão implicadas indústrias enormes, e a passagem do tráfico para a economia normal pode ocorrer num piscar de olhos. Basta observar o que aconteceu com a cânabis nos Estados Unidos, onde, em dois anos, surgiu uma indústria multibilionária.

O mistério continua. Além do mais, se perguntarmos ao legislador as razões da liberalização de certas drogas e da proibição de outras, ele não conseguirá explicar.

A escolha então é feita ao acaso? Não acredito.

Basta observar sem ideias preconcebidas os efeitos das drogas para imaginar facilmente a resposta. Você percebeu? Claro! A escolha foi feita com base nos efeitos comportamentais agudos das drogas e de sua capacidade de interferir na manutenção da utilidade social dos indivíduos.

Pois outra característica importante dessas substâncias é que elas dão ao indivíduo a capacidade de mudar de disposição íntima a seu bel-prazer, e não obrigatoriamente quando é conveniente do ponto de vista social. Se pudéssemos ter um orgasmo sem fazer amor, sem dúvida perderíamos a vontade de nos reproduzir. Se o ato da busca nos parecesse tão bom que já não tivéssemos necessidade de encontrar as coisas, poderíamos ficar girando a esmo sem estabelecer prioridades. Em suma, embora a inibição de nossas pulsões possa ser penosa, nem por isso é desejável desinibi-las. Isso poderia nos levar a pôr as mãos onde não deveríamos... assim que encontrássemos uma pessoa sedutora; ou então a esquecer uma ameaça quando fosse indispensável encontrar uma solução.

Para nos convencer de que a interação entre efeitos sobre o comportamento e adequação social é o grande princípio organizador, vamos classificar as drogas da mais inofensiva à mais perigosa com base em seus efeitos sobre o comportamento.

Comecemos pela substância que não tem nenhuma repercussão negativa sobre o comportamento, o tabaco. A nicotina dá ânimo, diminui o estresse e até o apetite. Não desorganiza nada na vida, ao contrário, aumenta a capacidade de ser um bom soldadinho. Por acaso essa é a droga considerada aceitável durante o período mais longo, e, pelo que sei, nenhuma das religiões do Livro a proíbe. Foi só durante as décadas de 1980 e 1990 que a consciência de seus efeitos negativos se desenvolveu. Antes, fumar não era absolutamente considerado problema, muito pelo contrário.

Substância	Usuários regulares (em milhões)	Formação de dependência (em %)	Mortes por ano	Mortes de usuários regulares (em %)	Participação nos óbitos totais anuais (em %)	Efeitos indesejáveis sobre o comportamento
Tabaco	13	33	79.000	0,61	16	--
Álcool	3,5	20-25	49.000	1,4	8	+
Cânabis	0,7	10	15	0,002	0,003	++
Psicoestimulantes	?	20-25	43	?	0,008	+++
Opioides	0,18	20-25	263	0,12	0,05	++++

População de referência: 49 milhões de franceses de 11 a 75 anos; número de óbitos por ano na França: 494.000. Tabaco e álcool: drogas lícitas; cânabis: situação mista; psicoestimulantes e opioides: drogas ilícitas.

Passemos ao álcool, o segundo da minha lista. O leitor talvez se surpreenda, pois seus efeitos negativos sobre o comportamento são bem conhecidos. O que o distingue das outras drogas é o fato de ser perfeitamente possível dosar os níveis de intoxicação, portanto, beber sem ficar bêbado. Logo, o que se deve observar são as consequências das pequenas a médias doses, as mais comumente consumidas. Nesse leque, essa bebida tem efeitos ansiolíticos e socializantes. Diminuindo o estresse do dia de trabalho, ela ajuda o soldadinho a suportar as coerções de uma sociedade injusta. Mas, ultrapassado certo nível de consumo, tudo muda, e o indivíduo já não serve para nada. Esse é o motivo pelo qual essa segunda droga legal, cuja história é mais controversa que a do tabaco, é proibida por certas religiões, e países como os Estados Unidos tentaram proibi-la.

Na terceira posição encontra-se a cânabis. Ela tem efeitos semelhantes aos do álcool, mas com um pequeno defeito: além de permitir suportar as coerções sociais, ela torna a pessoa um pouco independente demais. Com o baseado, passa-se da maior capacidade de tolerar o estresse, propiciada pelo álcool, ao "por que se cansar?", ou seja, a certa indiferença com relação às coerções, a um estado sem dúvida feliz, mas um pouco zen demais para uma sociedade produtivista. A cânabis é a primeira droga de nossa lista que diminui a adaptação social e a produtividade do indivíduo; é também a primeira droga ilegal, ainda que não seja considerada uma droga pesada. Atualmente, o debate sobre sua legalização anima nossa sociedade.

A cocaína aparece em quarto lugar e, com ela, passa-se a um grau superior. Surpresa? Sim, é verdade que se consegue trabalhar durante horas sem se cansar sob o efeito da cocaína ou de anfetaminas. Esse efeito parece lucrativo numa sociedade produtivista. Contudo, o probleminha é que, sob sua influência, o soldadinho não se torna apenas um trabalhador incansável, mas começa a achar que é general. Tudo parece permitido sob o domínio dessa droga, nada parece difícil e quem quer nos impedir de agir logo se torna um inimigo do qual é preciso desconfiar. Em outras palavras, a cocaína provoca uma desorganização das relações sociais e da hierarquia perigosa demais para ser aceitável. Além disso, essa droga dá o prazer de procurar sem necessidade de encontrar. Por esse motivo, a pessoa pode ficar girando em falso e, na maioria das vezes, fazer bobagens, o que é dificilmente conciliável com uma sociedade ciosa de resultados.

Em quinto e último lugar encontram-se os opioides, que provavelmente têm os efeitos mais perigosos sobre o comportamento. Pois essas drogas provocam um prazer muito intenso, intenso demais. Como esperar que um indivíduo continue desempenhando papel produtivo na sociedade — cansando-se e trabalhando para atingir a felicidade — se uma pitada, uma cafungada ou uma picada lhe propiciam uma alegria de extrema intensidade? O prazer de encontrar sem necessidade de procurar é uma subversão tão profunda das regras sociais humanas, qualquer que seja a cultura, que torna essas substâncias praticamente intoleráveis.

Divertido, não? Organizando-se as drogas por ordem de efeitos sobre o comportamento, não se encontra apenas a divisão entre as consideradas legais e ilegais, mas também a ordem exata na qual sua periculosidade é classificada no imaginário coletivo. Isso quer dizer que a sabedoria popular não deixa de ser inteligente, mas com muita frequência não conhece as verdadeiras razões de suas crenças.

Quanto às drogas, a coisa está clara: o que nos faz temê-las e bani-las não são seus efeitos tóxicos nem sua capacidade de provocar dependência, mas pura e simplesmente sua ação nefasta sobre nossa capacidade de funcionar normalmente e continuar produtivos.

Como alguém se torna toxicômano?

Uma das primeiras conclusões do que acabamos de ver é que grande número de indivíduos pode consumir drogas sem se tornar dependente. Essa constatação é bastante evidente quando pensamos nas substâncias legais, facilmente acessíveis e aceitas socialmente; o exemplo mais emblemático na França é o álcool, que quase toda a população experimentou pelo menos uma vez na vida.

Consumir drogas, portanto, à parte qualquer consideração moral, é um comportamento normal de nossa espécie. Faz parte de toda uma série de atividades cujo único objetivo é estimular o sistema exostático para nos dar prazer. Vimos que a lista dessas atividades puramente recreativas é longa e vimos também como algumas delas provocaram o desenvolvimento de verdadeiras indústrias. É o caso de muitos esportes, quer as pessoas os pratiquem, quer sejam meras espectadoras. Também é o que ocorre com os lazeres ligados à música, quer a pessoa a execute, quer a ouça ou dance. O mesmo se diga das diversas formas de entretenimento audiovisual, cujo objetivo é produzir emoções intensas nos telespectadores. Por fim, é impossível deixar de citar as indústrias da gastronomia e do sexo, cujos objetivos não poderiam ser reduzidos às necessidades de alimentar-se e reproduzir-se... O consumo de drogas faz parte dessas atividades, com uma vantagem notável: é melhor o seu balanço de carbono. Esses produtos possibilitam atingir o mesmo objetivo com um aumento muito menor da entropia ambiente. Uma única tragada, uma cafungada ou um gole dão sensações tão intensas quanto todas as pistas de esqui, todas as partidas de futebol e todos os filmes de suspense reunidos, senão mais, sem necessidade de montar, construir ou produzir o que quer que seja.

Consumir drogas não é um desvio de comportamento, é o modo de fazê-lo que pode se tornar patológico. A viagem para a toxicomania realiza-se em três etapas consecutivas, mas independentes. Consecutivas porque é preciso transpor cada uma delas para passar à seguinte. Independentes porque atingir uma etapa não nos leva inevitavelmente à etapa seguinte.

A primeira etapa é o consumo esporádico, recreativo e não patológico. Durante essa fase, que envolve 80% da população, se incluirmos as substâncias legais, o uso de drogas ocupa uma pequena parte do repertório comportamental do indivíduo, que conserva um bom controle sobre ele. Porque quem consome drogas de vez em quando não tem dificuldade para abster-se dela. A expressão "todo mundo viciado", que se ouve com frequência, é falsa, nem todos somos dependentes. Em compensação, todos consumimos drogas.

Alguns não param por aí. A segunda etapa manifesta-se pelo uso intensivo e constante de um produto. A pessoa entra então naquilo que se chama comumente de abuso da droga, caracterizado pelo aumento da frequência do uso e das quantidades consumidas de cada vez, bem como pela dificuldade crescente de abster-se. O consumo torna-se com muita frequência diário, e começam a surgir problemas. O abuso da droga, porém, continua sendo uma condição patológica moderada, pois, apesar do uso excessivo e problemático, o comportamento continua organizado, e o indivíduo geralmente está ainda bem integrado na sociedade.

Mais tarde, em alguns indivíduos que abusam da droga, pode surgir a terceira e última etapa do percurso do toxicômano. Trata-se da forma mais grave da doença, que se manifesta pela perda de controle do consumo. A procura e o uso do produto tornam-se a atividade principal, tomando quase todo o tempo normalmente ocupado por outros comportamentos, e a interrupção do consumo é muito difícil, quando não impossível. A degradação da vida social torna-se então inevitável, e a recaída, mesmo após um período prolongado de abstinência, é praticamente a regra. Portanto, é nesse terceiro estágio da doença, a perda do controle, que identificamos a dependência.

A passagem do consumo normal ao patológico é marcada inicialmente por mudanças quantitativas, seguindo-se a modificação qualitativa do comportamento. No estágio inicial da doença, a quantidade de droga consumida aumenta, mas a estrutura global do comportamento não é modificada, sendo sempre possível levar uma vida quase normal. No último estágio da toxicomania, o comportamento se reorganiza profundamente, e o consumo da droga torna-se a atividade principal ou mesmo exclusiva da pessoa.

Como os médicos reconhecem a dependência

Essas diferentes fases são bem conhecidas pelos médicos e encontram-se nos manuais classicamente utilizados pelos psiquiatras. Tais obras apresentam, para cada patologia, um conjunto de sintomas comportamentais (chamados "itens") que, se presentes com certa frequência, possibilitam fazer o diagnóstico. Com referência às dependências, encontramos nesses manuais uma seção dedicada à toxicomania em geral e seções específicas para cada droga. Um dos manuais mais utilizados é o DSM (Diagnostic and Statistical Manual), publicado pela Sociedade Americana de Psiquiatria, que dimensiona a severidade da doença em função de onze critérios.

Três desses critérios medem a fase de abuso, avaliando a emergência do problema em relação ao consumo habitual e constante da droga:

1. Uso repetido do produto que leva à incapacidade de cumprir obrigações importantes no trabalho, na escola ou em casa.
2. Uso do produto apesar dos problemas interpessoais ou sociais, persistentes ou recorrentes, causados ou exacerbados pelos efeitos do produto.
3. Uso repetido do produto em situações nas quais isso possa ser fisicamente perigoso.

Seis itens medem a perda de controle, avaliando a reorganização do comportamento em torno do consumo da droga:

1. O produto é consumido frequentemente em quantidade maior ou durante um período mais prolongado que o previsto.
2. Existe um desejo persistente ou são infrutíferos os esforços para diminuir ou controlar o uso do produto.
3. O indivíduo sente *fissura*, desejo intenso de consumir o produto.
4. Muito tempo é despendido em atividades necessárias para obter o produto, usá-lo ou recuperar-se de seus efeitos.

5. Atividades sociais, ocupacionais ou recreativas importantes são abandonadas ou reduzidas por causa do uso do produto.
6. O uso do produto é buscado, embora a pessoa saiba que tem um problema psicológico ou físico persistente ou recorrente, possivelmente causado ou exacerbado por essa substância.

Os dois últimos critérios referentes às adaptações fisiológicas não devem ser levados em conta se a droga for administrada com fins terapêuticos:

1. Surgimento de tolerância.
2. Surgimento de uma síndrome de abstinência quando a droga é suspensa.

A partir daí, o grau de severidade da doença é estimado em função do número de critérios observados numa pessoa: de 0 a 1, consumo não patológico; de 2 a 3, leve; de 4 a 5, moderado; 6 ou mais, grave.

Observando-se os critérios do DSM, podemos dizer que, para um médico, as adaptações fisiológicas à droga (tolerância e abstinência), o que é comumente chamado de dependência química, não caracterizam a toxicomania, pois esses dois fenômenos não são necessários para identificar um uso patológico. Em segundo lugar, consumir drogas em si não é doença, e o caráter legal ou ilegal do consumo não deve ser levado em conta para o diagnóstico. Por fim, os distúrbios de comportamento ligados ao consumo da droga são de gravidade variável: os menos graves caracterizam-se pelo uso excessivo, e os mais graves, pela perda de controle sobre o consumo.

Como reconhecer a dependência quando não se é médico

Paradoxalmente, se nos afastarmos da prática da comunidade médica para definir a dependência e se nos voltarmos para as concepções dos não especialistas, as coisas se tornam bem mais complicadas. Isto porque, recenseando as definições correntes, encontram-se argumentos conflitantes. Isso nos deixa confusos e, sobretudo, dá vontade de não levar em conta tais argumentos. No entanto, muitas noções comumente evocadas para caracterizar a dependência — prazer, desejo ou necessidade — fazem sentido e não parecem ilógicas. O problema é que 95% dessas pretensas definições na verdade são descrições da dependência.

Eu sei que todos nós esquecemos um pouco a diferença entre definição e descrição, isso é normal, e a confusão entre as duas é um dos principais males de nossa sociedade. Na maioria das vezes, chega a ser causa de discussões intermináveis entre especialistas. Pensemos em certos debates televisionados, nos quais às vezes temos a impressão de que os protagonistas não conseguem entrar em acordo porque estão falando de coisas diferentes, às quais dão o mesmo nome. Como isso é possível? Muito simples: eles usam descrições, e não definições.

Definição é um conjunto de atributos de uma coisa que nos possibilita reconhecê-la, mesmo que nunca a tenhamos visto antes. Portanto, a definição é única, sendo impossível ter a mesma definição para duas coisas diferentes. Se isso acontecer, significa que estamos diante de uma descrição, e não de uma definição. Descrição, por sua vez, é uma lista mais ou menos completa dos atributos de uma coisa, mas muitos indivíduos ou objetos diferentes têm atributos em comum e podem ser descritos da mesma maneira. As descrições também têm o desagradável defeito de oferecer uma visão parcial, que dá a cada um a possibilidade de escolher os atributos de um fenômeno que reflitam melhor pontos de vista pessoais, posições culturais ou ideológicas. Em outras palavras, usar uma descrição no lugar da definição é uma das maneiras mais eficazes de impor opiniões tendenciosas e falsas como verdade. A toxicomania não escapa a esse flagelo; chega a ser até uma de suas principais vítimas.

Para perceber melhor o sutil perigo apresentado pelo emprego da descrição em vez da definição, tomemos um exemplo da vida corrente. Você pede a seu primo de Paris, em visita a Bordeaux, que vá comprar uma *chocolatine*. Quando ele perguntar o que é isso, você lhe dirá que se trata de uma guloseima retangular de chocolate que as crianças adoram. Sem a menor dúvida ele voltará com um pacote de biscoitos de chocolate. É normal, você lhe fez uma descrição, e não lhe deu a definição de *chocolatine*. Sua definição seria: "É um pãozinho feito de massa folhada, enrolada e um pouco achatada, com forma mais ou menos retangular, cor entre dourado e marrom, contendo no interior duas pequenas barras de chocolate que são vistas como dois pontos quadrados nas extremidades." Como deu para perceber, trata-se do pão com chocolate que em Bordeaux as pessoas teimam em chamar de *chocolatine*. Dada a definição correta, seu primo, se for uma pessoa normal, sem dúvida lhe trará uma *chocolatine*, ainda que, sendo parisiense, conheça a iguaria como pão com chocolate.

Portanto, parece-me realmente importante passar das descrições correntes de dependência — usadas por uns e outros — para uma definição simples dessa doença. Como fazer isso? São duas as etapas. Primeiro, fazemos uma limpeza, depois olhamos o que resta, extraindo aquilo que é realmente único e possibilita definir essa patologia.

Para tornar tudo mais claro: necessidade, desejo e prazer não definem dependência

Quando se pensa nas dependências, três coisas vêm imediatamente à cabeça: necessidade, desejo e prazer. No entanto, olhando bem, nenhuma delas é necessária para desenvolver uma dependência de drogas e, portanto, não constituem uma definição.

Necessidade. O nível de necessidade para nosso organismo varia enormemente, segundo os elementos dos quais sejamos de fato dependentes. Podemos ser dependentes de certos produtos indispensáveis à sobrevivência, como a comida, ou de outros cuja necessidade para nosso organismo é nitidamente menos clara, como a cocaína.

Exemplo notável da dissociação entre necessidade e dependência é a vitamina C. Se você não ingerir alimentos ricos em vitamina C em quantidade suficiente, sofrerá de escorbuto. Essa doença, que começa com a perda dos dentes e sangramentos, acaba acarretando a morte. Fazia muito estrago há alguns séculos, quando os marinheiros eram privados de frutas e legumes — principais fontes de vitamina C — durante seus longos périplos pelos oceanos. Contudo, nenhum alarme interior nos incita a ingeri-la diariamente. Nem sequer sentimos uma especial apetência pelos alimentos ricos nesse elemento, nem o menor prazer em comê-los quando a carência se instala. Em resumo, não temos nenhuma dependência da vitamina C, embora ela seja indispensável à nossa sobrevivência e precisemos absolutamente dela.

Desejo. A dependência também não tem correlação com a intensidade de nosso desejo. Imaginemos o seguinte: você está vendo televisão e de repente sente uma vontade furiosa de comer pipoca. Isso lhe lembra a infância, aquele cheiro especial de pão quente e sal. Já está com água na boca. Com a certeza de que vai encontrar um pacote na despensa, abre a porta e... Nada. Procura em todos os lugares, o desejo dá asas à sua esperança, mas não há o que fazer, não há pipoca. Enquanto está procurando, seu olhar depara com um pacote de batatas fritas. Você o agarra, olha para ele com a cabeça inclinada, depois volta para a frente do televisor para mastigar tranquilamente. No espaço de alguns minutos, esqueceu a pipoca, a tal ponto que ela nem sequer vai figurar na lista das compras de amanhã. O que aconteceu com aquele desejo tão intenso? O que essa rápida reviravolta traduz? Problema de memória? Nada disso, é apenas o sinal de que você não está viciado em pipoca. Em compensação, se, ao abrir o maço de cigarros que está em cima da mesa, você perceber que só lhe resta um cigarro, poderá percorrer facilmente quinze quilômetros depois de um longo dia de trabalho para se reabastecer, mesmo que naquele momento exato não esteja sentindo um forte desejo de fumar.

Prazer. Se não é necessidade nem desejo, então sem dúvida é o prazer que deve estar relacionado com a dependência. Em outros termos, tornamo-nos dependentes de coisas que dão muita satisfação e não daquelas que não a dão. Infelizmente, também não é isso. O melhor exemplo da dissociação entre prazer e dependência talvez seja de novo o tabaco. As folhas dessa planta, na verdade não muito graciosas depois de secas, constituem a droga mais capaz de criar dependência. No entanto, fumar um cigarro não dá nenhuma sensação que possa ser classicamente qualificada de prazer. Até é bastante complicado definir com exatidão o que se sente quando se fuma.

De maneira um pouco semelhante, se compararmos um chocolate a uma baguete, a sensação de prazer evidentemente será maior com o primeiro (se você não gostar de chocolate, pode substituí-lo por morango com chantili ou por aquilo que quiser, segundo sua preferência). Seja qual for o alimento escolhido, é raríssimo que os habitantes de uma aldeia invadam outra aldeia para obter chocolate ou chantili. Mas, se ficarem sem trigo para fazer pão, até os mais pacíficos começarão uma guerra para ter acesso a esse produto, não tão saboroso, mas vital.

A dependência pouco mais é que um comportamento irreprimível

A dependência, portanto, não é uma forma de desejo extremo, motivado por um prazer intenso e destinado a obter elementos indispensáveis. A situação pode parecer um pouco complicada. Se necessidade, desejo e prazer não podem nos guiar, como saber se estamos num estado de dependência ou não? Pois bem, posso garantir de imediato que eliminar essas três noções não complica as coisas, mas as simplifica. É mais fácil encontrar o destino numa estrada sem sinalização do que numa com indicações que enviem para a direção errada.

O que fazer? O segredo, como sempre nesses casos, é observar apenas os comportamentos e nada mais. Segundo um ditado muito justo, "as pessoas sempre mentem, mas seus atos, raramente". Ignoremos, portanto, num primeiro momento, as razões apresentadas para explicar as dependências, esse "porquê" que não é necessariamente esclarecedor. Esqueçamos as ideias preconcebidas, as ideologias, as diversas interpretações, mais ou menos direcionadas, das causas de nossos atos. Caso contrário, correremos o risco de partir do desejo e do prazer para chegar bem depressa ao Diabo que nos faz usar drogas para nos desviar do caminho reto e conquistar nossa alma.

Então, em vez de teorizar a dependência, tentemos aprender simplesmente a reconhecê-la olhando o comportamento dos toxicômanos, sem lhes dirigir a palavra ou fazer perguntas. Tentemos evitar frases como "a dependência começa quando o desejo se transforma em ação". É bonito, soa bem e parece descrever corretamente uma dependência. No entanto, o desejo não faz parte do comportamento, é uma de suas interpretações. Não vemos desejo, mas ações que lhe atribuímos, seja por nós mesmos, relacionando nosso estado interior com aquilo que fazemos, seja ouvindo aquilo que dizem os outros quando os interrogamos. As interpretações de nossos atos são muito pouco confiáveis, pois, em grande número de casos, agimos sem ter consciência das razões que nos impelem a nos comportar desta ou daquela maneira. É o córtex cerebral que dá uma explicação para nossas ações, depois que elas já se puseram em marcha, e às vezes ele se engana.

Se nos limitarmos a olhar o comportamento de um dependente, esquecendo as interpretações, vamos ver bem depressa que há passagem do uso normal de droga ao consumo patológico quando os comportamentos para a obtenção da substância se tornam cada vez mais invasivos e irreprimíveis. Invasivos porque, progressivamente, a pessoa consome cada vez maior quantidade do produto e faz cada vez menos outras coisas. Irreprimíveis porque as ações que visam à obtenção da droga não podem ser detidas por muito tempo, nem pela própria droga, nem por obstáculos exteriores, desde que esses sejam fisicamente superáveis.

Está aí, portanto, uma definição muito simples, que possibilita saber com facilidade se você está passando do uso normal da droga à dependência. Basta olhar se seu comportamento se torna invasivo e irreprimível. Beber vinho ou é uma experiência esporádica de que você pode prescindir facilmente (comportamento normal), ou, ao contrário, torna-se cada vez mais frequente e cada vez menos fácil abster-se dela (abuso), ou então é a atividade principal em torno da qual se organiza sua vida, e parar é simplesmente impossível (dependência). Parece funcionar! Você vai ver que, quanto mais submeter essa definição à prova, mais ficará convencido de sua eficácia.

As modificações do cérebro que levam à toxicomania

A longa marcha da vulnerabilidade às drogas

Entre o século XX e o XXI, as explicações científicas dos mecanismos cerebrais que conduzem do consumo normal de droga à dependência evoluíram enormemente.

No século XX, as teorias científicas dominantes estavam centradas no produto e consideravam que as mudanças provocadas no cérebro pelo consumo crônico de tóxicos eram as principais responsáveis pela dependência. Tratava-se na verdade de um grupo de teorias, pois os efeitos das drogas sobre o cérebro são numerosos, e autores diferentes enfatizaram modificações distintas. Por exemplo, as adaptações cerebrais como base do desenvolvimento de tolerância, sensibilização, condicionamento, síndrome de abstinência ou mesmo de impulsividade foram sendo consideradas, uma a uma, determinantes na transição para a toxicomania. Seja qual for o evento biológico fundamental, segundo todas essas teorias, quem consumir droga de maneira crônica se tornará toxicômano por causa de um desses efeitos sobre o cérebro.

Na virada do século XX, começou a surgir uma explicação diferente, que enfatizava a vulnerabilidade de certos indivíduos às drogas. Um dos primeiros artigos científicos sobre o assunto é aquele que publiquei durante meu pós-doutorado com Michel Le Moal na revista *Science* em 1989. É uma modificação de 180 graus em relação à visão anterior, pois, desta vez, a toxicomania não é consequência inevitável do consumo de drogas, mas uma resposta patológica que se observaria apenas em alguns indivíduos vulneráveis. Essa descoberta provocou uma oposição extremamente forte da maioria do *establishment* científico de época.

A aceitação da existência de uma vulnerabilidade às drogas demorou praticamente vinte anos de pesquisas intensas. Esse longo percurso poderia parecer paradoxal, pois essa existência nada mais fazia que corroborar aquilo que todos os clínicos e epidemiologistas já sabiam: só um número restrito de usuários desenvolve toxicomania. Por que então essa recusa? Fundamentalmente porque na época, no mundo científico, a visão dominante do comportamento era a da psicologia comportamentalista. Segundo essa abordagem, defendida sobretudo pela escola behaviorista americana e inglesa, as variações entre indivíduos derivam apenas de diferenças de aprendizagem. As características de nosso cérebro antes de conhecer a droga, nossa "vulnerabilidade", não tinham nenhuma importância, pois, nas condições certas, todo mundo pode aprender a fazer qualquer coisa, entre elas, tornar-se toxicômano. Para esse modo de pensar, as observações epidemiológicas não eram reflexo de uma vulnerabilidade biológica, mas de um viés social. Condições diferentes de vida, maior acesso às drogas e grande pressão social para seu consumo levariam certos indivíduos a desenvolver a dependência com mais facilidade.

O golpe de misericórdia a essa visão dogmática e errônea da toxicomania, que simplesmente ignora o cérebro humano, veio sobretudo do estudo do comportamento animal. Alguns trabalhos mostraram com clareza que o consumo voluntário de drogas e a dependência verdadeira não são coisas peculiares da espécie humana, mas se encontram também em várias espécies animais. A semelhança não para por aí. Tal como foi observado no ser humano, apenas um número pequeno de animais evolui do consumo excessivo para a perda de controle. Os roedores que se tornavam dependentes tinham exatamente o mesmo acesso à droga e, de início, consumiam quantidades idênticas às dos outros que não se tornavam dependentes. A influência do viés "social", que daria oportunidades diferentes a certos indivíduos, foi, portanto, eliminada. A vulnerabilidade de alguns indivíduos só podia agora ser explicada por diferenças biológicas. Faltava encontrá-las...

As pesquisas das bases biológicas da vulnerabilidade individual, entre 1990 e 2010, possibilitaram progressivamente identificar não apenas uma base, mas pelo menos duas diferentes e independentes. A primeira facilita o desenvolvimento do abuso de droga, e a segunda leva à perda de controle.

A hiperatividade do sistema dopaminérgico e uma deficiência do córtex pré-frontal figuram entre os fatores responsáveis pela passagem do uso recreativo ao abuso de droga. Essas modificações atuam de tal modo que essas substâncias provocam liberação de dopamina em alguns indivíduos, que, por conseguinte, as acham atraentes e tendem a consumi-las em maior quantidade. Essa hipersensibilidade dopaminérgica pode estar presente de forma espontânea, provavelmente em razão de configurações genéticas específicas, ou ser provocada por experiências de vida. Vimos no capítulo dedicado ao estresse como os hormônios glicocorticoides podem tornar alguns indivíduos mais vulneráveis às drogas, estimulando o sistema dopaminérgico.

A perda de controle parece influenciada por fatores muito diferentes, em especial pela falta de plasticidade sináptica que se encontra nos indivíduos vulneráveis após o consumo prolongado de drogas. Plasticidade sináptica nada mais é que a capacidade que os neurônios têm de fortalecer ou enfraquecer suas conexões. É uma função fundamental, porque possibilita passar de um comportamento a outro. Por exemplo, quando os animais são expostos à cocaína, todos perdem inicialmente a plasticidade sináptica. No entanto, a maioria, aqueles que mantêm o controle, podem recuperar a plasticidade normal mesmo continuando a consumir droga. Em compensação, os dependentes não têm essa capacidade de adaptação. Seu comportamento torna-se monolítico, cristaliza-se em torno desse consumo, que se tornará extremamente difícil de refrear.

O indivíduo vulnerável, portanto, não tem uma resposta patológica a mais, e sim uma resposta normal a menos. Nele, faltaria a resiliência biológica às drogas, que possibilita à maior parte da população reverter seus efeitos nefastos e recuperar a plasticidade sináptica normal.

Hoje em dia, todos reconhecem que a toxicomania deriva do encontro entre certas substâncias farmacológicas, as drogas, e alguns indivíduos a elas vulneráveis. Aliás, os behavioristas americanos praticamente desapareceram do campo da dependência, e os ingleses finalmente começaram a estudar as diferenças individuais.

Perda de plasticidade e vontade

A descoberta de que a perda de controle decorre da falta de plasticidade sináptica afasta a hipótese da falta de força de vontade. Antes, a perda de controle era considerada principalmente uma forma de impulsividade, uma incapacidade de se limitar, em especial no uso da droga. Em outras palavras, a toxicomania era apresentada como uma doença dos circuitos que inibem o comportamento. Essa visão era a tradução biológica da falta de vontade que nos conduz ao vício. Na visão espiritualista, é a essência imaterial ou alma que, pela falta de força de vontade, não sabe resistir às drogas. Na visão médica, a falha proviria de certas partes do córtex cerebral.

A participação da plasticidade sináptica na perda de controle indica que a vontade, espiritual ou biológica, não tem nada a ver com o desenvolvimento de uma dependência. O toxicômano deixa de parecer uma pessoa incapaz de se refrear diante da droga. Ao contrário, poderia ser visto como um prisioneiro que não consegue fugir desse comportamento no qual está encarcerado. Seu comportamento, portanto, não é impulsivo, mas cristalizado em torno do uso da droga.

Para entender melhor esse conceito de "cristalização" do comportamento, imagine o cérebro como um reservatório cheio de água, e os comportamentos, como cilindros de tamanhos e formas variáveis. Quando esse órgão funciona corretamente, é fácil fazer um cilindro emergir para imergir outro e, assim, poder mudar de comportamento em função das situações. No entanto, se a água congelar, portanto, se cristalizar (perda de plasticidade sináptica por causa da droga), o bloco de gelo aprisionará o cilindro (usar a droga) que está imerso naquele momento. A pessoa encontra-se então paralisada nesse comportamento, sem poder mudá-lo. Com um pouco de ajuda, esforços e dor (período inicial da terapia de desintoxicação), ela conseguirá extrair o cilindro de seu bloco de gelo. No entanto, será impossível preencher com outro cilindro de comportamento o espaço que ficou. Quando um comportamento se cristalizou, é preciso aprender a viver com esse espaço vazio dentro de si. Mas é possível que, em função das circunstâncias, seja forte demais a tentação de preenchê-lo de novo com o único cilindro capaz de caber, ou seja, o uso da droga (recaída rápida na toxicomania, mesmo após um período prolongado de abstinência). Está claro que, se a água "cristalizada" pudesse derreter de novo, o comportamento retornaria à plasticidade inicial. Infelizmente, isso parece acontecer apenas em um número muito pequeno de pessoas, pois a toxicomania é uma patologia crônica na qual se observam recidivas em 90% dos casos.

A toxicomania é uma verdadeira doença do comportamento

A descoberta da existência de uma vulnerabilidade individual às drogas mudou profundamente a posição da toxicomania na concepção da comunidade médica. Quando o conceito de dependência era guiado principalmente pelas teorias centradas na droga, essa patologia do comportamento era considerada de fato uma doença iatrogênica, ou seja, induzida por um médico (*iatros* é o termo grego para "médico"). Essa definição é usada de modo mais geral para descrever distúrbios resultantes da administração aguda ou crônica de prescrições terapêuticas. Classicamente, os efeitos colaterais dos medicamentos, descritos na bula, são doenças iatrogênicas.

No âmbito das teorias centradas na droga, a classificação da toxicomania como doença iatrogênica parecia apropriada por duas razões principais. Em primeiro lugar, as drogas são compostos farmacológicos consumidos pelo paciente (assim como os medicamentos), por causa da ação buscada, que tem um importante efeito colateral, ou seja, o de poder provocar dependência. Em segundo lugar, a maioria das drogas foi inicialmente introduzida por suas propriedades terapêuticas, como a cocaína, na qualidade de anestésico local, ou como a morfina, na qualidade de analgésico. Em sentido contrário, a cânabis, usada originalmente como droga, agora é prescrita em certas condições para fins terapêuticos.

O fato de a dependência se dever a uma vulnerabilidade individual nos leva a classificar a toxicomania entre as outras doenças psiquiátricas. Isto porque a maioria delas está associada a estímulos geralmente inofensivos para a população global, mas muito patogênicos para um subconjunto de pessoas vulneráveis. Exemplos evidentes são a depressão, os transtornos de ansiedade ou mesmo os de estresse pós-traumático. Na França, as principais causas de depressão reativa são os divórcios e as mudanças de domicílio, acontecimentos aos quais a maioria das pessoa sobrevive, em geral sem muitas sequelas. Do mesmo modo, alguns transtornos de ansiedade podem estar associados a estímulos como a exposição a aranhas, cobras ou mesmo a uma viagem de avião, que não provocam reações patológicas na maioria das pessoas, ainda que possam ser experiências desagradáveis. Por fim, mesmo as experiências mais traumáticas são administradas eficazmente por 80% das pessoas, e só uma minoria de indivíduos desenvolve distúrbios de estresse pós-traumático.

Agora que sabemos que o uso de droga não é condição suficiente para provocar toxicomania e que esta só se desenvolve em alguns indivíduos vulneráveis, não há nenhuma razão para deixar de classificar a dependência como uma doença psiquiátrica. Sobretudo porque é praticamente a única patologia do comportamento cujos mecanismos biológicos começamos a conhecer.

Como combater a toxicomania?

Adaptar as abordagens da sociedade à realidade

No século XX, a toxicomania era considerada pela comunidade médica uma doença provocada exclusivamente pelo consumo crônico de droga, afecção iatrogênica, atribuída por alguns à falta de força de vontade. Tratava-se de uma visão científica que, afinal, respaldava a abordagem conservadora.

A concepção da toxicomania como doença iatrogênica levou-nos, de maneira racional, a certo número de prescrições para combater essa afecção. Em primeiro lugar, concentrar os esforços de pesquisa na identificação das modificações cerebrais induzidas pela exposição às drogas. Em segundo, favorecer a redução da exposição a esses produtos, seja por meio de medidas repressivas, seja por meio de ações preventivas. Normalmente, quando um medicamento demonstra efeitos colaterais graves, a reação apropriada é suspender sua comercialização, sensibilizar o público para seus perigos e proibir o acesso a ele. Não me parece então completamente injustificado tomar medidas repressivas, não só sobre aquele que vende droga, como também sobre quem a consome.

Essas prescrições correspondem exatamente às medidas que nossa sociedade implantou para lutar contra a toxicomania durante o século XX e continua praticando hoje na maioria dos países. Uma parte substancial das verbas públicas foi dedicada tanto a medidas repressivas e preventivas quanto à pesquisa dos efeitos do consumo crônico de droga sobre a fisiologia do cérebro. Sem a menor dúvida, na maioria desses países, o toxicômano não é considerado uma pessoa acometida de uma patologia psiquiátrica, mas como alguém que tem um comportamento de dependência por causa da falta de força de vontade. Portanto, é até certo ponto normal que a sorte reservada aos toxicômanos seja bem diferente da sorte das pessoas afetadas por doenças psiquiátricas, como a depressão ou a esquizofrenia. Neste último caso, mesmo os indivíduos que cometem grandes crimes são dirigidos para estabelecimentos psiquiátricos a fim de ser tratados, e não para a prisão, como pode ocorrer com o toxicômano.

A descoberta, no início do século XXI, de que a toxicomania resulta de uma vulnerabilidade individual aos efeitos da droga e, portanto, não é diferente das outras patologias do comportamento deveria ter mudado as coisas. Essa nova visão preconiza que a pesquisa se concentre na identificação das bases biológicas da vulnerabilidade às drogas, com o objetivo de revertê-la e tratar a dependência. Do ponto de vista social e político, deveriam ser encorajadas medidas sanitárias e maiores pesquisas. Ninguém tenta proibir o divórcio, as mudanças de domicílio e as guerras, nem erradicar aranhas, cobras e aviões. No entanto, isso decerto permitiria diminuir sensivelmente a prevalência da depressão, da ansiedade e do estresse pós-traumático. Sugerir essas medidas como principal meio de lutar contra essas afecções psiquiátricas provavelmente seria considerado ridículo. Ora, é exatamente o tipo de preconização que reservamos à toxicomania.

Com base nesses novos conhecimentos, a abordagem da sociedade com relação à toxicomania deveria, portanto, mudar profundamente. Por acaso consideramos os pacientes que sofrem de depressão como pessoas preguiçosas, que não querem trabalhar, e os que sofrem de estresse pós-traumático, como indivíduos sem coragem? Sem dúvida, não. Eles são cuidados pelos sistemas de saúde financiados pelo Estado, recebem auxílio-doença, e os tratamentos são reembolsados. É raríssimo que algum deles vá parar na prisão. Por quê? Porque acreditamos que essas pessoas sofrem de verdadeiras doenças e que é impossível censurá-las por isso. Tratamento semelhante deveria ser aplicado aos toxicômanos, também doentes.

Em numerosos países, como a França, os toxicômanos são bem atendidos, mas o modo como a sociedade os olha é extremamente negativo. As correntes endostáticas conservadoras continuam a impor a visão de que, mesmo admitindo que a toxicomania não seja propriamente um vício, de qualquer modo é uma patologia mesclada de vício. Afinal, os que consomem droga pela primeira vez não o fazem sem saber que existe a probabilidade de se tornarem toxicômanos. Em outros termos, não seria uma verdadeira doença, pois decorreria de um risco conscientemente assumido.

Um bom modo de refletir sobre esse argumento é perguntar se nos recusamos a considerar "verdadeiras" doenças as que são decorrentes de comportamentos mais ou menos perigosos. A resposta é claramente não, pois grande número de afecções deriva de comportamentos arriscados. Numerosas patologias gravíssimas, tais como as doenças metabólicas, cardiovasculares, infecciosas e traumáticas poderiam ser evitadas com a modificação do modo de vida de certos pacientes. Além disso, como justificar o fato de que o consumo recreativo de algumas drogas, como o álcool, seja encorajado socialmente na França? Esse debate, portanto, não é racional, mas polarizado, e não poderá nos ajudar a encontrar uma solução.

Bastaria abordar a toxicomania como as outras doenças

Agora que temos uma visão clara da verdadeira natureza da toxicomania, acaso podemos sair dos debates estéreis e encontrar soluções para o problema? As respostas estão diante de nós, basta olhá-las com os dois olhos de um *Homo interstaticus*. A toxicomania é, incontestavelmente, uma doença. A reação de nossa sociedade deveria apenas ser idêntica à adotada para outras patologias, que deu bons resultados.

A primeira medida lógica seria envidar esforços perseverantes para encontrar terapias, pois não temos praticamente nenhuma. Hoje, esse esforço é ridículo, pelo menos nos países europeus. Na França, por exemplo, gastamos aproximadamente 1,5 bilhão de euros na luta contra a toxicomania, mas apenas 18 milhões vão para a pesquisa. Ou seja, 1,2% de nosso esforço nacional é dedicado à dependência! Com relação à União Europeia, não existe no programa atual nenhuma licitação específica para a pesquisa sobre dependências. Quando vejo o que os pesquisadores franceses são capazes de fazer com 18 milhões de euros por ano, nem ouso imaginar as descobertas que poderiam realizar se uma parte significativa do esforço nacional contra as drogas — exagerando, digamos 20% — fosse dedicado a isso. Com 300 milhões de euros por ano, provavelmente já teríamos encontrado terapias específicas, pois nossa compreensão da biologia da vulnerabilidade às drogas agora possibilita guiar esses trabalhos com boas esperanças de sucesso. Podemos, por exemplo, tentar identificar os meios de corrigir as respostas patológicas à droga nos indivíduos vulneráveis. Também podemos tentar compreender o que ocorre nos indivíduos resistentes à droga e encontrar os meios de transferir essa capacidade para as pessoas vulneráveis. Meu grupo de pesquisa, por exemplo, identificou um hormônio produzido pelo cérebro quando exposto a excesso de cânabis, hormônio que bloqueia seus efeitos. Em seguida o modificamos, para torná-lo mais estável e bem absorvível. Esse novo medicamento hoje está sendo testado em seres humanos e poderia constituir a primeira terapia da dependência da cânabis. As possibilidades são inúmeras, e a solução está ao alcance; só seria preciso ter os meios para atingi-la.

A segunda medida seria mudar o momento da intervenção, pois hoje em dia agimos cedo demais ou tarde demais. Um terço dos recursos dedicados à luta contra a toxicomania é gasto muito cedo, pois visa a evitar o consumo da droga pelos franceses. Essas medidas, chamadas preventivas, consistem fundamentalmente em explicar às pessoas, especialmente aos jovens, que certas substâncias não são boas para a saúde. Trata-se de medidas caras e não muito eficazes. As mensagens de prevenção, pelo menos na França, têm efeito desprezível sobre os índices de consumo. O segundo terço do dinheiro vai para o atendimento, e muitas vezes é gasto tarde demais. Pois, em geral, começa-se a tratar os toxicômanos quando a doença já está muito avançada e, portanto, é muito mais difícil de curar. É mais ou menos como se, para agir, esperássemos que o câncer tivesse metástase. Ora, todos sabem que, quanto mais tardio o tratamento, menor a chance de cura. Aliás, os grandes progressos em oncologia não são devidos apenas à descoberta de novos medicamentos mais eficazes, mas também à detecção precoce da doença.

No caso da toxicomania, seria preciso fazer exatamente a mesma coisa: concentrar os esforços de prevenção na detecção dos primeiros sinais da evolução do comportamento para a patologia. Ensinar os usuários não a deixar de consumir, mas a detectar rapidamente quando o uso se torna patológico. Ninguém proíbe que as pessoas comam doces, mas dosa-se a glicemia para detectar a ocorrência de diabetes. Em paralelo, seria preciso mudar o foco de nosso sistema de atendimento, de modo que a atenção dada hoje aos casos mais graves se volte para os casos leves de dependência, para o momento de início do abuso da droga, que é certamente mais fácil de tratar. Em outras palavras, que nossos esforços mudem da prevenção do consumo para a detecção da doença, e que o sistema de saúde intervenha o mais precocemente possível, sem esperar que ocorra a perda de controle. Assim como com o câncer, podemos esperar melhores resultados.

Falta discutir talvez o ponto mais sensível, o que representa a maior divisão entre conservadores e progressistas: o emprego do dinheiro que dedicamos às medidas repressivas. Devemos continuar gastando um terço dos recursos totais dedicados à toxicomania para lutar contra o tráfico de drogas, mandar para os tribunais e depois para a prisão os traficantes e às vezes os usuários? Observando de maneira superficial, poderíamos ser tentados a responder que sim sem muita hesitação, pois as drogas ilegais são menos consumidas e, ao todo, provocam menos danos.

No entanto, em praticamente todas as sociedades, as medidas repressivas só atingem algumas drogas, e não outras, o que nos dá esclarecimentos interessantes sobre essa questão. Se observarmos as substâncias proibidas ainda hoje, logo perceberemos que, na maioria dos países ocidentais, entre os quais a França, a legalização é quase um problema de nicho, muito menos extenso do que se poderia acreditar. Se considerarmos a Europa, os Estados Unidos, a Austrália e o Canadá, dos cinco tipos de droga, dois são legais (tabaco e álcool), enquanto a cânabis ou é legal ou amplamente tolerada, portanto, legalizada *de facto*. A questão realmente gira em torno dos psicoestimulantes e dos opioides, cujo consumo ainda hoje é bem inferior ao dos outros três produtos, e alguns dirão que é por causa da proibição. Qual seria o risco de autorizá-los?

A primeira consequência nefasta que se poderia esperar seria o aumento no número total de toxicômanos, considerando-se todas as drogas somadas. Essa probabilidade não parece muito alta. Com base nos dados atuais, esse número deveria continuar constante, mas poderia haver a migração de uma droga para outra. Por exemplo, nos Estados Unidos, observou-se o cruzamento da curva dos usuários de tabaco e de cânabis, com cada vez menos fumantes de tabaco e cada vez mais fumantes de maconha. No entanto, as substâncias ainda ilegais são muito menos tóxicas do que o álcool e a nicotina e matam um número bem menor de seus usuários. Paradoxalmente, legalizando a heroína e os psicoestimulantes, se uma parte dos toxicômanos do álcool ou do cigarro migrassem para essas substâncias, seria possível esperar a diminuição do custo decorrente da droga para a sociedade.

Somando-se a essas considerações o fato de que as drogas ilegais, afinal, são facilmente acessíveis e que seu comércio gera somas consideráveis subtraídas à economia real, pode-se perguntar por que nem todas as drogas são legais. Acredito que essa decisão tenha se tornado difícil pelo fato de não dispormos de terapias realmente eficazes contra as dependências. Desse modo, é psicologicamente pouco aceitável decidir expor a população ao risco de uma doença grave e hoje incurável. Se soubéssemos cuidar das dependências, acredito que a única coisa lógica por fazer seria legalizar todas as drogas, o que possibilitaria diminuir a criminalidade a elas associada e provavelmente ganhar alguns pontos de crescimento.

Em conclusão, para combater a toxicomania, nossa sociedade, mais uma vez mergulhada na briga permanente entre endostase e exostase, não está fazendo nada do que deveria. Contudo, a solução é evidente: a toxicomania é uma doença, deveríamos parar de combatê-la e simplesmente começar a tratá-la. Para convencer-se disso, basta olhar a realidade com os dois olhos, que todos temos, os do *Homo interstaticus* que somos. Já estaria na hora de começar a nos fazer ouvir.

Epílogo

Nada mudou de fato, mas tudo está diferente

Haverá quem pergunte como cheguei a escrever este livro, que motivações profundas podem levar uma alma a querer perder sua natureza imaterial para encarnar-se num corpo perecível, cujos limites são conhecidos.

Não se trata de masoquismo nem de niilismo autodestrutivo. Este livro é simplesmente uma das consequências de um passatempo costumeiro para mim, que aconselho veementemente: olhar ao redor como se fôssemos extraterrestres recém-desembarcados na Terra, observar nossa espécie com os olhos daquele que vem de outro lugar, sem ideologia nem ideia preconcebida. Apenas ganhe distância.

O espetáculo dos humanos é absolutamente aflitivo. Mas que espécie é essa constantemente envolvida em guerras e massacres para impor ideias sacrossantas ou suprimir diferenças imperceptíveis? Quem são esses seres que praticam a destruição sistemática de seu planeta, sem o qual eles não podem viver? Que gastam mais dinheiro para desenvolver aviões de combate do que para encontrar novas fontes de energia e terapias para velhas doenças?

Sem falar dos conflitos incessantes entre soluções contraditórias que não satisfazem ninguém. Chegamos a um ponto em que, graças à democracia do século XX, o homem moderno afirma que os pontos de vista, mesmo quando diametralmente opostos, são equivalentes e respeitáveis. Como se a realidade não existisse, como se o simples fato de pensar uma coisa a tornasse verdadeira. Essa multiplicidade de visões pode parecer uma grande vantagem, mas, no mundo dos fatos, redunda numa geração que não consegue entrar em acordo sobre nada e em sociedades que na verdade não avançam muito.

Infelizmente, nem você nem eu somos extraterrestres e não podemos adotar a única estratégia que possibilitaria enfrentar os seres humanos: sair correndo. Somos obrigados a ficar aqui. A única coisa que podemos fazer é interrogar as causas desses comportamentos insanos.

Há milênios, consideramo-nos uma espécie única que, ao contrário de todas as outras, não é constituída apenas de matéria. Os humanos são especiais, são os únicos que têm essência imaterial, alma, e um corpo material. A ideia é bonita, sem dúvida, ela nos nobilita, mas, olhando bem, não apresenta apenas vantagens. Nosso corpo e nossa alma imaterial são amplamente incompatíveis e puxam os seres humanos para direções cada vez mais opostas. É o mais antigo caso de dupla personalidade! Além disso, a alma, que não é feita de matéria, não respeita muito esta última. É normal: como a matéria é perecível, e a alma não tem limites, os massacres e a destruição do planeta não passam de detalhe, pois, no fim das contas, estamos apenas de passagem. Por fim, a imaterialidade não segue as regras da matéria, pois não é previsível, nem cognoscível. Portanto, podemos atribuir-lhe quaisquer palavras e justificar tudo, inclusive os piores extremismos.

E se estivéssemos enganados? Ninguém nunca viu a essência imaterial nem conseguiu demonstrar a existência da alma. E se elas não passassem de lenda? Até o fim do século XX não havia realmente alternativa a essa hipótese. Tudo o que se conhecia sobre o corpo, sobre sua biologia, simplesmente não combinava com a sensação de nossa natureza íntima. Mesmo sem invocar a religião ou a psicanálise, era apenas uma questão de bom senso. Então chegou o século XXI e tudo mudou: descobre-se que a biologia é diferente daquilo que se acreditava, que suas regras de funcionamento são afinal compatíveis com as características que atribuímos à essência imaterial. É possível uma nova abordagem que já não reduz a essência do homem à matéria, mas vale-se da matéria para explicar nossa natureza, para finalmente a compreender.

A biologia possibilita agora compreender a futilidade, o materialismo ou o espiritualismo e chega até a dar sentido à vida. Ela nos faz até mudar nosso olhar para alguns de nossos líderes políticos, intelectuais, ascetas e profetas que há milênios nos arrastam para os extremos. Eles já não nos aparecem como seres superiores, exemplos que devem ser seguidos, mas, ao contrário, como resultado de uma biologia desequilibrada. Indivíduos que só são capazes de sentir uma das duas dimensões hedonísticas humanas: felicidade do equilíbrio ou prazer do excesso. Nosso cérebro pré-histórico precisava desses seres extremos para sobreviver, e eles nos serão ainda úteis, sem dúvida. Mas nada garante que sejam os mais aptos a guiar nossa espécie para o futuro.

Eis que nossa essência imaterial, nossa alma, está encarnada e, com isso, temos uma nova visão do ser humano. Mas isso serve para alguma coisa? Ou é apenas uma enésima teoria que, no fim, não vai mudar nada? Essa nova visão do homem nos leva a propor a evolução de certas regras sociais, orienta-nos para novas escolhas tecnológicas. É útil. Chega a nos fazer imaginar novos regimes alimentares. Impele-nos até a mudar de companhia, a abandonar antigos ídolos e descobrir novos amigos.

O mais belo encontro sem dúvida é com o *Homo interstaticus*. Trata-se do homem completo que conhece ao mesmo tempo o equilíbrio e o excesso, que pode alternar entre prazer e felicidade. É ele que, graças à sua visão estereoscópica, enxerga integralmente a realidade e nos sopra novas soluções para problemas que parecem insolúveis.

Com frequência se diz que no centro não há nada, e é verdade que *interstaticus* não diz muita coisa. Na verdade, é no centro que talvez estejam todas as respostas. Não as tínhamos encontrado porque simplesmente nunca tínhamos olhado.

Por fim, é difícil concluir sem se perguntar o que fazer com a alma. Pelo menos lhe devemos isso! Ela está conosco há milênios. Este livro não nega sua existência, apenas a torna obsoleta. Ninguém a viu jamais e ela já não é necessária. A probabilidade de sua existência de repente se torna bem pequena, mais ou menos como a de ganhar na loteria. Jogar com a esperança de ganhar é algo dificilmente criticável. Contudo, se, depois de jogar, sem a garantia de ter ganhado a sorte grande, você comprar um castelo, duas Ferrari e um barco, dirão que perdeu o juízo. Infelizmente, é o que fazemos quando destruímos, matamos e morremos, convictos da existência de uma alma imortal. O melhor que teríamos a fazer seria, portanto, devolvê-la a seu lugar. Como tudo o que não é necessário, deveríamos guardá-la numa estante ou no fundo de uma gaveta. Ao fazer isso, talvez acabemos por esquecê-la aos poucos. Só então, unificados e libertos da miragem da imaterialidade, poderíamos por fim começar a viver aqui e agora, aceitando e respeitando a vida em vez de destruí-la.

Pequeno guia de biologia

Para os intrépidos que queiram navegar pelos meandros da ciência

Tolerância: Capacidade que o organismo e o cérebro têm de adaptar-se, respondendo cada vez menos a estímulos repetitivos. Trata-se de uma forma simples de aprendizado que nos possibilita ignorar estímulos externos que se revelem não importantes. No caso das drogas, a tolerância manifesta-se como necessidade de consumir quantidades cada vez maiores do tóxico para obter os mesmos efeitos.

DNA (ácido desoxirribonucleico): macromolécula formada por uma sucessão de quatro moléculas elementares ou nucleotídeos. Cada nucleotídeo é constituído por um açúcar que contém cinco átomos de carbono — a desoxirribose —, que liga, de um lado, um grupo fosfato e, de outro, uma das quatro bases nitrogenadas: a adenina (A), a citosina (C), a guanina (G) e a timina (T). Os nucleotídeos se interligam por meio de grupos fosfatos que criam pontes entre as desoxirriboses. Essa ponte possibilita que os nucleotídeos formem as longas cadeias — de alguns milhões a alguns bilhões de nucleotídeos — chamadas filamentos do DNA. O DNA encontra-se no núcleo das células, organizado numa hélice dupla, formada por dois filamentos enrolados um em torno do outro. Cerca de 40% do DNA total constituem os 25.000 genes da espécie humana. A função dos 60% restantes não está claramente elucidada; esse DNA é em grande parte composto por sequências que se assemelham a resíduos de vírus e são capazes de se replicar. Nos genes, a ordem de disposição dos nucleotídeos determina o código genético que possibilita produzir as proteínas. Mais precisamente, cada sequência de 3 nucleotídeos, ATG, por exemplo, corresponde a um dos 22 aminoácidos utilizados para formar as proteínas. Aquilo que se chama mutação genética nada mais é que a alteração de um nucleotídeo da sequência, o que modifica o código e, portanto, o aminoácido da proteína correspondente. Às vezes a mudança não é muito significativa; outras vezes, a função da proteína é extremamente afetada. Por outro lado, certas mutações geram uma trinca de bases (códons) que não corresponde a nenhum aminoácido, surgindo proteínas truncadas que perdem completamente suas funções.

Adrenalina: principal hormônio produzido pela parte medular da glândula suprarrenal; o outro hormônio é a noradrenalina. A adrenalina tem estrutura muito semelhante à da noradrenalina, da qual deriva e com a qual faz parte das catecolaminas, grupo de moléculas à qual também pertence a dopamina. A liberação de adrenalina é uma das principais respostas ao estresse. Seu aumento modifica o ritmo cardíaco, a pressão arterial, a dilatação dos brônquios e prepara o organismo para o ataque ou a fuga. A adrenalina também age como neurotransmissor nos neurônios do sistema nervoso autônomo simpático, que regula, sem participação da consciência, a função de órgãos periféricos como o coração, o pulmão, ou os olhos.

Alostase: ajuste do ponto de equilíbrio homeostático após exposição do organismo a períodos prolongados de estimulações intensas. Esse reajuste ocorre de tal modo que o estado de hiperestimulação passa a ser considerado normal pelo organismo. Por conseguinte, quando o período de forte estimulação é interrompido, o organismo volta ao estado anterior, normal, que passa a ser sentido como patológico. Um sinal clássico de reajuste alostático é a síndrome de abstinência que se segue à interrupção brusca de certos tratamentos farmacológicos ou a "deprê" das férias, que pode ser observada após períodos de estresse prolongado.

Anandamida: um dos dois principais neurotransmissores do sistema endocanabinoide; o segundo é o 2AG. Essas duas moléculas são lipídios e ligam-se aos receptores de canabinoides, o CB1 e o CB2. A anandamida desempenha papel importante na regulação da ingestão de alimentos e do prazer.

RNA (ácido ribonucleico): macromolécula muito semelhante ao DNA, constituída por uma sucessão de nucleotídeos unidos para formar longas moléculas. Cada nucleotídeo do RNA é constituído por um açúcar de cinco átomos de carbono — ribose —, que liga, de um lado, um grupo fosfato e, de outro, uma das quatro bases nitrogenadas: adenina (A), citosina (C), guanina (G) e uracila (U). Os nucleotídeos ligam-se uns aos outros por meio de grupos fosfatos que criam pontes entre as riboses, o que lhes possibilita formar cadeias de algumas dezenas a alguns milhares de nucleotídeos. Existem vários tipos de RNA, dos quais o mais conhecido é o RNA mensageiro (RNAm), que nada mais é que uma cópia "portátil" do DNA. O RNAm possibilita que a informação contida na sequência codificadora de um gene — situada no núcleo das células — seja transportada para a parte da célula localizada fora do núcleo, onde se encontra a maquinaria celular que reúne os aminoácidos para formar as proteínas. A informação contida no RNA serve materialmente de decalque para reunir os aminoácidos que formarão a proteína. Os mecanismos sofisticados que regulam a cópia do DNA em RNA também possibilitam produzir várias proteínas a partir do mesmo gene. Como? Afinal, é bem simples: copiando em ordem diferente, no RNA, os segmentos de DNA que constituem a sequência codificadora de um gene, criando fitas de RNA diferentes a partir do mesmo DNA, portanto, criando proteínas diferentes a partir da sequência codificadora de um gene.

ATP: A adenosina trifosfato é uma molécula orgânica pequena, constituída por adenosina com três fosfatos ligados. Quando perde um de seus fosfatos, o ATP libera energia, que é utilizada não só para o funcionamento das células, como também para a regeneração delas, produzindo novas proteínas.

Axônio: prolongamento dos neurônios; serve para enviar mensagens a outras células nervosas. Cada neurônio tem um único axônio, mas, graças às múltiplas ramificações deste, pode entrar em relação com milhares de outros neurônios. Em geral, o axônio de um neurônio entra em contato com os dendritos de outro neurônio em zonas especializadas, chamadas espinhas dendríticas, onde se formam as sinapses, verdadeiro ponto de comunicação entre células nervosas. Os axônios têm comprimentos variáveis, podendo ser muito longos, com até dezenas de centímetros, para ligar neurônios muito afastados uns dos outros.

Beber água (por que, quando, como): comportamento que regula a ingestão de água, um dos três elementos indispensáveis para continuarmos vivos. Esse líquido não tem distribuição homogênea como o ar: as reservas de água têm localização estável no espaço e no tempo. Não somos capazes de estocar água, mas nosso corpo a contém em grande quantidade, e nossa autonomia é de alguns dias. Consequentemente, podemos tomar água só quando precisamos, ou seja, quando a quantidade de água em nosso corpo diminui.

Dois mecanismos fundamentais detectam a diminuição de água no organismo, desencadeando a pulsão de ingeri-la. O primeiro mede a concentração de sal no líquido do exterior das células e, quando essa concentração aumenta, sentimo-nos impelidos a procurar água. O segundo mede o volume do sangue e, quando esse volume diminui, somos incitados a ingerir líquidos. Nos dois casos, a diminuição de água no corpo desencadeia um estado muito desagradável, a sede, que se torna cada vez mais penosa com a falta de água. Nossa principal motivação para ingerir líquidos é eliminar a sensação negativa da sede, o que se associa a uma sensação positiva. Tomar água quando estamos sedentos é paradisíaco. Mas se tornará rapidamente desagradável se continuarmos a fazê-lo depois que a sede passou.

Regulação da concentração de sal

A água do corpo humano não contém só moléculas de H_2O, mas também sal, cuja concentração precisa permanecer constante para que tudo funcione bem. Essa concentração é especialmente importante para que a água do interior das células (70% do total) e a do exterior se mantenham nas proporções adequadas. Quando transpiramos (um dos principais mecanismos que nos fazem perder água), não eliminamos os líquidos corporais de modo equilibrado. Primeiro perdemos a água presente no exterior das células, com mais moléculas de H_2O que de sal, o que faz aumentar a concentração extracelular deste. É uma situação muito perigosa para nosso organismo, porque, para tentar diluir esse excesso de sal, a água contida no interior das células sai, o que poderá levar à parada total das operações celulares. Por isso existe, em uma zona do cérebro — a parte anterior do hipotálamo —, um grupo de neurônios chamados, por motivos óbvios, de neurônios da sede. Quando detectam aumento da concentração de sal no exterior das células, eles se ativam, desencadeando a procura e a ingestão de água. Outros sinais periféricos, como o ressecamento da mucosa da boca e da faringe, também contribuem para ativá-los. A necessidade de encontrar água termina imediatamente quando as mucosas são hidratadas, o estômago é distendido pela presença do líquido e as boas concentrações de sal são restabelecidas.

Regulação do volume sanguíneo

Em outras situações, como de hemorragia, perdemos simultaneamente moléculas de H_2O e de sal. Temos neurônios capazes de detectar variações do volume de água, medindo a pressão sanguínea. Alguns estão no cérebro, ao lado dos neurônios da sede, no hipotálamo; outros se situam no coração. Quando o volume de sangue cai, essas células nervosas ativam os neurônios da sede, que nos impelem a ingerir líquido. A diminuição do volume sanguíneo também desencadeia um segundo mecanismo de compensação, que reduz a eliminação de água pelos rins. Essa antidiurese é realizada por um hormônio chamado vasopressina, que é produzido pelo cérebro, mas também pelos rins, graças a outro sistema de detecção do volume sanguíneo próprio desse órgão. Além disso, a vasopressina aumenta a constrição dos vasos periféricos. Isso não resolve o problema da perda de água, mas possibilita garantir pelo máximo tempo possível a chegada de sangue ao cérebro em quantidade suficiente para que possamos encontrar água, bebê-la e reequilibrar a situação. Restabelecido o equilíbrio hídrico, os centros hipotalâmicos inibem os da sede. Também dos órgãos periféricos chegam sinais inibidores. Por exemplo, o coração produz um hormônio chamado fator natriurético atrial (FNA), em resposta à dilatação excessiva decorrente do aumento do volume sanguíneo. Esse hormônio age sobre os rins, aumentando a eliminação de água, e também sobre o centro da sede do hipotálamo, inibindo-o.

Comer (por que, quando, como): comportamento que regula a ingestão de alimentos, um dos três recursos necessários para viver. Extraímos o alimento de outros seres vivos. Por conseguinte, até o desenvolvimento da agricultura e da pecuária, há 15.000 anos, era difícil prever sua disponibilidade no espaço e no tempo. Foi por isso que nosso corpo desenvolveu a capacidade de armazenar — principalmente em forma de lipídios — os recursos energéticos provenientes dos alimentos. Isso nos dá uma autonomia de várias semanas sem comer. Temos dois sistemas independentes e interconectados que decidem quando e por que comemos. O primeiro, que chamamos de endostático, tem funcionamento semelhante ao que gere a ingestão de água: ele se ativa e nos impele a nos alimentar em resposta à redução dos recursos energéticos circulantes, estado de carência que gera uma sensação desagradável, a fome (a contrapartida da sede). O segundo sistema, que chamamos de exostático, serve sobretudo para aumentar os níveis de nossas reservas e nos faz comer toda vez que vemos comida, independentemente de necessidades imediatas de nosso organismo. Nesse caso, são as características apetitivas da comida e o prazer de ingeri-la que constituem nossa principal motivação.

Regulação endostática

O centro de controle da regulação endostática da ingestão de alimentos situa-se numa parte do hipotálamo, numa estrutura chamada núcleo arqueado, onde se encontram os neurônios que estimulam a ingestão de alimentos. Essas células nervosas são ativadas quando há redução do nível de glicose no sangue e também pela ação de um hormônio gástrico, a grelina, que é estimulada pelo jejum. Quando comemos, em resposta à ativação desse sistema, a dilatação do estômago estimula as fibras do nervo vago que o cercam, enviando ao cérebro o primeiro sinal de saciedade. O ponto de contato do nervo vago não é o hipotálamo, mas uma estrutura mais baixa do cérebro, o núcleo do trato solitário, que se situa no bulbo próximo aos centros reguladores da respiração. A ativação de neurônios desse núcleo inibe a ingestão de alimentos. A passagem do alimento para o trato gastrointestinal também ativa hormônios, dos quais o mais conhecido é a colecistocinina, que veicula um segundo sinal de saciedade que ou vai diretamente para o cérebro ou age sobre o nervo vago. Por fim, o terceiro sinal de saciedade é constituído pela insulina, liberada em resposta ao aumento de glicose no sangue. A insulina possibilita a utilização do açúcar pelos músculos e comunica ao cérebro que a glicose parou de baixar. Os sinais hormonais de saciedade convergem para outro grupo de neurônios do núcleo arqueado, que inibem a ingestão de alimentos. O funcionamento da regulação endostática da ingestão de alimentos é completado por um segundo mecanismo que age como um reostato e comunica ao detector de glicose o nível de reserva de lipídios, aumentando sua atividade se essas reservas estiverem baixas. É o hormônio leptina, secretado pelo tecido adiposo. Na pessoa que tem boas reservas de gordura, a leptina tem dois efeitos principais: por um lado, diminui a atividade dos neurônios que induzem a comer em resposta aos sinais de fome; por outro lado, aumenta a dos neurônios que inibem a ingestão de alimentos em resposta aos sinais de saciedade. A leptina, portanto, muda de algum modo o ponto de equilíbrio do sistema endostático. Quem tem pouca gordura e pouca leptina é mais sensível à redução de recursos, portanto, busca comer com mais frequência. Ao mesmo tempo, é menos sensível aos sinais de saciedade, de modo que come mais. Em compensação, se as reservas lipídicas estiverem elevadas, o nível de leptina também estará e, por um mecanismo inverso, a pessoa comerá com menos frequência e em menor quantidade.

Regulação exostática

O prazer que os alimentos provocam é o principal mecanismo neurobiológico utilizado pelo sistema exostático para nos fazer comer. Dois grupos de estruturas cerebrais são responsáveis pelo prazer: as que o geram e as que o integram. As primeiras situam-se na parte baixa do cérebro, são chamadas estruturas subcorticais. Trata-se principalmente do núcleo acumbente e do pálido ventral. No núcleo acumbente, dois neurotransmissores — a encefalina do sistema opioide e a anandamida do sistema endocanabinoide — provocam a sensação de prazer. A segunda estrutura, o pálido ventral, não é apenas capaz de gerar essa sensação, mas também, se lesado, é capaz de suprimi-la. Entre as estruturas que integram a sensação de prazer, destaca-se uma parte do córtex, situada na parte anterior do cérebro, perto da base que repousa sobre as órbitas, chamada córtex orbitofrontal. No ser humano, essa parte do córtex ativa-se em resposta a praticamente todas as sensações agradáveis: comer, beber quando se tem sede, sexo e até música. No entanto, esse córtex não parece gerar a sensação de prazer. De fato, em caso de lesão, a pessoa parece continuar sensível a quase todas as formas de prazer natural. Uma vez que o prazer é o motor principal da ingestão exostática de alimentos, esse sistema coordena toda uma série de atividades biológicas que contribuem em conjunto para nos fazer comer além do necessário e criar reservas. Um dos regentes da exostase é o sistema endocanabinoide, que está presente em quase todo o nosso corpo. No cérebro e nos órgãos dos sentidos, os endocanabinoides aumentam as propriedades sensoriais do alimento, tornando-o mais atraente, estimulam os neurônios da fome, inibem os da saciedade e chegam a ter efeitos antieméticos. Em nível periférico, os endocanabinoides inibem a utilização de glicose pelos músculos, induzindo o fígado a transformá-la em lipídios, cujo armazenamento no tecido adiposo depois facilitam. Graças à exostase, o excesso já não é um desvio de comportamento, mas uma função biológica muito elaborada que nos permitiu criar reservas e sobreviver melhor nos períodos de ausência de recursos alimentares.

Comunicação celular: base do funcionamento dos organismos multicelulares, como os dos mamíferos. Nosso corpo é composto por inúmeros órgãos que, por sua vez, são compostos por bilhões de células. As células de cada órgão precisam comunicar-se entre si para sincronizar-se, e os órgãos precisam intercomunicar-se para coordenar sua atividade e responder às necessidades do organismo. Esse intercâmbio de informações ocorre graças a um sistema universal formado pelo par mediador/receptor. Os mediadores são pequenas moléculas químicas liberadas pela célula que envia a mensagem, e os receptores são um tipo de proteína localizada na célula que recebe a mensagem. Os mediadores ligam-se a seus receptores por um mecanismo muito parecido com o de uma chave que reconhece uma fechadura. De acordo com sua forma, o mediador liga-se a seu receptor específico (a chave entra na fechadura) e muda sua forma (o tambor gira na fechadura), provocando uma modificação da atividade da célula que contém o receptor (a porta se abre).

Comunicação sináptica: troca de informações entre dois neurônios, também chamada comumente de transmissão sináptica. Essa comunicação, que ocorre no nível das sinapses, começa quando um neurotransmissor, liberado pelo axônio da célula que transmite a mensagem, se liga a um receptor presente na superfície do dendrito do neurônio que a recebe. Essa "união" modifica a conformação do receptor, decodificando a informação. Os receptores sinápticos são principalmente de dois tipos. Os primeiros, chamados de canais iônicos ativados por ligantes ou receptores ionotrópicos, servem principalmente para propagar com rapidez a mensagem para o neurônio seguinte. Os segundos, que poderiam ser chamados de receptores de transdução — mais comumente chamados receptores metabotrópicos —, têm como função principal registrá-la. A ligação destes últimos com um neurotransmissor desencadeia, no interior da célula, a ativação em cascata de uma série de proteínas que, na ponta da cadeia, ativam fatores de transcrição. Estes vão então para o núcleo e, ligando-se às sequências reguladoras do DNA, ativam ou inibem os genes e as proteínas correspondentes.

Cortisol: o principal glicocorticoide de nossa espécie. Nos roedores, encontra-se, por exemplo, a corticosterona. Os glicocorticoides são produzidos pela glândula suprarrenal e se espalham por todo o organismo. Exercem grande número de efeitos, ligando-se ao receptor GR (receptor dos glicocorticoides), que é um fator de transcrição. Esses hormônios desempenham papel importante na regulação do metabolismo. Facilitam e energizam nossas ações, além de regular a resposta ao estresse.

Dendrito: prolongamento dos neurônios; recebe as mensagens provenientes de outras células nervosas. Cada neurônio possui grande número de dendritos, que formam como que uma cabeleira em torno de seu corpo. Ao longo dos dendritos observam-se pequenos botões elevados, as espinhas dendríticas, sobre os quais assentam os axônios provenientes de outros neurônios. É nesse nível que se formam as sinapses entre axônio e dendrito e ocorre a comunicação entre duas células nervosas. Os dendritos de um neurônio podem conectar-se com grande número de axônios e, assim, integrar as informações vindas de muitos neurônios diferentes.

Dopamina: neurotransmissor do sistema dopaminérgico, grupo de neurônios situados na base do cérebro que envia projeções para grande número de estruturas cerebrais. Estruturalmente, a dopamina é uma catecolamina, tal como a adrenalina e a noradrenalina. Em função da região do cérebro na qual a dopamina é liberada, esse neurotransmissor modula a memória, os movimentos e a motivação para atingir um objetivo. É especialmente responsável pelo efeito atraente dos estímulos novos e das drogas.

Encefalina: um dos neurotransmissores do sistema opioide endógeno, constituído principalmente por neurônios situados em vários locais do cérebro e da medula. A encefalina é um peptídeo, ou seja, proteína pequeníssima, composta apenas por alguns aminoácidos. A depender da estrutura na qual é liberado, esse neurotransmissor pode ter várias funções. As mais conhecidas são a analgesia e o prazer.

Endocanabinoides: mediadores do sistema biológico que tem o mesmo nome. Os dois principais endocanabinoides são a anandamida e o 2-araquidonoilglicerol (2AG). No cérebro, eles agem como neurotransmissores e podem ter efeitos diferentes em função da estrutura cerebral na qual são liberados. Os mais conhecidos são a estimulação da ingestão de alimentos, a modulação da memória, a analgesia e o prazer. Os endocanabinoides também se encontram em vários órgãos periféricos — fígado, pâncreas, músculos, tecido adiposo —, onde regulam o metabolismo, facilitando o acúmulo de gordura. Em virtude dessas ações coordenadas, os endocanabinoides são considerados os principais mediadores do sistema exostático.

Endostase: um dos mecanismos da homeostase. O sistema endostático é geralmente ativado pela falta de um recurso interno, por exemplo, água ou glicose; ele nos faz buscar esse recurso ativamente, mas, tão logo satisfeita essa carência, sua atividade é inibida. A falta que ativa o sistema endostático é acompanhada na maioria das vezes por uma sensação desagradável — sede —, e a satisfação dessa carência é associada à sensação agradável que indica o retorno ao equilíbrio. A dimensão hedonística do sistema endostático é equiparável à da felicidade, pois ela não é gerada pelo estímulo em si mesmo, mas pelo estado de equilíbrio que ele possibilita atingir. Por isso, a sensação se tornará desagradável se continuarmos consumindo um recurso regulado de modo endostático, como, por exemplo, se tomarmos água sem ter sede.

Entropia: medida da desordem ou da dissipação de energia. Esses dois conceitos estão ligados, pois, quanto mais se utiliza uma fonte energética, mais se dissipa a matéria a partir da qual ela é extraída, portanto, mais desordem se gera. O aumento da entropia está no cerne do segundo princípio da termodinâmica, que postula que a entropia só pode aumentar. Por essa razão, se diminuirmos a entropia num local, nós a faremos aumentar obrigatoriamente em outro.

Enzima: proteína que tem a função de catalisar uma reação. As enzimas facilitam a transformação de outras moléculas químicas ou de outras proteínas, na maioria das vezes acrescentando-lhes pedaços ou cortando-as. Seria possível considerar as enzimas como pequenas máquinas moleculares que fazem nosso corpo funcionar.

Epigenética: ramo da biologia que estuda um dos mecanismos por meio dos quais as vivências e o ambiente, em sentido amplo, são capazes de nos modificar. Os fatores epigenéticos são proteínas que modificam o DNA de modo que possibilite ou não a ativação de um gene para produzir uma proteína. Essas modificações em geral são duradouras e em certos casos podem ser transmitidas de uma geração para outra. No entanto, não são os fatores epigenéticos, e sim os fatores de transcrição que ativam ou inibem a atividade dos genes. Se compararmos o genoma a um instrumento musical, diremos que os fatores epigenéticos determinam o tipo de instrumento — violão, piano, saxofone —, e os fatores de transcrição são os dedos do músico que os tocam.

Espinhas dendríticas: pequenos botões elevados, situados ao longo dos dendritos e sobre os quais pousam as terminações dos axônios provenientes de outros neurônios. O ponto específico da espinha dendrítica onde ocorre a comunicação entre dois neurônios é a sinapse.

Esteroides: tipo de lipídios que possuem um núcleo central comum feito dos quatro anéis de átomo de carbono (três hexagonais e um pentagonal). Um dos mais conhecidos é o colesterol, que, se em excesso, pode causar o espessamento dos vasos sanguíneos. Mas é também a partir do colesterol que são sintetizados na mitocôndria os hormônios esteroides indispensáveis ao funcionamento de nosso organismo: os esteroides sexuais (progesterona, estrogênios e testosterona), os glicocorticoides (cortisol e corticosterona) e os mineralocorticoides, dos quais o principal é a aldosterona, que regula a excreção do potássio e do sódio pelo rim e, com isso, o volume sanguíneo.

Exostase: um dos mecanismos da homeostase. Esse sistema visa a gerir recursos raros, cuja disponibilidade no espaço e no tempo seja imprevisível, incitando a criação de reservas para compensar sua eventual falta no futuro. Por essa razão, o sistema exostático é ativado pela presença de um recurso, independentemente da necessidade que o organismo possa ter dele. Assim, esse mecanismo leva à ingestão de alimentos mesmo em estado de saciedade. A dimensão hedonística associada à sua ativação é o prazer resultante da exposição a certos estímulos, o que possibilita superar o desconforto gerado pelo afastamento do equilíbrio endostático. Esse sistema ajuda na sobrevivência quando os recursos alimentares são instáveis e escassos, como ocorreu com nossa espécie no período mais longo de sua evolução. Em compensação, sua atividade pode levar à obesidade nas condições de superabundância de recursos alimentares de certas civilizações modernas.

Fatores de transcrição: um dos mecanismos por meio dos quais as vivências e o ambiente em sentido amplo podem modificar nossa biologia. Os fatores de transcrição são proteínas capazes de ligar-se às sequências reguladoras de um gene e ativar ou inibir a produção da proteína correspondente. No entanto, não são os fatores de transcrição que determinam qual gene de uma célula é ativável ou não. Esse papel é dos fatores epigenéticos. Se considerarmos que o genoma é um instrumento musical, os fatores epigenéticos determinam o tipo de instrumento — violão, piano, saxofone —, enquanto os fatores de transcrição são os dedos do músico que os toca.

Genes: parte do DNA que serve para produzir as proteínas. Os humanos têm cerca de 25.000. Cada gene é constituído por duas partes: uma sequência codificadora e uma sequência reguladora. A sequência codificadora, aquela a que geralmente nos referimos quando pensamos em gene, contém a informação necessária à construção de uma proteína específica. Ou seja, é constituída pelas sequências de três bases nitrogenadas que determinam a ordem na qual os aminoácidos da proteína correspondente devem ser dispostos. A sequência reguladora, praticamente só conhecida por especialistas, tem outras sequências de nucleotídeos que servem para ligar os fatores de transcrição, proteínas que têm o papel de ativar ou inibir a produção de uma proteína pela sequência codificadora. Se considerarmos nosso genoma como um instrumento musical, as sequências codificadoras serão 25.000

cordas que possibilitam produzir as notas (proteínas), e a sequência reguladora, o teclado no qual se toca. Apenas 3% do DNA que compõe um gene são utilizados pelas sequências codificadoras; o restante é dedicado às sequências reguladoras. Portanto, se imaginarmos que as 25.000 cordas de nosso instrumento musical ocupam um andar de um prédio, precisaremos de mais 32 andares para alojar o teclado e seu mecanismo.

Glândulas suprarrenais: um dos principais componentes do sistema endócrino de nosso organismo; situam-se acima dos rins mais ou menos como chapéus. São divididas em duas regiões: medula (interna) e córtex (externo). A medula é regulada pelo sistema nervoso autônomo e produz principalmente adrenalina. O córtex secreta alguns hormônios esteroides, dos quais os mais conhecidos são os glicocorticoides. Essas glândulas, portanto, desempenham papel importante na resposta ao estresse, pois a adrenalina é responsável pelo alerta e pela sensação desagradável que indica o perigo, ao passo que os glicocorticoides — que têm efeitos agradáveis — dão uma resposta compensatória que protege nosso organismo dos efeitos penosos do estresse e nos possibilita enfrentar melhor o perigo.

Grelina: hormônio peptídico, ou seja, uma pequena proteína, secretado principalmente pelo estômago; sua função é estimular a ingestão de alimentos. Seus níveis aumentam quando o estômago está vazio e diminuem à medida que ele se enche. Depois de produzida, a grelina vai para a circulação sanguínea e age no hipotálamo sobre receptores específicos que, expressos na superfície dos neurônios, desencadeiam o comportamento alimentar. A grelina também pode estimular os circuitos de recompensa, aumentando a atração e a sensação agradável provocada pelo alimento. Por fim, ao agir no hipocampo, a grelina também pode facilitar a memória e o aprendizado.

Glicocorticoides: o cortisol no ser humano e a corticosterona nos roedores são hormônios esteroides produzidos pela glândula suprarrenal. Têm efeitos múltiplos sobre nosso organismo; os mais conhecidos são a regulação do sistema imunitário, do metabolismo da glicose e da resposta ao estresse. No entanto, uma de suas funções principais é nos preparar para a ação, fornecendo energia para nossas atividades diárias. Por essas razões, esses hormônios aumentam antes do despertar e na hora das refeições, e atingem os níveis mais baixos à noite. Seus efeitos psicológicos são agradáveis graças à ativação do sistema dopaminérgico.

Hipocampo: estrutura do cérebro que faz parte do córtex cerebral; desempenha papel muito importante na regulação da memória. Em especial, o hipocampo registra os elementos espaciais associados aos acontecimentos, possibilitando contextualizá-los. De fato, para responder de modo adequado a qualquer experiência, é importante registrar não só o *que* — tipo de acontecimento e suas consequências —, mas também o *onde* — lugar em que certo acontecimento ocorreu. É graças à contextualização que podemos passear pelo Jardim do Luxemburgo sem medo de ser atacados por um leão, ao passo que morremos de medo de andar a pé pela savana africana.

Homeostase: modo de funcionamento comum a praticamente todos os sistemas fisiológicos; esse termo descreve a tendência a manter um nível de atividade "ideal" chamado ponto de equilíbrio homeostático. Um sistema homeostático pode, evidentemente, adaptar-se às modificações do ambiente, aumentando ou diminuindo sua atividade. Mas esse afastamento em relação ao ponto de equilíbrio é sempre transitório, e o sistema biológico homeostático terá tendência a retornar a ele o mais depressa possível. Nos mamíferos, observam-se pelo menos três tipos de mecanismo homeostático: preestase, que previne o aparecimento de uma carência iminente; endostase, que corrige uma carência interna presente; exostase, que prepara para enfrentar uma possível carência externa futura.

Hipófise: pequena glândula situada na base do cérebro. É controlada diretamente por uma estrutura cerebral localizada bem abaixo, o hipotálamo, que tem como uma das funções integrar informações que levam a desencadear ou não o estado de estresse. Sob o impulso do hipotálamo, uma parte da hipófise produz e libera na circulação sanguínea pequeníssimas proteínas — chamadas peptídeos — que induzem a síntese de hormônios esteroides pelas glândulas suprarrenais, pelos ovários ou pelos testículos.

Hipotálamo: estrutura cerebral situada na base do cérebro, composta de várias subestruturas independentes, chamadas núcleos, que têm papéis distintos. Uma função importante do hipotálamo é possibilitar que o cérebro controle a produção dos principais hormônios por meio de uma pequena glândula a ele ligada: a hipófise. O hipotálamo também controla o sistema nervoso autônomo e grande número de funções comportamentais, entre as quais o ritmo vigília-sono, a ingestão de alimentos e a reprodução.

Hormônios: categoria de mediadores que as células utilizam para comunicar-se entre si. Alguns hormônios são produzidos por órgãos especializados, as glândulas, como, por exemplo, o pâncreas, que secreta a insulina, as glândulas suprarrenais, que secretam o cortisol, a hipófise, que produz a ACTH (adrenocorticotrofina). Outros hormônios também podem ser produzidos por células especializadas que se encontram no interior de outros órgãos, como a grelina, pelo estômago, a leptina, pelo tecido adiposo, ou a progesterona e a testosterona, pelos ovários e pelos testículos, respectivamente. Os hormônios podem ser de diferentes naturezas. Existem pequenas moléculas orgânicas como a adrenalina, peptídeos como a ACTH ou a insulina, ou esteroides como o cortisol e a progesterona. Seja qual for sua estrutura, todos agem modificando a atividade de receptores específicos situados na célula-alvo, que eles atingem em geral pela circulação sanguínea.

Leptina: hormônio produzido pelo tecido adiposo; informa os centros da fome e da saciedade localizados no hipotálamo sobre o estado das reservas de gordura. Quando essas reservas são grandes, o tecido adiposo produz muita leptina, que vai diminuir a ingestão de alimentos, pois esse hormônio inibe o centro da fome e estimula os da saciedade. Se as reservas de gordura forem pequenas, o tecido adiposo produzirá pouca leptina, e a ingestão de alimentos aumentará. A leptina age, portanto, como uma espécie de reostato que nos faz comer mais ou comer menos, em função da gordura já acumulada. As modificações dos efeitos da leptina na obesidade são um bom exemplo de tolerância. Isto porque, quanto mais lipídios armazenamos, mais leptina o tecido adiposo produz. O hipotálamo adapta-se então, tornando-se cada vez menos sensível aos efeitos desse hormônio, e essa tolerância tem como resultado, no obeso, a diminuição da sensação de saciedade e da capacidade de inibir a ingestão de alimentos.

Mediador: molécula química utilizada pelas células para intercomunicar-se e enviar mensagens. Cada mediador se liga a um ou a vários receptores específicos, que ele reconhece pela forma. Existem várias categorias de mediadores: os mais conhecidos são os neurotransmissores, produzidos pelos neurônios, e os hormônios liberados pelas glândulas. As células utilizam grande variedade de moléculas orgânicas para sintetizar os mediadores. Encontram-se: 1) pequenas proteínas chamadas peptídeos, como a insulina, a encefalina e a grelina; 2) pequenas moléculas químicas, como as aminas biogênicas, das quais as mais conhecidas são a dopamina, a serotonina, a adrenalina e o GABA; 3) lipídios, dos quais os endocanabinoides e os esteroides são bons exemplos. Para ir de uma célula a outra, os mediadores percorrem distâncias variáveis. Por exemplo, os neurotransmissores precisam percorrer apenas algumas dezenas de milionésimo de milímetro para conectar dois neurônios. Em compensação, alguns hormônios que vão dc um local a outro do corpo percorrem distâncias da ordem do metro.

Mesencéfalo: estrutura estreita e alongada que constitui a base do cérebro. O mesencéfalo é bem conhecido pelos neurocientistas, pois contém os neurônios dopaminérgicos.

Mitocôndria: organela situada no interior de quase todas as células de nosso corpo. É resultado de uma simbiose com uma protobactéria há cerca de dois bilhões de anos. Por essa razão, sua estrutura é muito semelhante à da bactéria. A mitocôndria tem dupla membrana externa, seu próprio DNA e se reproduz por mitose, ou seja, em duas cópias idênticas, independentemente da célula que a contém. A principal função das mitocôndrias é produzir ATP, combustível celular universal, a partir da glicose.

Neurotransmissor: mediador utilizado pelos neurônios para se comunicarem. Os neurotransmissores são liberados no nível da sinapse pelo neurônio que envia a mensagem e é chamado neurônio pré-sináptico. Atravessam a fenda sináptica e vão ligar-se aos receptores situados na superfície do neurônio que recebe a mensagem, chamado neurônio pós-sináptico. A ligação do neurotransmissor ao receptor muda sua conformação, ativando ou inibindo o neurônio que o contém. Os neurotransmissores são pequenas moléculas de diferentes tipos. Encontram-se peptídeos, pequenas proteínas, como a encefalina, pequenas moléculas orgânicas, como as aminas biogênicas — dopamina, noradrenalina, serotonina e GABA —, ou mesmo aminoácidos, como o glutamato. Alguns neurotransmissores são lipídios, como o 2AG e a anandamida do sistema endocanabinoide.

Noradrenalina: neurotransmissor que faz parte das catecolaminas com a dopamina e a adrenalina. Os neurônios noradrenérgicos, que liberam a noradrenalina, situam-se na parte baixa do cérebro e comunicam-se com grande número de outras estruturas cerebrais. Desempenham papel importante na vigília e na atenção. A noradrenalina também é um dos neurotransmissores do sistema nervoso autônomo simpático, que regula a pressão arterial, o ritmo e a contração do coração. Também pode ser secretada pela medula da glândula suprarrenal, mas em quantidade menor que a adrenalina, e agir como hormônio.

Nucleotídeos: "tijolos" que constituem o DNA ou RNA, os nucleotídeos são formados por um açúcar de cinco carbonos (ribos no RNA e desoxirribose no DNA) e uma das cinco bases nitrogenadas: adenina (A), citosina (C), guanina (G), timina (T) e uracila (U) — sendo que a uracila existe apenas no RNA, e a timina, apenas no DNA. Eles têm a capacidade de interligar-se, o que lhes possibilita formar as longas cadeias que constituem as moléculas de DNA e RNA. A ordem na qual os nucleotídeos estão dispostos determina o código genético que permite produzir as proteínas. Mais precisamente, cada sequência de 3 nucleotídeos, ATG, por exemplo, corresponde a um dos 22 aminoácidos utilizados para formar as proteínas. O que se chama de mutação genética nada mais é que a alteração de um nucleotídeo da sequência, o que muda o código e, portanto, o aminoácido da proteína correspondente. Às vezes a mudança não é muito significativa; outras vezes, a função da proteína é extremamente afetada. Por outro lado, algumas mutações geram uma trinca de bases (códon) que não corresponde a nenhum aminoácido, fazendo surgir proteínas truncadas que perdem completamente a função.

Plasticidade sináptica: capacidade que os neurônios têm de fortalecer ou enfraquecer suas conexões sinápticas. Existem dois tipos principais. O primeiro, chamado potencialização de longa duração ou LTP (*Long Term Potentiation*), reforça o sinal transmitido por uma sinapse. O segundo, chamado depressão de longa duração ou LTD (*Long Term Depression*), enfraquece a transmissão sináptica. A alternância entre LTP e LTD é vista como um dos mecanismos fundamentais do comportamento plástico e adaptável. Quando temos um comportamento, são potencializadas as sinapses das redes neuronais responsáveis por ele. Quando queremos mudar de comportamento, é importante poder inibir essas redes neuronais, colocá-las em LTD e reforçar as redes do próximo comportamento, pondo-os em LTP. Portanto, é por alternância entre LTP e LTD que podemos passar de um comportamento a outro e adaptar-nos às injunções de nosso ambiente.

Preestase: um dos mecanismos da homeostase que gere o suprimento dos recursos onipresentes e sempre disponíveis, de entropia elevada, como o dioxigênio do ar. Um bom exemplo de mecanismo preestático é, portanto, a respiração, que, seguindo um ritmo predefinido, involuntário e automático, não atende a uma necessidade, mas funciona com autonomia para preveni-la.

Proteínas: componentes de nosso organismo que mais determinam aquilo que somos. Algumas, as proteínas estruturais, são responsáveis pela forma de nosso corpo. Outras, as enzimas, determinam o que nosso organismo é capaz de fazer. Todas as proteínas têm a mesma estrutura básica, constituída por uma sucessão de aminoácidos interligados. As diferenças entre elas são determinadas pela ordem em que os aminoácidos estão dispostos. Essa ordem é estabelecida pela sequência das trincas de nucleotídeos (códon) do DNA, pois cada trinca codifica um dos 22 aminoácidos. O código genético, portanto, nada mais é que a informação da ordem na qual os aminoácidos devem estar colocados numa proteína. Uma das classificações mais usadas das proteínas baseia-se em sua localização na célula. Encontram-se quatro grandes famílias. As proteínas de membrana, do citoplasma, do núcleo e das mitocôndrias.

As proteínas de membrana situam-se na membrana plasmática que separa o interior e o exterior da célula. A principal função dessas proteínas é estabelecer a comunicação entre esses dois meios ou ligar as células entre si.

As proteínas do citoplasma encontram-se no espaço entre a membrana celular e o núcleo. Algumas formam um arcabouço que confere forma à célula e possibilita transportar para ela, como que sobre trilhos, as proteínas de um ponto a outro. Outras, a partir das instruções contidas no RNA, auxiliam no processo de formação de novas proteínas. Por fim, algumas fazem reciclagem: degradam os componentes envelhecidos da célula, transformando-os em peças elementares, para que possam ser reutilizadas.

As proteínas do núcleo também pertencem a vários tipos, com papéis diferentes. Algumas servem de carretel, em torno do qual o DNA se dobra, formando argolas apertadas quando está inativo, ou argolas frouxas, se seus genes puderem ser ativados. Outras proteínas servem para regular a atividade dos genes, ou seja, inibem ou ativam uma sequência reguladora, o que determina se o gene é ou não copiado como RNA. Outras proteínas servem para produzir o RNA, que, uma vez transportado para o citoplasma, servirá para a produção das proteínas.

As proteínas da mitocôndria formam, no interior dessas estruturas, como que cadeias de montagem que produzem moléculas produtoras da energia de que a célula precisa para viver. Hoje se sabe que a mesma proteína pode encontrar-se em vários compartimentos celulares, mudando de função segundo o local onde esteja.

Receptor CB1: principal receptor do sistema endocanabinoide, pertencente à grande família dos receptores metabotrópicos — ou receptores de transdução. Os receptores CB1 são provavelmente os receptores mais expressos no cérebro e também estão muito presentes em outros órgãos, como o fígado, os músculos, o pâncreas, o tecido adiposo e o trato gastrointestinal. A ativação desses receptores pelos endocanabinoides, anandamina e 2AG, é um dos principais mecanismos da exostase, pois põe o organismo em melhores condições para comer além do necessário e criar reservas. A ativação do receptor CB1 também é responsável pelos efeitos da cânabis, pois o princípio ativo dessa droga substitui os endocanabinoides e superativa os receptores CB1.

Receptor GR (*Glucocorticoid Receptor*): pertencentes à família dos receptores nucleares, é um fator de transcrição ativado pelos hormônios glicocorticoides. Trata-se de um receptor bastante presente, pois se encontra em quase todos os órgãos. Sua ativação é responsável por grande número de efeitos dos glicocorticoides, como a regulação do sistema imunitário, do metabolismo da glicose, da resposta ao estresse e da preparação para a ação. O GR também é alvo de um tipo de medicamento que quase todos nós tomamos pelo menos uma vez na vida, os anti-inflamatórios poderosos, como a cortisona (não confundir com os anti-inflamatórios não esteroides, os AINE, usados com tanta frequência). Quando ativado nas células do sistema imunitário por esses medicamentos, o GR inibe fortemente a resposta inflamatória e imunitária, bloqueando a produção de outro grupo de proteínas que se ativa toda vez que o organismo precisa enfrentar uma agressão externa. No entanto, o GR também se encontra em grande número de outros tecidos, como o cérebro, o fígado e o tecido adiposo. Por essa razão, quando somos obrigados a tomar anti-inflamatórios esteroides por muito tempo, sofremos muitos efeitos colaterais. No cérebro, a ativação do GR normalmente tem efeitos estimulantes: aumenta nossa atividade e a atração dos alimentos. No entanto, se o GR for superativado pela cortisona, poderá gerar irritabilidade, insônia e, em certos casos, até um verdadeiro estado maníaco. No fígado, a superativação desse receptor aumenta a síntese de glicose e o risco de diabetes; no tecido adiposo, provoca o acúmulo de gordura na parte mediana do corpo, de um modo muitas vezes pouco estético. Esses efeitos indesejáveis são a prova tangível de que a mesma proteína, o GR, tem ações completamente diferentes em função do tipo de célula em que se encontra.

Canais iônicos ativados por ligantes ou receptores ionotrópicos: são constituídos por várias proteínas, chamadas subunidades, que se reúnem para formar canais através da membrana plasmática. Na ausência do mediador, o canal é fechado, a ligação ao mediador o abre, estabelecendo a comunicação entre o interior e o exterior da célula, o que possibilita a passagem de moléculas, em geral carregadas eletricamente. É a abertura de receptores desse tipo que gera a corrente elétrica que possibilita a rápida comunicação entre zonas afastadas do cérebro. Alguns receptores para neurotransmissores acetilcolina, GABA e glutamato são desse tipo.

Receptores celulares: proteínas que se encontram na superfície ou no interior da célula e cuja função é ligar os mediadores liberados por outras células. A ligação do mediador ao receptor, que ocorre com um mecanismo chave-fechadura, provoca mudança na forma do receptor que, em cascata, modifica a atividade celular. Os efeitos da ativação do receptor mudam em função de sua estrutura. Alguns receptores são canais que possibilitam estabelecer a comunicação entre o exterior e o interior da célula; outros ativam enzimas que modificam a atividade da célula; outros ainda são fatores de transcrição que vão modificar a atividade dos genes.

Receptores de transdução ou metabotrópicos: proteínas que atravessam a membrana celular. Sua parte externa serve para ligar o mediador, enquanto a interna liga outras proteínas companheiras, que em geral são enzimas. A ligação desse tipo de receptor a seu mediador vai ativar uma ou várias de suas proteínas companheiras, desencadeando uma cascata de reações enzimáticas que modificam a atividade celular e às vezes a síntese proteica por meio da ativação de certos fatores de transcrição. Os receptores para os neurotransmissores adrenalina, noradrenalina, dopamina, serotonina e endocanabinoides são receptores metabotrópicos.

Receptores nucleares: proteínas que se encontram no interior da célula, geralmente no núcleo. São fatores de transcrição ativados pela ligação com seu mediador. Possibilitam, assim, que o mediador mude diretamente a produção de proteínas de uma célula. Os receptores para hormônios esteroides e certas vitaminas, como a vitamina A (ácido retinoico), são receptores nucleares.

Respirar (por que, quando, como): comportamento que regula a inspiração do ar, do qual extraímos o dioxigênio (O_2), um dos três elementos indispensáveis à vida. Esse gás tem entropia elevada e se distribui de modo homogêneo nos locais que habitamos no planeta. Por essa razão, não o armazenamos, mas nos aprovisionamos dele por meio de um comportamento automático, que se ativa de modo rítmico, para fornecê-lo ao nosso organismo nas quantidades necessárias antes de sentirmos sua falta. A respiração baseia-se principalmente na atividade de um grupo de neurônios situados na parte mais baixa do cérebro, o bulbo cerebral, localizado abaixo do cerebelo, bem na frente da medula espinhal. Esses neurônios têm uma atividade rítmica, independente de sinais externos, que os faz oscilar automaticamente entre o estado de ativação e o de repouso. Durante a fase de atividade, os neurônios respiratórios do bulbo provocam a contração dos músculos intercostais e do diafragma, que acionam a inspiração. Depois de alguns segundos, quando a atividade desses neurônios cessa, os músculos intercostais e o diafragma relaxam, e tem início a expiração. Alguns segundos após a expiração, os neurônios do bulbo voltam a ativar-se, e o ciclo recomeça. No nível da caixa torácica, certos receptores mecânicos também interrompem a inspiração, caso a dilatação se torne muito grande. Por isso, é impossível encher os pulmões além de certo nível, mesmo de modo voluntário. A frequência do ritmo respiratório dos neurônios pode ser modulada por vários fatores; os principais são o oxigênio e o CO_2. A quantidade destes em nosso corpo é avaliada por receptores especializados, presentes no cérebro, no nível do bulbo, e também na periferia, no nível da aorta. A diminuição de oxigênio (abaixo de 75–95 mm de mercúrio) e a elevação do CO_2 (acima de 32–42 mm de mercúrio) aumentam o ritmo e o volume respiratórios. Podemos também modular a respiração de modo voluntário, mas não podemos bloqueá-la completamente. Quando os níveis de CO_2 ultrapassam certo grau ou os de oxigênio descem demais, tentamos respirar onde quer que estejamos. Essa é a causa de numerosos acidentes de mergulho em apneia, em que o mergulhador inspira de modo automático antes de chegar à superfície e afoga-se.

Retroalimentação negativa e positiva: mecanismo de autorregulação dos sistemas biológicos. As vias de retroalimentação positiva são bastante raras em biologia, na qual se observam mais as vias de retroalimentação negativas: o aumento de um sinal provoca a inibição de sua produção ou de seus efeitos. Exemplo clássico é o funcionamento do sistema endostático: tenho fome, alimento-me, e o que ingiro vai inibir a fome e me fazer parar de comer. As vias de retroalimentação positivas, em compensação, são *loops* de amplificação, em que o aumento de um sinal vai provocar o aumento ulterior de sua atividade. A retroalimentação positiva é essencial ao bom funcionamento do sistema exostático, pois é a presença do alimento que o ativa: quanto mais se come, mais o sistema exostático precisa ativar-se para que se possa comer o maior tempo possível e criar o máximo de reservas. Por essa razão, o sistema endocanabinoide, um dos principais sistemas exostáticos, é regulado por retroalimentação positiva.

Sensibilização: capacidade que nosso organismo e nosso cérebro têm de adaptar-se, respondendo cada vez mais a estímulos repetitivos. A sensibilização é uma forma simples de aprendizado que nos possibilita responder mais rapidamente e com mais intensidade a estímulos externos importantes para nossa sobrevivência. No caso das drogas, a sensibilização se manifesta pelo aumento de certos efeitos, proporcionalmente ao consumo do tóxico.

Serotonina: mediador pertencente à família das monoaminas e das aminas biogênicas; pode agir como neurotransmissor no cérebro, mas também como hormônio local no tubo digestivo. A serotonina poderia ser considerada o oposto comportamental da dopamina, pois faz o organismo manter uma situação que lhe é favorável, enquanto a dopamina o induz a buscar estímulos novos. No equilíbrio endostase/

exostase, a serotonina favorece a felicidade endostática, enquanto a dopamina nos impele ao prazer exostático.

Sinapse: pequena estrutura celular em que ocorre a comunicação entre dois neurônios. Em geral, as sinapses se formam entre o axônio de um neurônio, que transmite a informação, e o dendrito de outro, que a recebe. As mais conhecidas são as sinapses químicas compostas por um lado pré-sináptico, do axônio do neurônio que transmite a mensagem, e um lado pós-sináptico, do dendrito do neurônio que a recebe. Os lados pré- e pós-sinápticos são fisicamente separados por um espaço chamado fenda sináptica. A parte pré-sináptica da sinapse contém todos os dispositivos celulares capazes de produzir e liberar os neurotransmissores que, atravessando a fenda sináptica, ligam-se aos receptores do lado pós-sináptico e, ativando-os, propagam a mensagem neuronal.

Sistema nervoso autônomo: também chamado de sistema nervoso visceral ou neurovegetativo, regula as funções não submetidas ao controle voluntário. Controla, por exemplo, o músculo cardíaco, a maioria das glândulas e os músculos lisos que determinam a contração dos vasos e os movimentos do intestino. É composto principalmente por dois sistemas com efeitos opostos, o sistema simpático, que utiliza noradrenalina e adrenalina como neurotransmissores, e o sistema parassimpático, que utiliza acetilcolina.

Sistemas/processos antagônicos: dois sistemas biológicos com funções opostas, mas que trabalham em conjunto para regular finamente um comportamento ou uma função fisiológica. Trata-se de um princípio de funcionamento básico de nosso organismo, que, na maioria das vezes, regula suas funções não só ativando ou inibindo os sistemas responsáveis, como também os que a ele se opõem. É assim que, por ativação em paralelo dos músculos flexor e extensor, regulamos nossos movimentos, assim como regulamos as respostas ao estresse por meio da liberação de adrenalina e de glicocorticoides: aquela nos prepara para a fuga, estes facilitam nossa busca das coisas.

Referências bibliográficas

O que segue não é em uma bibliografia completa, no sentido acadêmico do termo. Trata-se de uma seleção pessoal, que contém tanto livros de divulgação científica, tratados, sites de internet e artigos científicos quanto artigos que escrevi como fruto de meu trabalho de pesquisa e que serviram de base para algumas das histórias que conto. São exemplos que escolhi arbitrariamente. Espero que meus confrades, cujos trabalhos poderiam ter sido citados aqui e não foram, me escusem.

CAZZANIGA, Michael S. *The mind's past*, University of California Press, 1998.

DARWIN, Charles. *L'Origine des espèces*, Guillaumin et Victor Masson, 1862.

DIAMOND, Jared. *De l'inégalité parmi les sociétés*, Gallimard, 2000.

HOFSTADTER, Douglas. *Gödel Escher Bach. Les Brins d'une guirlande éternelle*, Dunod, 2008.

GOULD, Stephen Jay. *La vie est belle*, Le Seuil, 1998.

HARARI, Yuval Noah. *Sapiens*, Albin Michel, 2015.

KLEIN, Melanie. *Envie et gratitude*, Gallimard, 1978.

MORAVIA, Sergio. *The Enigma of Mind*, Cambridge University Press, 1995.

RAP, David M. *Extinction*, Oxford University Press, 1993.

RIFKIN, Jeremy. *Entropy. A New World View*, Viking Press, 1980.

ROQUES, Bernard. *La dangerosité des drogues*, Odile Jacob, 1999.

SEYLE, Hans. *The Stress of life*, McGraw-Hill, 1978.

Tratados científicos

ALBERTS, Bruce; JOHNSON, Alexander; LEWIS, Julian; MORGAN, David; RAFF, Martin; ROBERTS, Keith; WALTER, Peter. *Molecular Biology of the Cell*, Garland Science, 2014.

BATESON, P. P. G.; KLOPFER, Peter H. *Perspectives in Ethology*, vol. 4, *Advantages of Diversity*, Springer, 1981.

KANDEL, Eric R.; SCHWARTZ, James H.; JESSEL, Tomas S.; SIEGELBAUN, Steven A.; HUDSPET, A. J. *Principle of Neural Sciences*, McGraw-Hill, 2013.

KOOB, George F.; LE MOAL, Michel. *Neurobiology of Addiction*, Academic Press, 2006.

LACOUR, Bernard; BELON, Jean-Paul. *Physiologie humaine,* Elsevier Masson, 2016.

RAFF, Hershel. WIDMAIER, Eric P.; STRANG, Kevin T. *Physiologie humaine, Les mécanismes du fonctionnement de l'organisme*, Maloine, 2013.

Sites da internet

Évolution de la vie au précambrien: http://www.cnrs.fr/cw/dossiers/dosevol/decouv/articles/chap2/alvaro.html

Observatoire français des drogues et de la toxicomanie: https://www.ofdt.fr/

European monitoring center for drugs and drug addiction: http://www.emcdda.europa.eu/

Observatoire des religions et de la laïcité: http://www.o-re-la.org/index.php?option=com_k2&view=item&layout=item&id=12

La déclaration de l'homme et du citoyen: http://cache.media.eduscol.education.fr/file/droits_homme/94/5/DDHC_brochure_Web_271945.pdf

La biomasse de la planète terre: https://planet-vie.ens.fr/article/2540/repartition-biomasseterre

Énergie solaire: http://www.akademia.ch/sebes/textes/1995/-95BLpotsol.html

Bilan énergétique de Paris: https://api-site.paris.fr/images/83843

Énergie nucléaire: https://energie-nucleaire.net/qu-est-ce-que-l-energie-nucleaire/fusionnucleaire

Énergies renouvelables: http://www.energies-renouvelables.org/

Artigos científicos

Neurobiologia do prazer

BECHARA, A.; NADER, K.; VAN DER KOOY, D. "A Two-Separate--Motivational-Systems Hypothesis of Opioid Addiction", *Pharmacology Biochemistry and Behavior*, jan. 1998.

BERRIDGE, K. C. "The Debate over Dopamine's Role in Reward, The Case for Incentive Salience", *Psychopharmacology*, abr. 2007.

BERRIDGE, K. C.; KRINGELBACH, M. L. "Neuroscience of Affect, Brain Mechanisms of Pleasure and Displeasure", *Current Opinion in neurobiology*, jun. 2013.

______. "Pleasure Systems in the Brain", *Neuron*, mai. 2015.

______. "Towards a Functional Neuroanatomy of Pleasure and Happiness", *Trends in cognitive sciences*, nov. 2009.

SAKER, P.; FARRELL, M. J.; ADIB, F. R.; EGAN, G. F.; MCKINLEY, M. J.; DENTON, D. A. "Regional Brain Responses Associated with Drinking Water during Thirst and after its Satiation", *PNAS*, abr. 2014.

Dopamina

DI CHIARA, G. "Nucleus Accumbens Shell and Core Dopamine, Differential Role in Behavior and Addiction", *Behavior Brain Research Reviews*, dez. 2002.

DI CHIARA, G.; BASSAREO, V. "Reward System and Addiction, What Dopamine Does and Doesn't Do", *Current Opinion in Pharmacology*, fev. 2007.

DI CHIARA, G.; BASSAREO, V.; FENU, S.; DE LUCA, M. A.; SPINA, L.; CADONI, C.; ACQUAS, E.; CARBONI, E.; VALENTINI, V.; LECCA, D. "Dopamine and Drug Addiction. The Nucleus Accumbens Shell Connection", *Neuropharmacology*, 2004.

DI CHIARA, G.; IMPERATO, A. "Drugs Abused by Humans Preferentially Increase Synaptic Dopamine Concentrations in the Mesolimbic System of Freely Moving Rats", *PNAS*, jul. 1988.

VOLKOW, N. D.; WANG, G. J.; BALER, R. D. "Reward, Dopamine and the Control of Food Intake, Implications for Obesity", *Trends in Cognitive Sciences*, jan. 2011.

VOLKOW, N. D.; WISE, R. A.; BALER, R. D. "The Dopamine Motive System: Implications for Drug and Food Addiction", *Nature Reviews Neuroscience*, nov. 2017.

Dependência

BELCHER, A. M.; VOLKOW, N. D.; MOELLER, F. G.; FERRÉ, S. "Personality Traits and Vulnerability or Resilience to Substance Use Disorders", *Trends in Cognitive Sciences*, abr. 2014.

KALIVAS, P. W.; VOLKOW, N. D. "The Neural Basis of Addiction, A Pathology of Motivation and Choice", *American Journal of Psychiatry*, ago. 2005.

KOOB, G. F.; LE MOAL, M. "Drug Abuse, Hedonic Homeostatic Dysregulation", *Science*, out. 1997.

______. "Review. Neurobiological Mechanisms for Opponent Motivational Processes in Addiction", *Philosophical Transactions of the Royal Society, Biological Sciences*, out. 2008.

KOOB, G. F.; VOLKOW N. D. "Neurocircuitry of Addiction", *Neuropsychopharmacology*, jan. 2010.

______. "Neurobiology of Addiction, A Neurocircuitry Analysis", *Lancet Psychiatry*, ago. 2016.

KRAVITZ, A. V.; TOMASI, D.; LEBLANC, K. H.; BALER, R.; VOLKOW, N. D.; BONCI, A.; FERRÉ, S. "Cortico-striatal Circuits: Novel Therapeutic Targets for Substance Use Disorders", *Brain Research*, dez. 2015.

MANTSCH, J. R.; BAKER, D. A.; FUNK, D.; LE A. D.; SHAHAM, Y. "Stress-Induced Reinstatement of Drug Seeking, 20 Years of Progress", *Neuropsychopharmacology*, jan. 2016.

PICKENS, C. L.; AIRAVAARA, M.; THEBERGE, F.; FANOUS, S.; HOPE, B. T.; SHAHAM, Y. "Neurobiology of the Incubation of Drug Craving", *Trends in Neurosciences*, ago. 2011.

ROBINSON, T. E.; BERRIDGE, K. C. "The neural Basis of Drug Craving: An Incentive Sensitization Theory of Addiction", *Brain Research Reviews*, set.-Dez. 1993.

VOLKOW, N. D.; BALER, R. D. "NOW vs LATER Brain Circuits, Implications for Obesity and Addiction", *Trends in Neurosciences*, jun. 2015.

VOLKOW, N. D.; MORALES, M. "The Brain on Drugs, From Reward to Addiction", *Cell*, ago. 2015.

Ingestão de alimentos e obesidade

BERTHOUD, H. R. "Metabolic and Hedonic Drives in the Neural Control of Appetite: Who is the Boss?", *Current Opinion in Neurobiology*, dez. 2011.

_______. "Neural Systems Controlling Food Intake and Energy Balance in the Modern World", *Current Opinion in Clinical Nutrition and Metabolic Care*, nov. 2003.

_______. "The Neurobiology of Food Intake in an Obesogenic Environment", *Proceedings of the Nutrition Society*, nov. 2012.

BERTHOUD, H. R.; MÜNZBERG, H. "The Lateral Hypothalamus as Integrator of Metabolic and Environmental Needs, from Electrical Self-Stimulation to Opto-Genetics", *Physiology and Behavior*, jul. 2011.

BERTHOUD, H. R.; MÜNZBERG H.; MORRISON, C. D. "Blaming the Brain for Obesity, Integration of Hedonic and Homeostatic Mechanisms", *Gastroenterology*, mai. 2017.

COTA, D.; PROULX, K.; SEELEY, R. J. "The role of CNS Fuel Sensing in Energy and Glucose Regulation", *Gastroenterology*, mai. 2007.

DE CASTRO, J.-M. "Genes, the Environment and the Control of Food Intake", *British Journal of Nutrition*, ago. 2004.

_______. "The Control of Food Intake of Free-Living Humans, Putting the Pieces Back Together", *Physiology and Behavior*, jul. 2010.

DE CASTRO, J.-M.; PLUNKETT, S. "A general Model of Intake Regulation", *Neuroscience Biobehavior Review*, ago. 2002.

DE CASTRO, J.-M.; STROEBELE, N. "Food Intake in the Real World, Implications for Nutrition and Aging", *Clinics in Geriatric Medicine*, nov. 2002.

LINDGREN, E.; GRAY, K.; MILLER, G.; TYLER, R.; WIERS, C. E. VOLKOW, N. D.; WANG, G. J. "Food Addiction: A Common Neurobiological Mechanism with Drug Abuse", *Frontiers in Biosciences*, jan. 2018.

SANDOVAL, D.; COTA, D.; SEELEY, R. J. "The integrative Role of CNS Fuel-Sensing Mechanisms in Energy Balance and Glucose Regulation", *Annual Review of Physiology*, 2008.

SCHWARTZ, M. W.; WOODS, S. C.; SEELEY, R. J.; BARSH, G. S.; BASKIN, D. G.; LEIBEL, R. L. "Is the Energy Homeostasis System Inherently Biased toward Weight Gain?", *Diabetes*, fev. 2003.

SHIN, A. C.; ZHENG, H.; BERTHOUD, H. R. "An Expanded View of Energy Homeostasis, Neural Integration of Metabolic, Cognitive, and Emotional Drives to Eat", *Physiology and Behavior*, jul. 2009.

SØRENSEN, L. B.; MØLLER, P., FLINT, A.; MARTENS, M.; RABEN, A. "Effect of Sensory Perception of Foods on Appetite and Food Intake, A Review of Studies on Humans", *International Journal of Obesity and Related Metabolic Disorders*, out. 2003.

STROEBELE, N.; DE CASTRO, J.-M. "Influence of Physiological and Subjective Arousal on Food Intake in Humans", *Nutrition*, out. 2006.

_______. "Effect of Ambience on Food Intake and Food Choice", *Nutrition*, set. 2004.

_______. "Listening to Music While Eating is Related to Increases in People's Food Intake and Meal Duration", *Appetite*, nov. 2006.

_______. "Television viewing is Associated with an Increase in Meal Frequency in Humans", *Appetite*, fev. 2004.

ZHENG, H.; LENARD, N. R.; SHIN, A. C.; BERTHOUD, H. R. "Appetite Control and Energy Balance Regulation in the Modern World, Reward-Driven Brain Overrides Repletion Signals", *International Journal of Obesity*, jun. 2009.

Plasticidade sináptica

CITRI, A.; MALENKA, R. C. "Synaptic Plasticity, Multiple Forms, Functions, and Mechanisms", *Neuropsychopharmacology*, jan. 2008.

GRUETER, B. A.; ROTHWELL, P. E.; MALENKA, R. C. "Integrating Synaptic Plasticity and Striatal Circuit Function in Addiction", *Current Opinion in Neurobiology*, jun. 2012.

LAMMEL, S.; LIM, B. K.; MALENKA, R. C. "Reward and Aversion in a Heterogeneous Midbrain Dopamine System", *Neuropharmacology*, jan. 2014.

LÜSCHER, C.; MALENKA, R. C. "Drug-Evoked Synaptic Plasticity in Addiction, From Molecular Changes to Circuit Remodeling", *Neuron*, fev. 2011.

MALENKA, R. C.; BEAR, M. F.; "LTP and LTD: An Embarrassment of Riches", *Neuron*, set. 2004.

Como as vivências modificam o cérebro

ANACKER, C.; O'DONNELL, K. J.; MEANEY, M. J. "Early Life Adversity and the Epigenetic Programming of Hypothalamic-Pituitary-Adrenal Function", *Dialogues in Clinical Neurosciences*, set. 2014.

BUSCHDORF, J.-P.; MEANEY, M. J."Epigenetics/Programming in the HPA Axis", *Comprehensive Physiology*, dez. 2015.

CHAMPAGNE, F.; MEANEY, M. J. "Like Mother, Like Daughter, Evidence for non-Genomic Transmission of Parental Behavior and Stress Responsivity", *Progress in Brain Research*, 2001.

CREWS, D.; GILETTE, R.; MILLER-CREWS, I.; GORE, A. C.; SKINNER, M. K. "Nature, Nurture and Epigenetics", *Molecular and Cellular Endocrinology*, dez. 2014.

CRUZ, F. C.; KOYA, E.; GUEZ-BARBER, D. H.; BOSSERT, J.-M.; LUPICA C. R.; SHAHAM, Y.; HOPE, B. T."New Technologies for Examining the Role of Neuronal Ensembles in Drug Addiction and Fear", *Nature Reviews Neuroscience*, nov. 2013.

FINNIE, P. S.; NADER, K. "The role of Metaplasticity Mechanisms in Regulating Memory Destabilization and Reconsolidation", *Neurosciences Biobehavior Reviews*, ago. 2012.

GARTSTEIN, M. A.; SKINNER, M. K. "Prenatal Influences on Temperament Development, The Role of Environmental Epigenetics", *Development and Psychopathology*, out. 2018.

GREER, E. L.; MAURES, T. J.; UCAR, D.; HAUSWIRTH, A. G.; MANCINI, E.; LIM, J.-P.; BENAYOUN, B. A.; SHI, Y.; BRUNET, A. "Transgenerational Epigenetic Inheritance of Longevity in Caenorhabditis Elegans", *Nature*, out. 2011.

GROSSNIKLAUS, U.; KELLY, W. G.; KELLY, B.; FERGUSON-SMITH, A. C.; PEMBREY, M.; LINDQUIST, S. "Transgenerational Epigenetic Inheritance, How Important is It?", *Nature Reviews Genetics*, mar. 2013.

HACKMAN, D. A.; FARAH, M. J.; MEANEY, M. J. "Socioeconomic Status and the Brain, Mechanistic Insights from Human and Animal Research", *Nature Reviews Neuroscience*, set. 2010.

HAUBRICH, J.; NADER, K. "Memory Reconsolidation", *Current Topics in Behavioral Neurosciences*, 2018.

JEON, D.; KIM, S.; CHETANA, M.; JO, D.; RULEY, H. E.; LIN, S. Y.; RABAH, D.; KINET, J.-P.; SHIN, H. S. "Observational Fear Learning involves Affective Pain System and Cav1.2 Ca2+ Channels in ACC", *Nature Neuroscience*, abr. 2010.

KAPPELER, L.; MEANEY, M. J. "Epigenetics and Parental Effects", *Bioessays*, set. 2010.

LIM, J.-P.; BRUNET, A. "Bridging the Transgenerational Gap with Epigenetic Memory", *Trends in genetic*, mar. 2013.

MEANEY, M. J. "Maternal Care, Gene Expression, and the Transmission of Individual Differences in Stress Reactivity across Generations", *Annual Review of Neurosciences*, 2001.

MEANEY, M. J.; SZYF, M., "Maternal Care as a Model for Experience-Dependent Chromatin Plasticity?", *Trends in Neurosciences*, set. 2005.

NADER, K. "Emotional Memory", *Handbook of Experimental Pharmacology*, 2015.

______. "Reconsolidation and the Dynamic Nature of Memory", *Cold Spring Harbor Perspectives in Biology*, set. 2015.

NADER, K.; HARDT, O. "A Single Standard for Memory, The Case for Reconsolidation", *Nature Reviews Neuroscience*, mar. 2009.

NADER, K.; SCHAFE, G. E.; LEDOUX, J. E. "The Labile Nature of Consolidation Theory", *Nature Reviews Neuroscience*, dez. 2000.

NILSSON, E. E.; SADLER-RIGGLEMAN, I.; SKINNER, M. K. "Environmentally Induced Epigenetic Transgenerational Inheritance of Disease", *Environmental Epigenetics*, jul. 2018.

PANKSEPP, J. B.; LAHVIS, G. P. "Differential Influence of Social versus Isolate Housing on Vicarious Fear Learning in Adolescent Mice", *Behavior Neurosciences*, abr. 2016.

SECKL, J. R.; MEANEY, M. J. "Glucocorticoid Programming and PTSD Risk", *Annals of the New York Academy of sciences*, jul. 2006.

SKINNER, M. K. "Endocrine Disruptors in 2015, Epigenetic Transgenerational Inheritance", *Nature Reviews Endocrinology*, fev. 2016.

SUTO, N.; LAQUE, A.; DE NESS, G. L.; WAGNER, G. E.; WATRY, D.; KERR, T.; KOYA, E.; MAYFORD, M. R.; HOPE, B. T.; WEISS, F. "Distinct Memory Engrams in the Infralimbic Cortex of Rats Control Opposing Environmental Actions on a Learned Behavior", *Elife*, dez. 2016.

WARD, I. D.; ZUCCHI, F. C.; ROBBINS, J. C.; FALKENBERG, E. A.; OLSON, D. M.; BENZIES, K.; METZ, G. A. "Transgenerational Programming of Maternal Behaviour by Prenatal Stress", *BMC Pregnancy Childbirth*, 2013.

WARREN, B. L.; MENDOZA, M. P.; CRUZ, F. C.; LEAO, R. M.; CAPRIOLI, D.; RUBIO, F. J.; WHITAKER, L. R.; MCPHERSON, K. B.; BOSSERT, J. M.; SHAHAM, Y.; HOPE, B. T. "Distinct fos-Expressing Neuronal Ensembles in the Ventromedial Prefrontal Cortex Mediate Food Reward and Extinction Memories", *The Journal of Neuroscience*, jun. 2016.

Warren B. L., Suto N., Hope B. T., "Mechanistic Resolution Required to Mediate Operant Learned Behaviors, Insights from Neuronal Ensemble-Specific Inactivation", *Front Neural Circuits*, avril 2017.

ZHANG, T. Y.; BAGOT, R.; PARENT, C.; NESBITT, C.; BREDY, T. W.; CALDJI, C.; FISH, E.; ANISMAN, H.; SZYF, M.; MEANEY, M. J. "Maternal Programming of Defensive Responses through Sustained Effects on Gene Expression", *Biological Psychology*, jul. 2006.

Artigos científicos oriundos do trabalho de pesquisa do autor

Conceitos de exostase e de endostase e mecanismos da obesidade

BELLOCCHIO, L.; LAFENÊTRE, P.; CANNICH, A.; COTA, D.; PUENTE, N.; GRANDES, P.; CHAOULOFF, F.; PIAZZA, P. V.; MARSICANO, G. "Bimodal Control OF Stimulated Food Intake by the Endocannabinoid System", *Nature Neuroscience*, mar. 2010.

PIAZZA, P. V.; COTA, D.; MARSICANO, G. "The CB1 Receptor as the Cornerstone of Exostasis", *Neuron*, mar. 2017.

PIAZZA, P. V.; LAFONTAN, M.; GIRARD, J. "Integrated Physiology and Pathophysiology of CB1-Mediated Effects of the Endocannabinoid System", *Diabetes Metabolism*, abr. 2007.

Vulnerabilidade biológica à dependência química

DEROCHE-GAMONET, V.; BELIN, D.; PIAZZA, P. V. "Evidence for Addiction-like Behavior in the Rat", *Science*, ago. 2004.

KASANETZ, F.; DEROCHE-GAMONET, V.; BERSON, N.; BALADO, E.; LAFOURCADE, M.; MANZONI, O.; PIAZZA, P. V. "Transition to Addiction is Associated with a Persistent Impairment in Synaptic Plasticity", *Science*, jun. 2010.

KASANETZ, F.; LAFOURCADE, M.; DEROCHE-GAMONET, V.; REVEST, J.-M.; BERSON, N.; BALADO, E.; FIANCETTE, J. F.; RENAULT, P.; PIAZZA, P. V.; MANZONI, O. J. "Prefrontal Synaptic Markers of Cocaine Addiction-like Behavior in Rats", *Journal of molecular psychiatry*, jun. 2013.

PIAZZA, P. V.; DEMINIÈRE, J.-M.; LE MOAL, M.; SIMON, H. "Factors that predict Individual Vulnerability to Amphetamine self-Administration", *Science*, set. 1989.

PIAZZA, P. V.; DEROCHE-GAMONET, V.; ROUGE-PONT, F.; LE MOAL, M. "Vertical Shifts in Selfadministration Dose-Response Functions predict a Drug-Vulnerable Phenotype Predisposed to Addiction", *The Journal of neuroscience*, jun. 2000.

PIAZZA, P. V.; DEROCHE-GAMONET, V. "A Multistep General Theory of Transition to Addiction", *Psychopharmacology*, out. 2013.

PIAZZA, P. V.; LE MOAL, M. "Pathophysiological Basis of Vulnerability to Drug Abuse, Role of an Interaction between Stress, Glucocorticoids, and Dopaminergic Neurons", *Annual Review of Pharmacology and Toxicology*, 1996.

PIAZZA, P. V.; MACCARI, S.; DEMINIÈRE, J.-M.; LE MOAL, M.; MORMÈDE, P.; SIMON, H. "Corticosterone Levels determine Individual Vulnerability to Amphetamine self-Administration", *PNAS*, mar. 1991.

PIAZZA, P. V.; ROUGÉ-PONT, F.; DEMINIÈRE, J.-M.; KHAROUBI, M.; LE MOAL, M.; SIMON, H. "Dopaminergic Activity is reduced in the Prefrontal Cortex and increased in the Nucleus Accumbens of Rats Predisposed to develop Amphetamine self-Administration", *Brain Research*, dez. 1991.

ROUGÉ-PONT, F.; PIAZZA, P. V.; KHAROUBY, M.; LE MOAL, M.; SIMON, H. "Higher and Longer stress-Induced Increase in Dopamine Concentrations in the Nucleus Accumbens of Animals Predisposed to

Amphetamine self-Administration. A Microdialysis Study", *Brain Research*, jan. 1993.

Como as vivências modificam o comportamento e a vulnerabilidade à dependência química a longo prazo

BARBAZANGES, A.; PIAZZA, P. V.; LE MOAL, M.; MACCARI, S. "Maternal Glucocorticoid Secretion Mediates Long-Term Effects of Prenatal Stress", *The Journal of Neuroscience*, jun. 1996.

DEMINIÈRE, J.-M.; PIAZZA, P. V.; GUEGAN, G.; ABROUS, N.; MACCARI, S.; LE MOAL, M.; SIMON, H. "Increased Locomotor Response to Novelty and Propensity to Intravenous Amphetamine Selfadministration in Adult Offspring of Stressed Mothers", *Brain Research*, jul. 1992.

DEROCHE, V.; MARINELLI, M.; MACCARI, S.; LE MOAL M.; SIMON H.; PIAZZA P. V. "Stressinduced Sensitization and Glucocorticoids, I., Sensitization of Dopamine-Dependent Locomotor Effects of Amphetamine and Morphine Depends on Stress-Induced Corticosterone Secretion", *The Journal of Neuroscience*, nov. 1995.

DEROCHE, V.; PIAZZA P. V.; LE MOAL, M.; SIMON H. "Social Isolation-Induced Enhancement of the Psychomotor Effects of Morphine Depends on Corticosterone Secretion", *Brain Research*, mar. 1994.

DEROCHE, V.; PIAZZA, P. V.; MACCARI, S.; LE MOAL, M., SIMON H. "Repeated Corticosterone Administration Sensitizes the Locomotor Response to Amphetamine", *Brain Research*, jul. 1992.

HANEY, M.; MACCARI, S.; LE MOAL, M.; SIMON, H.; PIAZZA, P. V. "Social Stress Increases the Acquisition of Cocaine self-Administration in Male and Female Rats", *Brain Research*, nov. 1995.

LEMAIRE, V.; BILLARD, J.-M.; DUTAR, P.; GEORGE, O.; PIAZZA P. V.; EPELBAUM, J.; LE MOAL, M.; MAYO, W. "Motherhood-Induced Memory Improvement Persists across Lifespan in Rats but is Abolished by a Gestational Stress", *European Journal of neuroscience*, jun. 2006.

LEMAIRE, V.; LAMARQUE, S.; LE MOAL, M.; PIAZZA, P. V.; ABROUS, D. N. "Postnatal Stimulation of the Pups Counteracts Prenatal Stress-Induced Deficits in Hippocampal Neurogenesis", *Biological Psychiatry*, mai. 2006.

MACCARI, S.; PIAZZA, P. V.; KABBAJ, M.; BARBAZANGES, A.; SIMON H.; LE MOAL, M. "Adoption Reverses the Long-Term Impairment in Glucocorticoid Feedback Induced by Prenatal Stress", *The Journal of Neuroscience*, jan. 1995.

MARINELLI, M.; PIAZZA, P. V. "Interaction between Glucocorticoid Hormones, Stress and Psychostimulant Drugs", *European Journal of Neuroscience*, ago. 2002.

MONTARON, M.-F.; PIAZZA, P. V.; AUROUSSEAU, C.; URANI, A.; LE MOAL, M.; ABROUS, D. N. "Implication of Corticosteroid Receptors in the Regulation of Hippocampal Structural Plasticity", *European Journal of Neuroscience*, dez. 2003.

PIAZZA, P. V.; LE MOAL, M. "The Role of Stress in Drug self-Administration", *Trends in Pharmacology Sciences*, fev. 1998.

PIAZZA, P. V.; MITTLEMAN, G.; DEMINIÈRE, J.-M.; LE MOAL, M.; SIMON H. "Relationship between Schedule-Induced Polydipsia and Amphetamine Intravenous self-Administration. Individual Differences and Role of Experience", *Behavior Brain Research*, jun. 1993.

ROUGÉ-PONT, F.; MARINELLI, M.; LE MOAL, M.; SIMON, H.; PIAZZA, P. V. "Stress-Induced Sensitization and Glucocorticoids, II Sensitization of the Increase in Extracellular Dopamine Induced by Cocaine Depends on Stress-Induced Corticosterone Secretion", *The Journal of Neuroscience*, nov. 1995.

SARRAZIN, N.; DI BLASI, F.; ROULLOT-LACARRIÈRE, V.; ROUGÉ-PONT, F.; LE ROUX, A.; COSTET, P.; REVEST, J.-M.; PIAZZA, P. V. "Transcriptional Effects of Glucocorticoid Receptors in the Dentate Gyrus Increase Anxiety-Related Behaviors", *Plos One*, nov. 2009.

Relações entre hormônios glicocorticoides e neurônios com a dopamina

AMBROGGI, F.; TURIAULT, M.; MILET, A.; DEROCHE-GAMONET, V.; PARNAUDEAU, S.; BALADO, E.; BARIK, J.; VAN DER VEEN, R.; MAROTEAUX, G.; LEMBERGER, T.; SCHÜTZ, G.; LAZAR, M.; MARINELLI, M.; PIAZZA, P. V.; TRONCHE, F. "Stress and Addiction, Glucocorticoid Receptor in Dopaminoceptive Neurons Facilitates Cocaine Seeking", *Nature Neuroscience*, mar. 2009.

CASOLINI, P.; KABBAJ, M.; LEPRAT, F.; PIAZZA, P. V.; ROUGÉ-PONT, F.; ANGELUCCI, L.; SIMON, H.; LE MOAL, M.; MACCARI, S. "Basal and Stress-Induced Corticosterone Secretion is Decreased by Lesion of Mesencephalic Dopaminergic Neurons", *Brain Research*, set. 1993.

DEROCHE, V.; MARINELLI, M.; LE MOAL, M.; PIAZZA, P. V. "Glucocorticoids and Behavioral Effects of Psychostimulants, II, Cocaine Intravenous self-Administration and Reinstatement Depend on Glucocorticoid Levels", *Journal of pharmacology and Experimental Therapeutics*, jun. 1997.

DEROCHE-GAMONET, V.; SILLABER, I.; AOUIZERATE, B.; IZAWA, R.; JABER, M.; GHOZLAND, S.; KELLENDONK, C.; LE MOAL, M.; SPANAGEL, R.; SCHÜTZ, G.; TRONCHE, F.; PIAZZA, P. V. "The Glucocorticoid Receptor as a Potential Target to Reduce Cocaine Abuse", *The Journal of neuroscience*, jun., 2003.

MARINELLI, M.; BARROT, M.; SIMON, H.; OBERLANDER, C.; DEKEYNE, A.; LE MOAL, M.; PIAZZA, P. V. "Pharmacological Stimuli Decreasing Nucleus Accumbens Dopamine can act as Positive Reinforcers but Have a Low Addictive Potential", *European Journal of Neuroscience*, 1998.

MARINELLI, M.; ROUGÉ-PONT, F.; DEROCHE, V.; BARROT, M.; DE JÉSUS-OLIVEIRA, C.; LE MOAL, M.; PIAZZA, P. V. "Glucocorticoids and Behavioral Effects of Psychostimulants, I, Locomotor Response to Cocaine Depends on Basal Levels of Glucocorticoids", *Journal of Pharmacology and Experimental Therapeutics*, jun. 1997.

PIAZZA, P. V.; BARROT, M.; ROUGÉ-PONT, F.; MARINELLI, M.; MACCARI, S.; ABROUS, D. N.; SIMON, H.; LE MOAL, M. "Suppression of Glucocorticoid Secretion and Antipsychotic Drugs have Similar Effects on the Mesolimbic Dopaminergic Transmission", *PNAS*, dez. 1996.

PIAZZA, P. V.; ROUGÉ-PONT, F.; DEROCHE, V.; MACCARI, S.; SIMON, H.; LE MOAL, M. "Glucocorticoids have State-Dependent Stimulant Effects on the Mesencephalic Dopaminergic Transmission", *PNAS*, ago. 1996.

Importante papel desempenhado pelos processos antagônicos na resposta ao estresse

PIAZZA, P. V.; DEROCHE, V.; DEMINIÈRE, J.-M.; MACCARI, S.; LE MOAL, M.; SIMON, H. "Corticosterone in the Range of Stress-Induced Levels Possesses Reinforcing Properties, Implications for Sensation-Seeking Behaviors", *PNAS*, dez. 1993.

PIAZZA, P. V.; LE MOAL, M. "Glucocorticoids as a Biological Substrate of Reward, Physiological and Pathophysiological Implications", *Brain Research Reviews*, dez. 1997

Mecanismos moleculares das memórias associados ao estresse

KAOUANE, N.; PORTE, Y.; VALLÉE, M.; BRAYDA-BRUNO, L.; MONS, N.; CALANDREAU, L.; MARIGHETTO, A.; PIAZZA, P. V.; DESMEDT, A. "Glucocorticoids can Induce PTSD-like Memory Impairments in Mice", *Science*, mar. 2012.

REVEST, J.-M.; DI BLASI, F.; KITCHENER, P.; ROUGÉ-PONT, F.; DESMEDT, A.; TURIAULT, M.; TRONCHE, F.; PIAZZA, P. V. "The MAPK Pathway and Egr-1 Mediate Stress-Related Behavioral Effects of Glucocorticoids", *Nature Neuroscience*, mai. 2005.

REVEST, J.-M.; KAOUANE, N.; MONDIN, M.; LE ROUX, A.; ROUGÉ-PONT, F.; VALLÉE, M.; BARIK, J.; TRONCHE, F.; DESMEDT, A.; PIAZZA, P. V. "The Enhancement of Stress-Related Memory by Glucocorticoids Depends on Synapsin-Ia/Ib", *Journal of Molecular Psychiatry*, dez. 2010.

REVEST, J.-M.; LE ROUX, A.; ROULLOT-LACARRIÈRE, V.; KAOUANE, N.; VALLÉE, M.; KASANETZ, F.; ROUGÉ-PONT, F.; TRONCHE, F.; DESMEDT, A.; PIAZZA, P. V. "BDNF-TrkB Signaling through Erk1/2 MAPK Phosphorylation Mediates the Enhancement of Fear Memory Induced by Glucocorticoids", *Journal of Molecular Psychiatry*, set. 2014.

Como a memória é gravada por modificações estruturais do cérebro

DÖBRÖSSY, M. D.; DRAPEAU, E.; AUROUSSEAU, C.; LE MOAL, M.; PIAZZA, P. V.; ABROUS, D. N. "Differential Effects of Learning on Neurogenesis, Learning Increases or Decreases the Number of Newly Born Cells Depending on Their Birth Date", *Journal of molecular psychiatry*, nov. 2003.

DUPRET, D.; FABRE, A.; DÖBRÖSSY, M. D.; PANATIER, A.; RODRÍGUEZ J. J.; LAMARQUE, S.; LEMAIRE, V.; OLIET, S. H.; PIAZZA, P. V.; ABROUS, D. N. "Spatial Learning Depends on Both the Addition and Removal of New Hippocampal Neurons", *Plos Biology*, ago. 2007.

DUPRET, D.; REVEST, J.-M.; KOEHL, M.; ICHAS, F.; DE GIORGI, F.; COSTET, P.; ABROUS, D. N.; PIAZZA, P. V. "Spatial Relational Memory Requires Hippocampal Adult Neurogenesis", *Plos One*, abr. 2008.

TRONEL, S.; BELNOUE, L.; GROSJEAN, N.; REVEST, J.-M.; PIAZZA, P. V.; KOEHL, M.; ABROUS, D. N. "Adult-Born Neurons are Necessary for Extended Contextual Discrimination", *Hippocampus*, fev. 2012.

Interações entre o patrimônio genético do indivíduo e suas vivências

CABIB, S.; ORSINI, C.; LE MOAL, M.; PIAZZA, P. V. "Abolition and Reversal of Strain Differences in Behavioral Responses to Drugs of Abuse after a Brief Experience", *Science*, jul. 2000.

KOEHL, M.; VAN DER VEEN, R.; GONZALES, D.; PIAZZA, P. V.; ABROUS, D. N. "Interplay of Maternal Care and Genetic Influences in Programming Adult Hippocampal Neurogenesis", *Biological Psychiatry*, ago. 2012.

VAN DER VEEN, R.; PIAZZA, P. V.; DEROCHE-GAMONET, V. "Gene-Environment Interactions in Vulnerability to Cocaine Intravenous self-Administration, A Brief Social Experience Affects Intake in DBA/2J but not in C57BL/6J Mice", *Psychopharmacology*, ago. 2007.

VAN DER VEEN, R.; ABROUS, D. N.; DE KLOET, E. R.; PIAZZA, P. V.; KOEHL, M. "Impact of Intra- and Interstrain Cross-Fostering on Mouse Maternal Care", *Genes, Brain and Behavior*, mar. 2008.

Primeiros passos rumo a novos medicamentos que preservam a fisiologia

BUSQUETS-GARCIA, A.; SORIA-GÓMEZ, E.; REDON, B.; MACKENBACH, Y.; VALLÉE, M.; CHAOULOFF, F.; VARILH, M.; FERREIRA, G.; PIAZZA, P. V.; MARSICANO, G. "Pregnenolone Blocks Cannabinoid-Induced Acute Psychotic-like States in Mice", *Journal of Molecular Psychiatry*, nov.. 2017.

VALLÉE, M.; VITIELLO, S.; BELLOCCHIO, L.; HÉBERT-CHATELAIN, E.; MONLEZUN, S.; MARTIN-GARCIA, E.; KASANETZ, F.; BAILLIE, G. L.; PANIN, F.; CATHALA, A.; ROULLOT-LACARRIÈRE, V.; FABRE, S.; HURST D. P.; LYNCH, D. L.; SHORE, D. M.; DEROCHE-GAMONET, V.; SPAMPINATO, U.; REVEST, J.-M.; MALDONADO, R.; REGGIO, P. H.; ROSS, R. A.; MARSICANO, G.; PIAZZA, P. V. "Pregnenolone can protect the Brain from Cannabis Intoxication", *Science*, jan.. 2014.

Agradecimentos

Meus primeiros agradecimentos, evidentemente, vão para Anne Jeanblanc. O projeto deste livro navegava pelos meandros de meu cérebro havia muito tempo e, como tantos outros, talvez nunca tivesse vindo a lume. Foi meu encontro com Anne que lhe deu corpo. Anne foi um catalisador entusiasmado, uma cúmplice de todos os instantes, do início ao fim deste projeto. Por sua mão, a caneta, a tesoura e o pincel mágico navegaram por meu texto, trazendo à tona o que merecia emergir e levando ao esquecimento o que devia ser esquecido. Obrigado, Anne. Trabalhar com você foi um imenso prazer.

Também gostaria de agradecer infinitamente a minha editora, Mathilde Nobecourt. Primeiro porque, por razões que me são obscuras, ela abraçou esse projeto um pouco maluco sem nenhuma hesitação, ajudando-nos, a Anne e a mim, a estruturá-lo, dando-lhe cada vez mais amplitude. Mathilde também foi uma guardiã do templo, discreta, mas sólida, para que a chama da escrita continuasse sincronizada com o deus Cronos. Por fim, Mathilde fez um trabalho espantoso com o texto, imprimindo sua marca de *expert*. É meu primeiro livro, é minha primeira editora, portanto, não tenho elementos de comparação. Mas, se todos os editores fossem como ela, os autores seriam muito felizes.

Fizemos este livro Anne, Mathilde e eu. Mas não posso esquecer aqueles que me deram condições de fazê-lo. Os primeiros agradecimentos nessa categoria vão, sem dúvida alguma, para minha mulher adorada, Chantal. Mulher livre, verdadeira, de uma coragem infinita. Chantal tem a inteligência que me falta, a inteligência de hoje, a da verdadeira vida. É com ela e graças a ela que construí tudo. Sem ela, eu não seria nada, é o que lhe digo com frequência e talvez agora, que está escrito, ela acabe por acreditar. Pode ser que eu não esteja sendo muito objetivo porque a amo infinitamente.

Depois gostaria de agradecer a meu mestre em ciência, Michel Le Moal, um dos pioneiros da psicobiologia, com quem tive a sorte de trabalhar durante vinte anos, um verdadeiro pai que me forjou. Ele ainda não leu este livro, e não tenho muita certeza de que o apreciará. Mas o pior é que, apreciando-o ou não, cabe-lhe em grande parte a responsabilidade por ele.

Minhas propostas são em grande parte resultado de meu trabalho de pesquisador. Em matéria de pesquisa, chegar a resultados é algo que, evidentemente, depende de nós, mas também e sobretudo das pessoas que estão conosco e contribuem conosco tanto quanto nós com elas. Sem elas, a viagem não poderia ser feita. Pode eventualmente haver divórcios e casamentos, como numa verdadeira família moderna extremamente reconstituída. Imensos agradecimentos, portanto, aos pilares de minhas duas famílias de pesquisa. A primeira é a do Institut National de la Santé et de la Recherche Médicale (Inserm), com Jean-Michel Revest, Monique Vallée, Umberto Spampinato, Sergio Vitiello, Véronique Déroche, Françoise Rougé-Pont, Micky Marinelli, Jean-Marie Deminière, Hervé Simon e Franck Bourglen, sem esquecer meu grande cúmplice e amigo Giovanni Marsicano. A segunda família é a da Aelis Farma, com Valerie Scappaticci, Stephanie Monlezun, Sandy Fabre, Charlotte Pradet e Mathilde Metna, cúmplices indomáveis da aventura mais difícil na qual já me arrisquei.

Por fim, gostaria de agradecer a meu amigo Patrick Xans, que ouviu este livro de cabo a rabo em nossos inúmeros almoços a sós. Foi para contá-lo a Patrick que inventei algumas das histórias que estão no livro, e foi graças a seus comentários e incentivos que acabei por ter coragem de escrever algumas partes. Patrick tinha uma inteligência requintada, feita de elegância, amor e fineza, a tal ponto que, depois de ouvir o livro, ele deu um jeito de não precisar lê-lo. Se eu soubesse...

Impresso no Brasil pelo
Sistema Cameron da Divisão Gráfica da
DISTRIBUIDORA RECORD DE SERVIÇOS DE IMPRENSA S.A.
Rua Argentina, 171 – Rio de Janeiro, RJ – 20921-380 – Tel.: (21)2585-2000